煤矿全员素质提升丛书

煤矿企业从业人员
安全生产应知应会手册

张建静　王成帅　郭帅　编

应急管理出版社

·北京·

图书在版编目（CIP）数据

煤矿企业从业人员安全生产应知应会手册/张建静，王成帅，郭帅编．--北京：应急管理出版社，2023（2024.3重印）
（煤矿全员素质提升丛书）
ISBN 978-7-5237-0259-8

Ⅰ.①煤… Ⅱ.①本… Ⅲ.①煤矿企业—安全生产—手册 Ⅳ.①TD7-62

中国国家版本馆 CIP 数据核字（2023）第 256648 号

煤矿企业从业人员安全生产应知应会手册
（煤矿全员素质提升丛书）

编　者	张建静　王成帅　郭　帅
责任编辑	成联君　尹燕华
责任校对	赵　盼
封面设计	解雅欣
出版发行	应急管理出版社（北京市朝阳区芍药居 35 号　100029）
电　话	010-84657898（总编室）　010-84657880（读者服务部）
网　址	www.cciph.com.cn
印　刷	天津嘉恒印务有限公司
经　销	全国新华书店
开　本	710mm×1000mm $^1/_{16}$　印张 $20^1/_4$　字数 367 千字
版　次	2023 年 12 月第 1 版　2024 年 3 月第 2 次印刷
社内编号	20230911　　　　　　　　　定价 78.00 元

版权所有　违者必究

本书如有缺页、倒页、脱页等质量问题，本社负责调换，电话:010-84657880

前　言

习近平总书记指出，"在前进道路上，我们要始终高度重视提高劳动者素质，培养宏大的高素质劳动者大军。劳动者素质对一个国家、一个民族发展至关重要"。应急管理部、人力资源社会保障部等五部委印发《关于高危行业领域安全技能提升行动计划的实施意见》，要求以新上岗员工、班组长、特种作业人员等为重点对象，开展在岗员工安全技能提升培训、新上岗员工安全技能培训、班组长安全技能提升专项培训、特种作业人员安全技能培训，将安全生产知识贯穿各类人员职业培训全过程，使高危企业从业人员掌握基本的安全常识、岗位安全操作要求、现场风险隐患排查要点、事故初始应急措施等。

煤矿企业从业人员是我国劳动者大军的重要组成部分，也是高危行业领域安全技能提升的主力军，如何答好"提高从业人员素质，建设一支知识型、技能型和创新型劳动者大军，为煤矿企业安全生产形势持续稳定好转提供坚强人才保障"的试卷，已成为对煤矿企业、行业监督管理部门提出的新时代考题。

为贯彻习近平新时代中国特色社会主义思想，落实党的二十大精神和习近平总书记重要指示要求，夯实煤矿企业安全管理基础，提升安全管理能力和员工安全素质，提高监管效能，山西省以提升本质安全水平为目标，以推动隐患源头治理为核心，以落实企业主体责任为重点，按照坚持"五不为过"、做到"五个必须"的要求，开展安全风险分级管控实施情况、岗位对标管理实施情况、全员安全素质提升

前　言

情况等方面的检查，为我国煤炭行业全员安全素质提升提供了新的方式方法。

本书以煤矿企业从业人员安全生产应知应会知识为主线，按照通用知识和专业知识两部分进行编写。通用知识部分以《煤矿企业主要负责人安全生产知识和管理能力考试知识点》（煤安监行管〔2018〕12号）为依据，按照从业人员公共部分、主要负责人和安全生产管理人员公共部分、专题部分的体例进行编写，覆盖了煤炭行业的安全生产法律法规、标准和政策等。专业知识部分以各级负责人、各专业为主线，按照编制关键岗位、企业补充其余岗位的原则进行编写，覆盖了企业各岗位的制度、责任制、作业流程标准、安全风险辨识、应急处置等内容。在编写过程中，我们力戒言不切实、空泛议论，力求内容具有代表性、可读性、实用性。本书可作为煤矿企业从业人员、安全生产培训机构管理人员和安全培训教师参考学习的资料，也可作为煤矿企业安全生产管理人员的学习参考资料。

本书由张建静、王成帅、郭帅编写。各篇、章具体分工如下：第一篇第一章至第六章由山西省能源职业学校（山西省能源职工教育中心）王成帅编写（共计176千字），全面分析总结了煤矿企业主要负责人、安全生产管理人员、特种作业人员和其他从业人员等在安全生产法律法规、安全生产管理、安全生产技术管理、职业病危害防治、应急救援与处置等方面应知应会的安全生产知识。第二篇第一章至第七章由山西焦煤霍州煤电锦程煤业有限公司张建静编写（共计134千字），全面分析总结了井工煤矿企业关键岗位的制度、责任制、作业流程标准、安全风险辨识、应急处置等方面应知应会的安全生产知识。第二篇第八章和第九章由内蒙古科技大学郭帅编写（共计52千字），全面分析总结了露天煤矿企业关键岗位的制度、责任制、岗位作业流

前　言

程标准、安全风险辨识、应急处置等方面应知应会的安全生产知识。王成帅同志对各章均做了认真的审定，不同程度地删节、修改与增补了相关内容，并对全书进行了统稿。

本书编写过程中，得到山西焦煤霍州煤电集团有限公司、国家电投内蒙古公司南露天煤矿、包钢集团巴润矿业有限责任公司、内蒙古科技大学、山西蓝丰人力资源服务有限公司、山西省能源职业学校（山西省能源职工教育中心）等单位的关怀和支持。编写过程中也参考和引用了一些同志的研究成果，在此表示衷心的感谢。

由于安全生产法律法规、政策规定日新月异，作者的能力和水平有限，书中难免有缺漏之处，敬请读者批评指正。

编　者

2023 年 9 月

使 用 说 明

煤矿企业主要负责人、安全生产管理人员、特种作业人员和其他从业人员安全生产应知应会知识学习内容如下（打√部分）。

	董事长、总经理	井工煤矿矿长	露天煤矿矿长	井工煤矿安全生产管理人员	露天煤矿安全生产管理人员	特种作业人员	其他从业人员
第一篇第一章　从业人员公共部分	√	√	√	√	√	√	√
第一篇第二章　主要负责人和安全生产管理人员公共部分	√	√	√	√	√		
第一篇第三章　主要负责人（井工煤矿）专题部分		√					
第一篇第四章　主要负责人（露天煤矿）专题部分			√				
第一篇第五章　安全生产管理人员（井工煤矿）专题部分				√			
第一篇第六章　安全生产管理人员（露天煤矿）专题部分					√		
第二篇　各岗位对应专业知识	√	√	√	√	√	√	√

目 录

第一篇 通 用 知 识

第一章 从业人员公共部分 ································· 1
第一节 安全生产理念与形势 ···························· 1
第二节 安全生产法律法规 ······························ 7
第三节 安全生产管理 ·································· 23
第四节 职业病危害防治 ································ 29
第五节 应急处置 ······································ 34
第六节 地方性法规 ···································· 52

第二章 主要负责人和安全生产管理人员公共部分 ············ 54
第一节 安全生产法律法规 ······························ 54
第二节 安全生产管理 ·································· 61
第三节 应急救援 ······································ 71
第四节 地方性法规与地方政府规章 ······················ 73

第三章 主要负责人（井工煤矿）专题部分 ·················· 76
第一节 煤矿安全生产管理 ······························ 76
第二节 安全生产技术管理 ······························ 80
第三节 应急救援 ······································ 91

第四章 主要负责人（露天煤矿）专题部分 ·················· 93
第一节 安全生产管理 ·································· 93
第二节 安全生产技术管理 ······························ 96
第三节 应急救援 ······································ 100

第五章 安全生产管理人员（井工煤矿）专题部分 ········ 102
第一节 煤矿安全生产管理 ········ 102
第二节 煤矿安全生产技术管理 ········ 112
第三节 应急救援 ········ 143

第六章 安全生产管理人员（露天煤矿）专题部分 ········ 146
第一节 煤矿安全生产管理 ········ 146
第二节 煤矿安全生产技术管理 ········ 152
第三节 应急救援 ········ 167

第二篇 专业知识

第一章 井工煤矿各级负责人专业知识 ········ 168
第一节 董事长（党总支书记）安全生产责任制 ········ 168
第二节 总经理安全生产责任制 ········ 169
第三节 总工程师安全生产责任制 ········ 170
第四节 安全副总经理安全生产责任制 ········ 171
第五节 生产副总经理安全生产责任制 ········ 171
第六节 机电副总经理安全生产责任制 ········ 172
第七节 通风区长安全生产责任制 ········ 173
第八节 经营副总经理安全生产责任制 ········ 174
第九节 运销副总经理安全生产责任制 ········ 174
第十节 工会主席安全生产责任制 ········ 175
第十一节 安全副总工程师安全生产责任制 ········ 175
第十二节 采煤副总工程师安全生产责任制 ········ 176
第十三节 通风副总工程师安全生产责任制 ········ 177
第十四节 机电副总工程师安全生产责任制 ········ 178
第十五节 地质副总工程师安全生产责任制 ········ 179
第十六节 生产技术部部长安全生产责任制 ········ 180
第十七节 生产技术部副部长安全生产责任制 ········ 180
第十八节 生产技术部采煤技术员安全生产责任制 ········ 181
第十九节 生产技术部掘进技术员安全生产责任制 ········ 182

目　录

　　第二十节　地质勘测部部长安全生产责任制……………………………… 183
　　第二十一节　地质勘测部副部长安全生产责任制…………………………… 183
　　第二十二节　测量技术员安全生产责任制…………………………………… 184
　　第二十三节　地质技术员安全生产责任制…………………………………… 184
　　第二十四节　水文地质技术人员安全生产责任制…………………………… 185
　　第二十五节　防治水技术员安全生产责任制………………………………… 185
　　第二十六节　物探技术员安全生产责任制…………………………………… 185
　　第二十七节　调度室主任安全生产责任制…………………………………… 186
　　第二十八节　调度室副主任安全生产责任制………………………………… 187
　　第二十九节　调度员安全生产责任制………………………………………… 187
　　第三十节　安监科科长安全生产责任制……………………………………… 188
　　第三十一节　安监科副科长安全生产责任制………………………………… 188
　　第三十二节　安监科技术员安全生产责任制………………………………… 189
　　第三十三节　通风区科长安全生产责任制…………………………………… 190
　　第三十四节　通风区副科长安全生产责任制………………………………… 190
　　第三十五节　通风区技术员安全生产责任制………………………………… 191
　　第三十六节　机电队队长安全生产责任制…………………………………… 191
　　第三十七节　探水队队长安全生产责任制…………………………………… 192
　　第三十八节　综采队生产班长安全生产责任制……………………………… 193
　　第三十九节　选煤厂厂长安全生产责任制…………………………………… 193

第二章　井工煤矿采煤专业知识 …………………………………………… 195

　　第一节　采煤机司机……………………………………………………………… 195
　　第二节　采煤带式输送机司机…………………………………………………… 198
　　第三节　采煤刮板输送机司机…………………………………………………… 200
　　第四节　采煤破碎机、转载机司机……………………………………………… 203
　　第五节　乳化液泵站司机………………………………………………………… 205
　　第六节　液压支架工……………………………………………………………… 208
　　第七节　超前支护工……………………………………………………………… 210

第三章　井工煤矿掘进专业知识 …………………………………………… 213

　　第一节　掘进机司机……………………………………………………………… 213
　　第二节　掘进带式输送机司机…………………………………………………… 216

目 录

　　第三节　掘进刮板输送机司机 ………………………………… 219
　　第四节　锚杆锚索支护工 ……………………………………… 221
　　第五节　喷浆工 ………………………………………………… 224

第四章　井工煤矿机电专业知识 227

　　第一节　主井提升机司机 ……………………………………… 227
　　第二节　主通风机司机 ………………………………………… 229
　　第三节　主排水泵司机 ………………………………………… 232
　　第四节　井下电钳工 …………………………………………… 235
　　第五节　变配电工 ……………………………………………… 237

第五章　井工煤矿运输专业知识 240

　　第一节　架空乘人装置司机 …………………………………… 240
　　第二节　斜巷把钩工 …………………………………………… 242
　　第三节　调度绞车司机 ………………………………………… 244

第六章　井工煤矿通风专业知识 247

　　第一节　瓦斯检查员 …………………………………………… 247
　　第二节　安全仪器监测监控工 ………………………………… 250
　　第三节　测风工 ………………………………………………… 253
　　第四节　通风设施工 …………………………………………… 255
　　第五节　爆破工 ………………………………………………… 258

第七章　地质灾害防治与测量专业知识 262

　　第一节　探放水工 ……………………………………………… 262
　　第二节　测量工 ………………………………………………… 264

第八章　露天煤矿各级负责人专业知识 267

　　第一节　矿长岗位安全生产责任制 …………………………… 267
　　第二节　党委书记岗位安全生产责任制 ……………………… 267
　　第三节　安全副矿长岗位安全生产责任制 …………………… 268
　　第四节　生产副矿长岗位安全生产责任制 …………………… 269
　　第五节　机电副矿长岗位安全生产责任制 …………………… 269

目　　录

第六节　总工程师岗位安全生产责任制 ………………………………… 270
第七节　矿长助理岗位安全生产责任制 ………………………………… 270
第八节　安全总监岗位安全生产责任制 ………………………………… 271
第九节　副总工程师岗位安全生产责任制 ……………………………… 272
第十节　总会计师岗位安全生产责任制 ………………………………… 272
第十一节　工会主席岗位安全生产责任制 ……………………………… 273
第十二节　办公室主任岗位安全生产责任制 …………………………… 273
第十三节　党建部主任岗位安全生产责任制 …………………………… 274
第十四节　生产技术部主任岗位安全生产责任制 ……………………… 274
第十五节　机电管理部主任岗位安全生产责任制 ……………………… 275
第十六节　生态环保部主任岗位安全生产责任制 ……………………… 275
第十七节　采掘部主任岗位安全生产责任制 …………………………… 276
第十八节　采掘部队长岗位安全生产责任制 …………………………… 276
第十九节　运输部主任岗位安全生产责任制 …………………………… 276
第二十节　胶带维修部主任岗位安全生产责任制 ……………………… 277
第二十一节　剥离运行部主任岗位安全生产责任制 …………………… 277
第二十二节　剥离运行部车队队长岗位安全生产责任制 ……………… 278

第九章　露天煤矿各专业知识 …………………………………………… 279

第一节　钻孔专业知识 …………………………………………………… 279
第二节　爆破专业知识 …………………………………………………… 285
第三节　采装专业知识 …………………………………………………… 289
第四节　运输专业知识 …………………………………………………… 294
第五节　排土专业知识 …………………………………………………… 299

参考文献 …………………………………………………………………… 308

第一篇 通 用 知 识

第一章 从业人员公共部分

第一节 安全生产理念与形势

一、安全生产理念

时代是历史划分的一个重要坐标。当前，中国特色社会主义进入了建成社会主义现代化强国、实现第二个百年奋斗目标和以中国式现代化全面推进中华民族伟大复兴的新时代，我国的安全生产理念随新时代不断发展、丰富和完善。

（一）党的十八大、十九大、二十大报告关于安全生产工作的重要论述

坚持党的领导，是我国安全生产形势持续向好的决定性因素。党的十八大以来，在中国共产党历次全国代表大会上的报告对安全生产工作均作出重要论述（表1-1-1）。

表1-1-1 党的十八大、十九大、二十大报告关于安全生产工作的重要论述

时间	报告	关于安全生产工作的重要论述
2012年11月8日	在中国共产党第十八次全国代表大会上的报告	强化公共安全体系和企业安全生产基础建设，遏制重特大安全事故
2017年10月18日	在中国共产党第十九次全国代表大会上的报告	树立安全发展理念，弘扬生命至上、安全第一的思想，健全公共安全体系，完善安全生产责任制，坚决遏制重特大安全事故，提升防灾减灾救灾能力
2022年10月16日	在中国共产党第二十次全国代表大会上的报告	坚持安全第一、预防为主，建立大安全人应急框架，完善公共安全体系，推动公共安全治理模式向事前预防转型

(二) 习近平总书记关于安全生产工作的重要论述

安全生产事关人民福祉，事关经济社会发展大局。党的十八大以来，习近平总书记高度重视安全生产工作，一再强调要统筹发展和安全，先后作出一系列关于安全生产的重要论述（表1-1-2）。

表1-1-2 十八大以来习近平总书记关于安全生产工作的重要论述（部分）

时间	重要指示批示
	6月6日，习近平就做好安全生产工作再次作出重要指示： 要始终把人民生命安全放在首位，以对党和人民高度负责的精神，完善制度、强化责任、加强管理、严格监管，把安全生产责任制落到实处，切实防范重特大安全生产事故的发生。 人命关天，发展决不能以牺牲人的生命为代价。这必须作为一条不可逾越的红线
2013年	11月22日，山东青岛黄岛经济开发区中石化黄潍输油管线泄漏发生重大爆燃事故，习近平总书记先后作出重要指示批示： 各级党委和政府、各级领导干部要牢固树立安全发展理念，始终把人民群众生命安全放在第一位。 要抓紧建立健全安全生产责任体系，党政一把手必须亲力亲为、亲自动手抓。要把安全责任落实到岗位、落实到人头，坚持管行业必须管安全、管业务必须管安全，加强督促检查、严格考核奖惩，全面推进安全生产工作。 所有企业都必须认真履行安全生产主体责任，做到安全投入到位、安全培训到位、基础管理到位、应急救援到位，确保安全生产。 要做到"一厂出事故、万厂受教育，一地有隐患、全国受警示"。各地区和各行业领域要深刻吸取安全事故带来的教训，强化安全责任，改进安全监管，落实防范措施。 安全生产，要坚持防患于未然。要继续开展安全生产大检查，做到"全覆盖、零容忍、严执法、重实效"。要采用不发通知、不打招呼、不听汇报、不用陪同和接待，直奔基层、直插现场，暗查暗访，特别是要深查地下油气管网这样的隐蔽致灾隐患。要加大隐患整改治理力度，建立安全生产检查工作责任制，实行谁检查、谁签字、谁负责，做到不打折扣、不留死角、不走过场，务必见到成效
2014年	8月2日，江苏昆山市开发区中荣金属制品有限公司发生特别重大爆炸事故，习近平总书记作出重要指示： 江苏省和有关方面全力做好伤员救治，做好遇难者亲属的安抚工作；查明事故原因，追究责任人责任，汲取血的教训，强化安全生产责任制。正值盛夏，要切实消除各种易燃易爆隐患，切实保障人民群众生命财产安全
2015年	8月12日，天津港瑞海公司危险品仓库发生火灾爆炸事故，习近平总书记作出重要指示： 各地要汲取此次事故的沉痛教训，坚持人民利益至上，认真进行安全隐患排查，全面加强危险品管理，切实搞好安全生产，确保人民生命财产安全

第一章 从业人员公共部分

表1-1-2（续）

时间	重要指示批示
2015年	8月15日，习近平总书记就切实做好安全生产工作作出重要指示： 确保安全生产、维护社会安定、保障人民群众安居乐业是各级党委和政府必须承担好的重要责任。各级党委和政府要牢固树立安全发展理念，坚持人民利益至上，始终把安全生产放在首要位置，切实维护人民群众生命财产安全。 要坚决落实安全生产责任制，切实做到党政同责、一岗双责、失职追责。深入排查和有效化解各类安全生产风险，提高安全生产保障水平，努力推动安全生产形势实现根本好转。落实安全生产主体责任，加强安全生产基础能力建设，坚决遏制重特大安全生产事故发生
2016年	1月4—6日，习近平总书记在重庆调研时发表重要讲话： 安全稳定工作连着千家万户，宁可百日紧，不可一日松。面对公共安全事故，不能止于追责，还必须梳理背后的共性问题，做到一方出事故、多方受教育、一地有隐患、全国受警示 7月20日，习近平总书记在中共中央政治局常委会会议上对加强安全生产和汛期安全防范工作作出指示： 各级党委和政府特别是领导干部要牢固树立安全生产的观念，正确处理安全和发展的关系，坚持发展决不能以牺牲安全为代价这条红线。 经济社会发展的每一个项目、每一个环节都要以安全为前提，不能有丝毫疏漏。要严格实现党政领导干部安全生产工作责任制，切实做到失职追责。要把遏制重大事故作为安全生产整体工作的"牛鼻子"来抓，在煤矿、危化品、道路运输等方面抓紧规划实施一批生命防护工程，积极研发应用一批先进安防技术，切实提高安全发展水平 10月31日，习近平总书记在全国安全生产监管监察系统先进集体和先进工作者表彰大会上关于安全生产作了重要讲话： 各级安全监管监察部门要牢固树立发展决不能以牺牲安全为代价的红线意识，以防范和遏制重特大事故为重点，坚持标本兼治、综合治理、系统建设，统筹推进安全生产领域改革发展。 各级党委和政府要认真贯彻落实党中央关于加快安全生产领域改革发展的工作部署，坚持党政同责、一岗双责、齐抓共管、失职追责，严格落实安全生产责任制，完善安全监管体制，强化依法治理，不断提高全社会安全生产水平，更好维护广大人民群众生命财产安全 11月24日，江西丰城发电厂冷却塔施工平台坍塌特别重大事故，习近平总书记作出重要指示：近期一些地方接连发生安全生产事故，国务院要组织各地区各部门举一反三，全面彻底排查各类隐患，狠抓安全生产责任落实，切实堵塞安全漏洞，确保人民群众生命和财产安全
2017年	2月17日，习近平总书记在国家安全工作座谈会上发表重要讲话： 要完善立体化社会治安防控体系，提高社会治理整体水平，注意从源头上排查化解矛盾纠纷。要加强交通运输、消防、危险化学品等重点领域安全生产治理，遏制重特大事故的发生

表 1-1-2（续）

时间	重要指示批示
2018年	1月23日，习近平总书记出席中央全面深化改革领导小组第二次会议，会议强调： 实行地方党政领导干部安全生产责任制，要坚持党政同责、一岗双责、齐抓共管、失职追责，牢固树立发展决不能以牺牲安全为代价的红线意识，明确地方党政领导干部主要安全生产职责，综合运用巡查督查、考核考察、激励惩戒等措施，强化地方各级党政领导干部"促一方发展、保一方平安"的政治责任
2019年	1月21日，习近平总书记在省部级主要领导干部坚持底线思维着力防范化解重大风险专题研讨班开班式上发表重要讲话： 防范化解重大风险，需要有充沛顽强的斗争精神。领导干部要敢于担当、敢于斗争，保持斗争精神、增强斗争本领，年轻干部要到重大斗争中去真刀真枪干。 各级领导班子和领导干部要加强斗争历练，增强斗争本领，永葆斗争精神，以"踏平坎坷成大道，斗罢艰险又出发"的顽强意志，应对好每一场重大风险挑战，切实把改革发展稳定各项工作做实做好。 面对波谲云诡的国际形势、复杂敏感的周边环境、艰巨繁重的改革发展稳定任务，我们必须始终保持高度警惕，既要高度警惕"黑天鹅"事件，也要防范"灰犀牛"事件；既要有防范风险的先手，也要有应对和化解风险挑战的高招；既要打好防范和抵御风险的有准备之战，也要打好化险为夷、转危为机的战略主动战 3月21日，习近平总书记对江苏响水天嘉宜化工有限公司爆炸事故作出重要指示： 江苏省和有关部门全力抢险救援，搜救被困人员，及时救治伤员，做好善后工作，切实维护社会稳定。要加强监测预警，防控发生环境污染，严防发生次生灾害。要尽快查明事故原因，及时发布权威信息，加强舆情引导。近期一些地方接连发生重大安全事故，各地和有关部门要深刻吸取教训，加强安全隐患排查，严格落实安全生产责任制，坚决防范重特大事故发生，确保人民群众生命和财产安全 11月29日，习近平总书记在中央政治局第十九次集体学习时发表重要讲话： 要健全风险防范化解机制，坚持从源头上防范化解重大安全风险，真正把问题解决在萌芽之时、成灾之前
2020年	4月10日，习近平总书记对安全生产作出重要指示： 当前，全国正在复工复产，要加强安全生产监管，分区分类加强安全监管执法，强化企业主体责任落实。 各级党委和政府务必把安全生产摆到重要位置，树牢安全发展理念，绝不能只重发展不顾安全，更不能将其视作无关痛痒的事，搞形式主义、官僚主义。要针对安全生产事故主要特点和突出问题，层层压实责任，狠抓整改落实，强化风险防控，从根本上消除事故隐患，有效遏制重特大事故发生
2021年	4月30日，习近平总书记对湖南长沙市居民自建房倒塌事故作出重要指示： 要不惜代价搜救被困人员，全力救治受伤人员，妥善做好安抚安置等善后工作；同时注意科学施救，防止发生次生灾害。要彻查事故原因，依法严肃追究责任，从严处理相关责任人，及

第一章 从业人员公共部分

表 1-1-2（续）

时间	重要指示批示
2021 年	时发布权威信息。近年来多次发生自建房倒塌事故，造成重大人员伤亡，务必引起高度重视。要对全国自建房安全开展专项整治，彻查隐患，及时解决。坚决防范各类重大事故发生，切实保障人民群众生命财产安全和社会大局稳定 6 月 13 日，习近平总书记对湖北十堰燃气爆炸事故作出重要指示： 湖北十堰市燃气爆炸事故造成重大人员伤亡，教训深刻！要全力抢救伤员，做好伤亡人员亲属安抚等善后工作，尽快查明原因，严肃追究责任。近期全国多地发生生产安全事故、校园安全事件，各地区和有关部门要举一反三、压实责任，增强政治敏锐性，全面排查各类安全隐患，防范重大突发事件发生，切实保障人民群众生命和财产安全，维护社会大局稳定，为建党百年营造良好氛围
2022 年	11 月 23 日，习近平总书记对河南安阳市凯信达商贸有限公司火灾事故作出重要指示： 河南等地接连发生火灾等安全生产事故，造成重大人员伤亡，教训十分深刻！要全力救治受伤人员，妥善做好家属安抚、善后等工作，查明事故原因，依法严肃追究责任。临近年终岁尾，统筹发展和安全各项工作任务较重，各地区和有关部门要始终坚持人民至上、生命至上，压实安全生产责任，全面排查整治各类风险隐患，坚决防范和遏制重特大事故发生
2023 年	2 月 22 日，习近平总书记对内蒙古阿拉善左旗一露天煤矿坍塌事故作出重要指示： 内蒙古阿拉善左旗新井煤业有限公司露天煤矿坍塌事故造成多人失联和人员伤亡，要千方百计搜救失联人员，全力救治受伤人员，妥善做好安抚善后等工作。要科学组织施救，加强监测预警，防止发生次生灾害。要尽快查明事故原因，严肃追究责任，并举一反三，杜绝管理漏洞。当前全国两会召开在即，各地区和有关部门要以时时放心不下的责任感，全面排查各类安全隐患，强化防范措施，狠抓工作落实，更好统筹发展和安全，切实维护人民群众生命财产安全和社会大局稳定 4 月 18 日，习近平总书记对北京长丰医院发生重大火灾事故作出重要批示： 要求各地区和有关部门要时刻绷紧安全生产这根弦，切实把安全生产责任落到实处，加强安全管理，彻底排查各种风险隐患，坚决防范遏制重大安全事故发生 6 月 22 日，习近平对宁夏银川市兴庆区富洋烧烤店燃气爆炸事故作出重要指示： 要全力做好伤员救治和伤亡人员家属安抚工作，尽快查明事故原因，依法严肃追究责任。当前正值端午假期，各地区和有关部门要牢固树立安全发展理念，坚持人民至上、生命至上，以"时时放心不下"的责任感，抓实抓细工作落实，盯紧苗头隐患，全面排查风险 11 月 16 日，习近平对山西吕梁市永聚煤矿一办公楼火灾事故作出重要指示： 山西吕梁市永聚煤矿一办公楼发生火灾，造成重大人员伤亡，教训十分深刻！要全力救治受伤人员，做好伤亡人员及家属善后工作，尽快查明原因，严肃追究责任。 习近平强调，各地区和有关部门要深刻吸取此次火灾事故教训，牢固树立安全发展理念，强化底线思维，针对冬季火灾事故易发多发等情况，举一反三，深入排查重点行业领域风险隐患，完善应急预案和防范措施，压实各方责任，坚决遏制重大事故发生，切实维护人民群众生命财产安全和社会大局稳定

二、煤矿安全生产形势

我国是世界上自然灾害最为严重的国家之一，灾害种类多，分布地域广，发生频率高，造成损失重。2012—2022 年，我国煤矿事故起数、死亡人数及百万吨死亡率如图 1-1-1、图 1-1-2 所示。

分析可知，2012—2022 年，我国煤矿安全生产形势继续保持总体稳定、持续好转的发展态势。事故起数从 2012 年的 779 起下降至 168 起，降幅达 78.43%；死亡人数从 2012 年的 1384 人下降至 245 人，降幅达 82.30%；百万吨死亡率从 2012 年的 0.374 下降至 2022 年的 0.054，降幅达 85.63%。

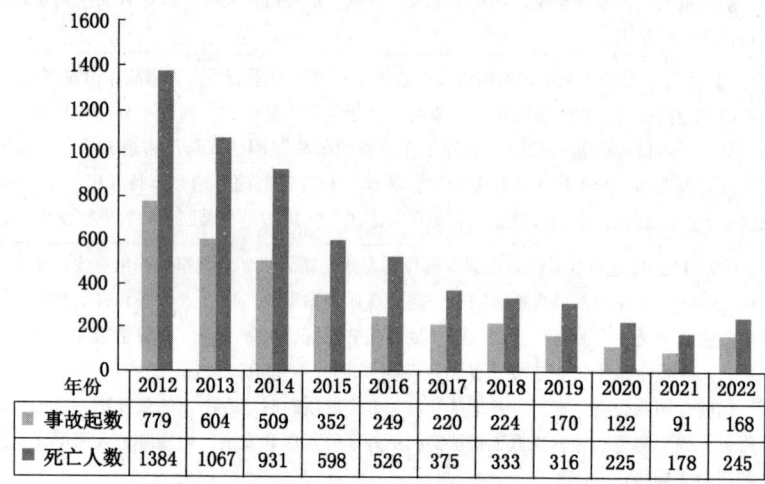

图 1-1-1　2012—2022 年煤矿事故起数及死亡人数

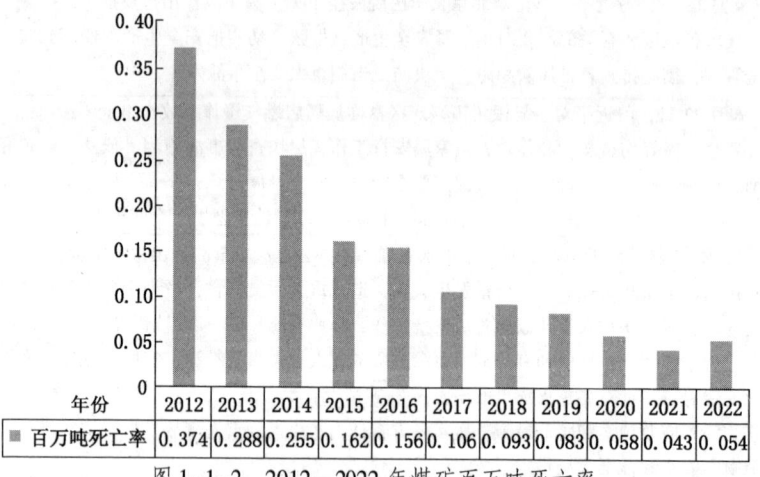

图 1-1-2　2012—2022 年煤矿百万吨死亡率

第二节　安全生产法律法规

一、《安全生产法》

(一) 安全生产工作指导思想、方针、原则和机制

安全生产工作坚持中国共产党的领导。

安全生产工作应当以人为本，坚持人民至上、生命至上，把保护人民生命安全摆在首位，树牢安全发展理念，坚持"安全第一、预防为主、综合治理"的方针，从源头上防范化解重大安全风险。

安全生产工作实行管行业必须管安全、管业务必须管安全、管生产经营必须管安全，强化和落实生产经营单位的主体责任与政府监管责任，建立生产经营单位负责、职工参与、政府监管、行业自律和社会监督的机制。图1-1-3所示为安全生产工作指导思想、方针、原则和机制。

(二) 生产经营单位安全生产保障基本要求

(1) 生产经营单位安全生产主体责任如图1-1-4所示。

(2) 与从业人员订立的劳动合同，应当载明有关保障从业人员劳动安全、防止职业危害的事项，以及依法为从业人员办理工伤保险的事项。劳动合同要求如图1-1-5所示。

不得以任何形式与从业人员订立协议，免除或者减轻其对从业人员因生产安全事故伤亡依法应承担的责任。

依法参加工伤保险，为从业人员缴纳保险费。

为从业人员提供符合国家标准或者行业标准的劳动防护用品，并监督、教育从业人员按照使用规则佩戴、使用。

(3) 具备《安全生产法》和有关法律、行政法规和国家标准或者行业标准规定的安全生产条件；不具备安全生产条件的，不得从事生产经营活动（图1-1-6）。

(4) 在有较大危险因素的生产经营场所和有关设施、设备上，设置明显的安全警示标志（图1-1-7）。

安全设备必须进行经常性维护、保养，并定期检测，保证正常运转。维护、保养、检测应当做好记录，并由有关人员签字。

不得关闭、破坏直接关系生产安全的监控、报警、防护、救生设备、设施，或者篡改、隐瞒、销毁其相关数据、信息。

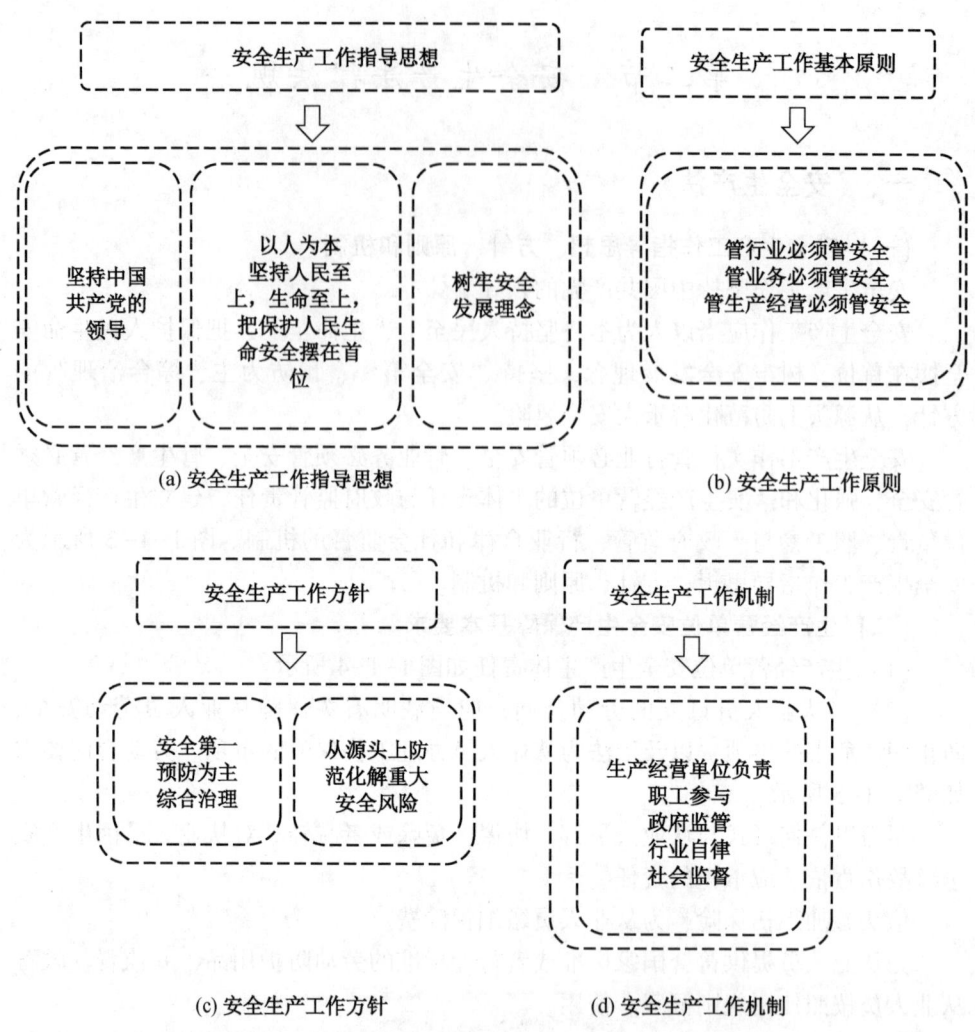

图 1-1-3 安全生产工作指导思想、方针、原则和机制

(5) 爆破、吊装、动火、临时用电以及国务院应急管理部门会同国务院有关部门规定的其他危险作业,应当安排专门人员进行现场安全管理,确保操作规程的遵守和安全措施的落实(图 1-1-8)。

(三) 全员安全生产责任制建立

生产经营单位全员安全生产责任制应当明确各岗位的责任人员、责任范围和考核标准等内容;建立相应的机制,加强对全员安全生产责任制落实情况的监督考核,保证全员安全生产责任制的落实。

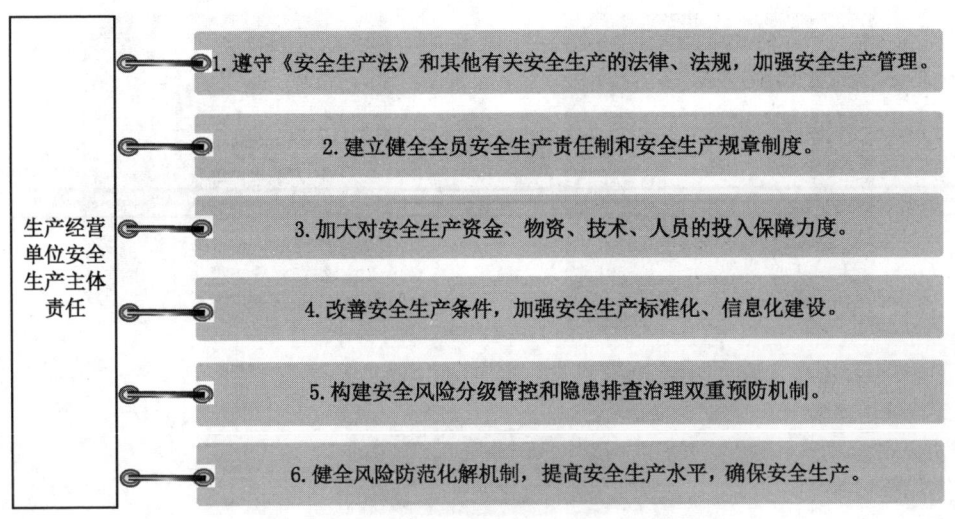

图 1-1-4　生产经营单位安全生产主体责任

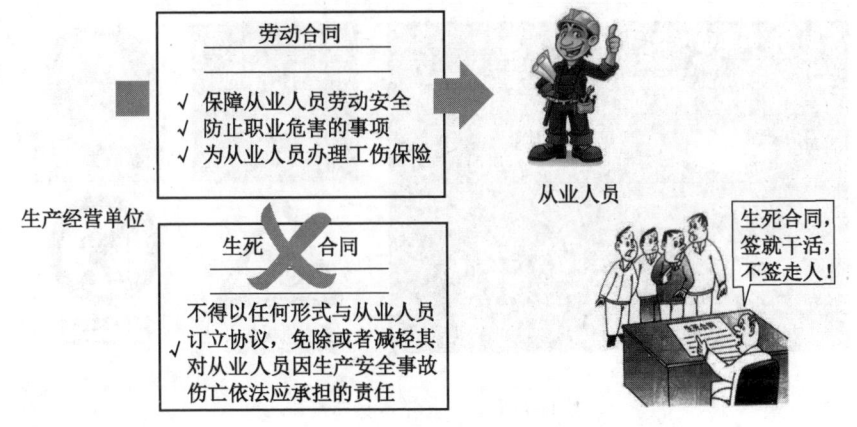

图 1-1-5　劳动合同要求

（四）安全生产规章制度执行

（1）生产经营单位应当教育和督促从业人员严格执行本单位的安全生产规章制度和安全操作规程，并向从业人员如实告知作业场所和工作岗位存在的危险因素、防范措施以及事故应急措施。

（2）生产经营单位应当关注从业人员的身体、心理状况和行为习惯，加强对从业人员的心理疏导、精神慰藉，严格落实岗位安全生产责任，防范从业人员行为异常导致事故发生（图1-1-9）。

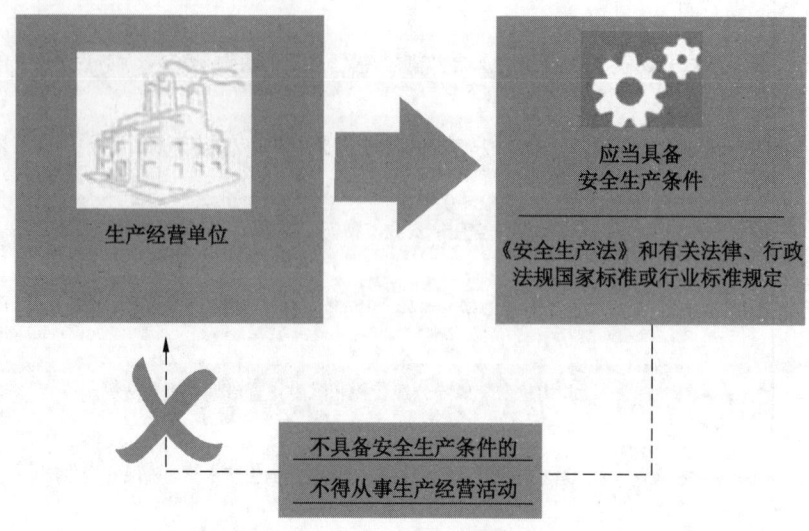

图 1-1-6 安全生产条件要求

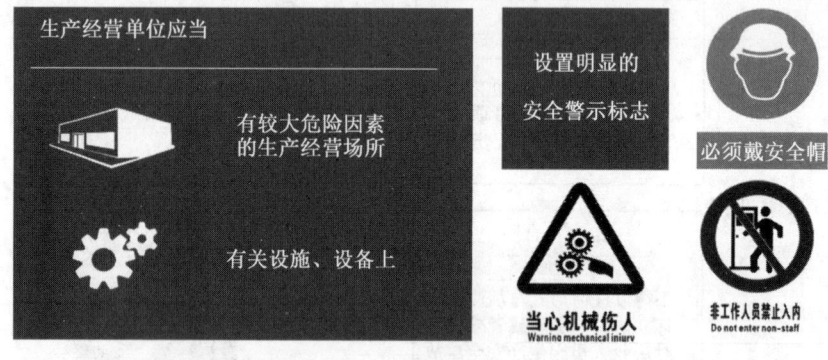

图 1-1-7 安全警示标志要求

(五) 安全生产教育和培训要求

（1）生产经营单位应当对从业人员进行安全生产教育和培训，保证从业人员具备必要的安全生产知识，熟悉有关的安全生产规章制度和安全操作规程，掌握本岗位的安全操作技能，了解事故应急处理措施，知悉自身在安全生产方面的权利和义务。未经安全生产教育和培训合格的从业人员，不得上岗作业（图1-1-10）。

生产经营单位使用被派遣劳动者的，应当将被派遣劳动者纳入本单位从业人员统一管理，对被派遣劳动者进行岗位安全操作规程和安全操作技能的教育和培训。劳务派遣单位应当对被派遣劳动者进行必要的安全生产教育和培训。

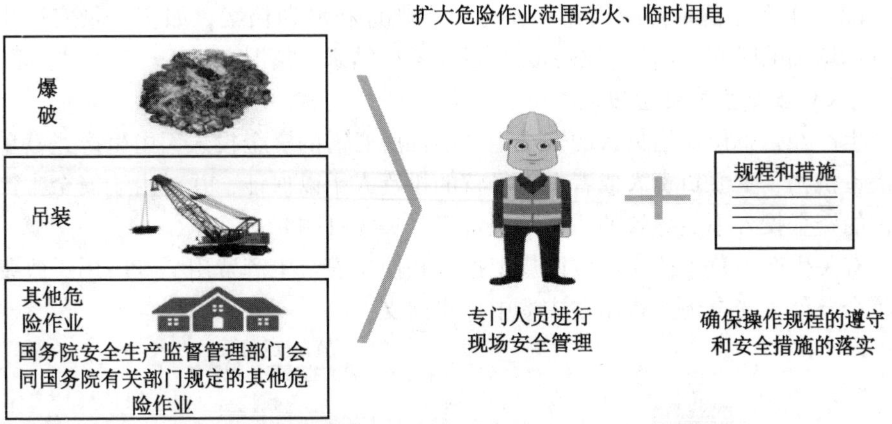

图 1-1-8 危险作业要求

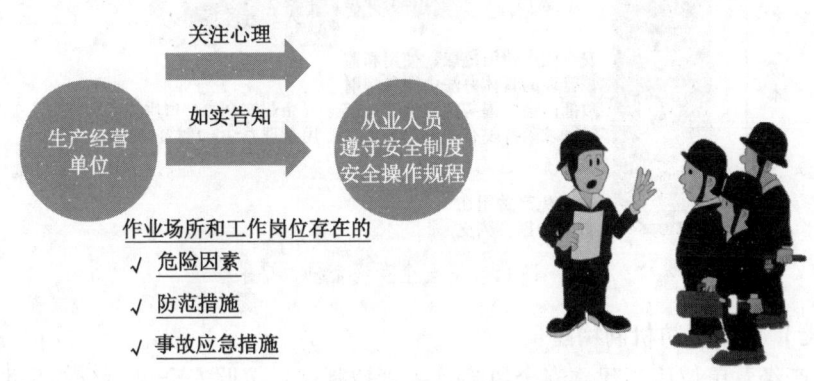

图 1-1-9 安全生产规章制度执行

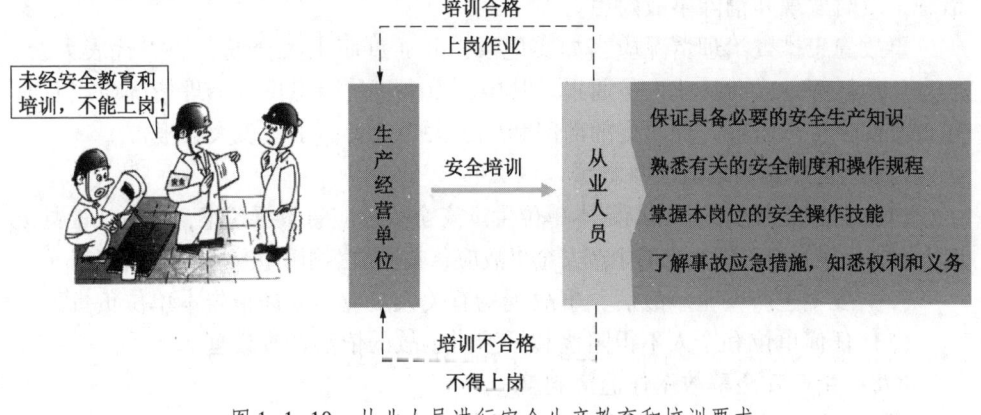

图 1-1-10 从业人员进行安全生产教育和培训要求

（2）生产经营单位应当建立安全生产教育和培训档案，如实记录安全生产教育和培训的时间、内容、参加人员以及考核结果等情况。

（六）安全生产资金投入

生产经营单位应当具备的安全生产条件所必需的资金投入，由生产经营单位的决策机构、主要负责人或者个人经营的投资人予以保证，并对由于安全生产所必需的资金投入不足导致的后果承担责任（图1-1-11）。

有关生产经营单位应当按照规定提取和使用安全生产费用，专门用于改善安全生产条件。安全生产费用在成本中据实列支。

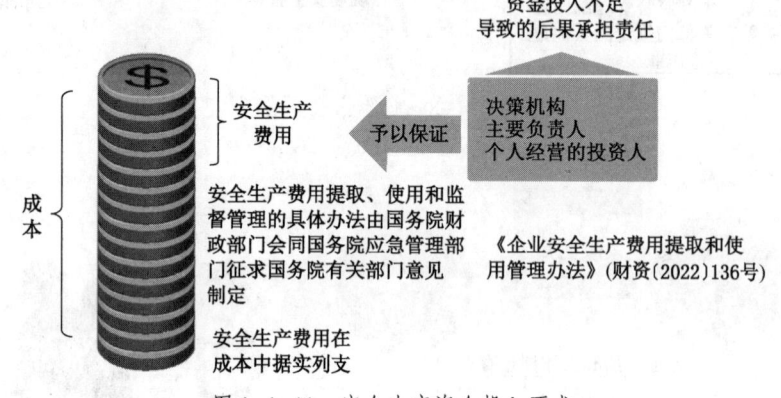

图1-1-11　安全生产资金投入要求

（七）双重预防机制构建

生产经营单位应当建立安全风险分级管控制度，按照安全风险分级采取相应的管控措施；建立健全并落实生产安全事故隐患排查治理制度，采取技术、管理措施，及时发现并消除事故隐患。

事故隐患排查治理情况应当如实记录，并通过职工大会或者职工代表大会、信息公示栏等方式向从业人员通报。其中，重大事故隐患排查治理情况应当及时向负有安全生产监督管理职责的部门和职工大会或者职工代表大会报告。

（八）生产安全事故应急救援

（1）生产经营单位应当制定本单位生产安全事故应急救援预案，与所在地县级以上地方人民政府组织制定的生产安全事故应急救援预案相衔接，并定期组织演练。

（2）发生生产安全事故后，事故现场有关人员应当立即报告本单位负责人。

（3）任何单位和个人不得阻挠和干涉对事故的依法调查处理。

（九）生产安全事故责任追究制度

国家实行生产安全事故责任追究制度，依照《安全生产法》和有关法律、法规的规定，追究生产安全事故责任单位和责任人员的法律责任（图 1-1-12）。

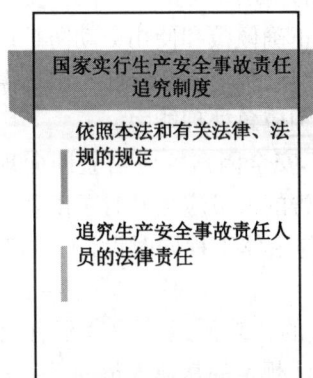

图 1-1-12　生产安全事故责任追究

（十）从业人员安全生产权利义务

（1）从业人员有依法获得安全生产保障的权利，并应当依法履行安全生产方面的义务。

（2）生产经营单位与从业人员订立的劳动合同，应当载明有关保障从业人员劳动安全、防止职业危害的事项，以及依法为从业人员办理工伤保险的事项。

生产经营单位不得以任何形式与从业人员订立协议，免除或者减轻其对从业人员因生产安全事故伤亡依法应承担的责任。

（3）生产经营单位的从业人员有权了解其作业场所和工作岗位存在的危险因素、防范措施及事故应急措施，有权对本单位的安全生产工作提出建议。

（4）从业人员有权对本单位安全生产工作中存在的问题提出批评、检举、控告；有权拒绝违章指挥和强令冒险作业。

生产经营单位不得因从业人员对本单位安全生产工作提出批评、检举、控告或者拒绝违章指挥、强令冒险作业而降低其工资、福利等待遇或者解除与其订立的劳动合同。

（5）从业人员发现直接危及人身安全的紧急情况时，有权停止作业或者在采取可能的应急措施后撤离作业场所。

生产经营单位不得因从业人员在前款紧急情况下停止作业或者采取紧急撤离措施而降低其工资、福利等待遇或者解除与其订立的劳动合同。

（6）生产经营单位发生生产安全事故后，应当及时采取措施救治有关人员。因生产安全事故受到损害的从业人员，除依法享有工伤保险外，依照有关民事法律尚有获得赔偿的权利的,有权提出赔偿要求。

(7) 从业人员在作业过程中,应当严格落实岗位安全责任,遵守本单位的安全生产规章制度和操作规程,服从管理,正确佩戴和使用劳动防护用品。

(8) 从业人员应当接受安全生产教育和培训,掌握本职工作所需的安全生产知识,提高安全生产技能,增强事故预防和应急处理能力。

(9) 从业人员发现事故隐患或者其他不安全因素,应当立即向现场安全生产管理人员或者本单位负责人报告;接到报告的人员应当及时予以处理。

(10) 工会有权对建设项目的安全设施与主体工程同时设计、同时施工、同时投入生产和使用进行监督,提出意见。

(11) 生产经营单位使用被派遣劳动者的,被派遣劳动者享有《安全生产法》规定的从业人员的权利,并应当履行本法规定的从业人员的义务。

从业人员安全生产权利如图 1-1-13 所示,从业人员安全生产义务如图 1-1-14 所示。

图 1-1-13 从业人员安全生产权利

图 1-1-14 从业人员安全生产义务

二、《刑法》

(一) 重大责任事故罪

第一百三十四条　第一款　在生产、作业中违反有关安全管理的规定,因而发生重大伤亡事故或者造成其他严重后果的,处三年以下有期徒刑或者拘役;情节特别恶劣的,处三年以上七年以下有期徒刑。重大责任事故罪犯罪构成要件及刑罚如图 1-1-15 所示。

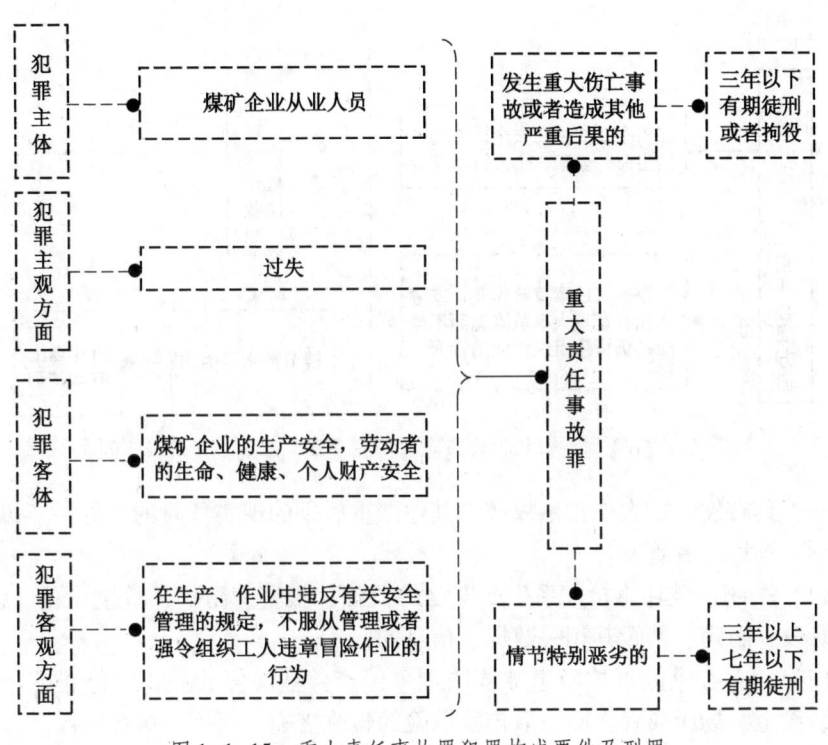

图 1-1-15　重大责任事故罪犯罪构成要件及刑罚

(二) 强令组织他人违章冒险作业罪

第一百三十四条　第二款　强令他人违章冒险作业,或者明知存在重大事故隐患而不排除,仍冒险组织作业,因而发生重大伤亡事故或者造成其他严重后果的,处五年以下有期徒刑或者拘役;情节特别恶劣的,处五年以上有期徒刑。强令组织他人违章冒险作业罪犯罪构成要件及刑罚如图 1-1-16 所示。

(三) 危险作业罪

第一百三十四条之一　在生产、作业中违反有关安全管理的规定,有下列情

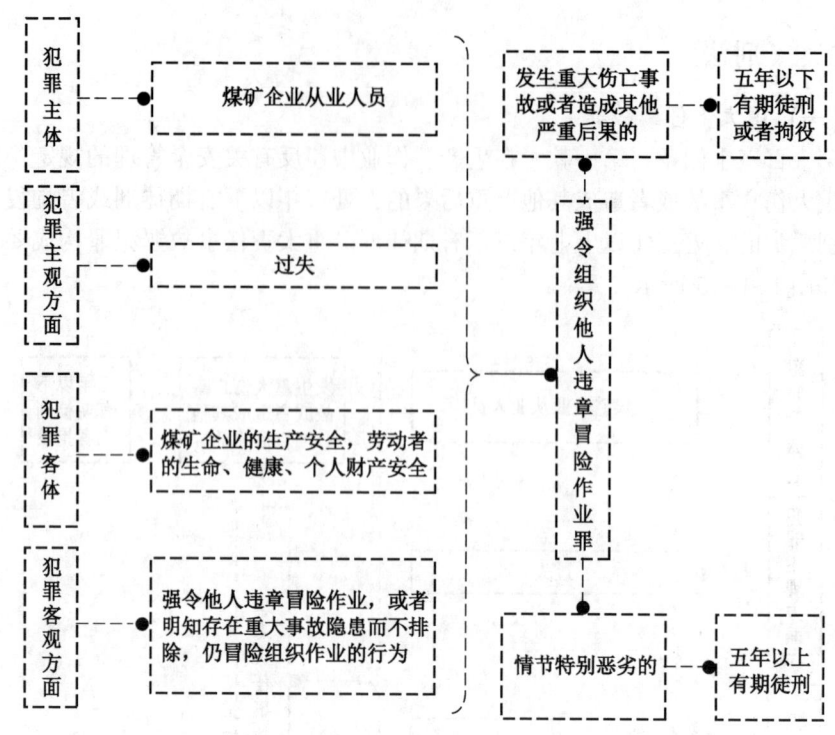

图 1-1-16 强令组织他人违章冒险作业罪犯罪构成要件及刑罚

形之一,具有发生重大伤亡事故或者其他严重后果的现实危险的,处一年以下有期徒刑、拘役或者管制:

(1) 关闭、破坏直接关系生产安全的监控、报警、防护、救生设备、设施,或者篡改、隐瞒、销毁其相关数据、信息的;

(2) 因存在重大事故隐患被依法责令停产停业、停止施工、停止使用有关设备、设施、场所或者立即采取排除危险的整改措施,而拒不执行的;

(3) 涉及安全生产的事项未经依法批准或者许可,擅自从事矿山开采、金属冶炼、建筑施工,以及危险物品生产、经营、储存等高度危险的生产作业活动的。危险作业罪犯罪构成要件及刑罚如图 1-1-17 所示。

(四) 重大劳动安全事故罪

第一百三十五条 安全生产设施或者安全生产条件不符合国家规定,因而发生重大伤亡事故或者造成其他严重后果的,对直接负责的主管人员和其他直接责任人员,处三年以下有期徒刑或者拘役;情节特别恶劣的,处三年以上七年以下有期徒刑。重大劳动安全事故罪犯罪构成要件及刑罚如图 1-1-18 所示。

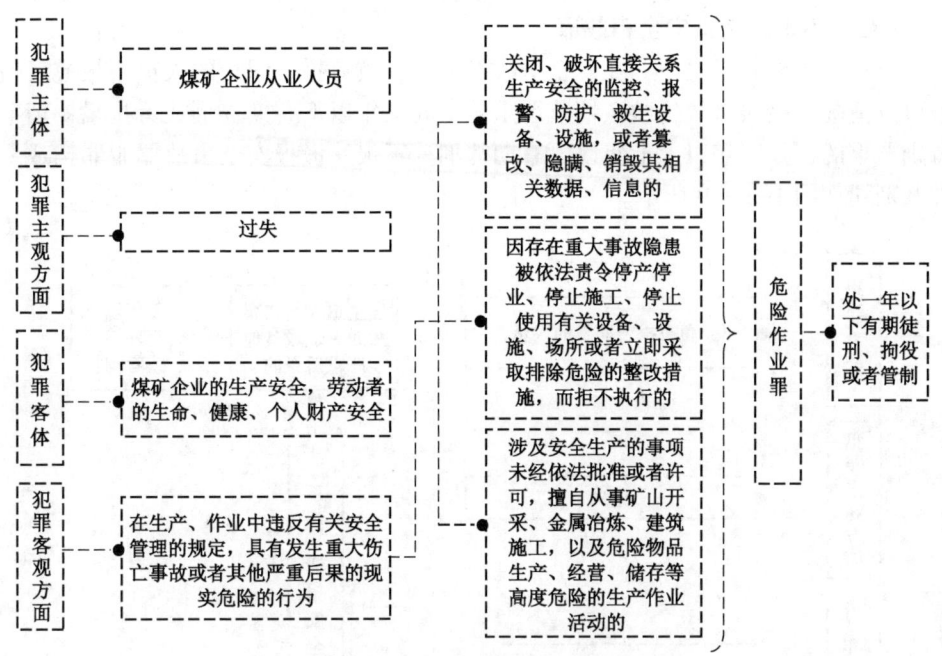

图 1-1-17 危险作业罪犯罪构成要件及刑罚

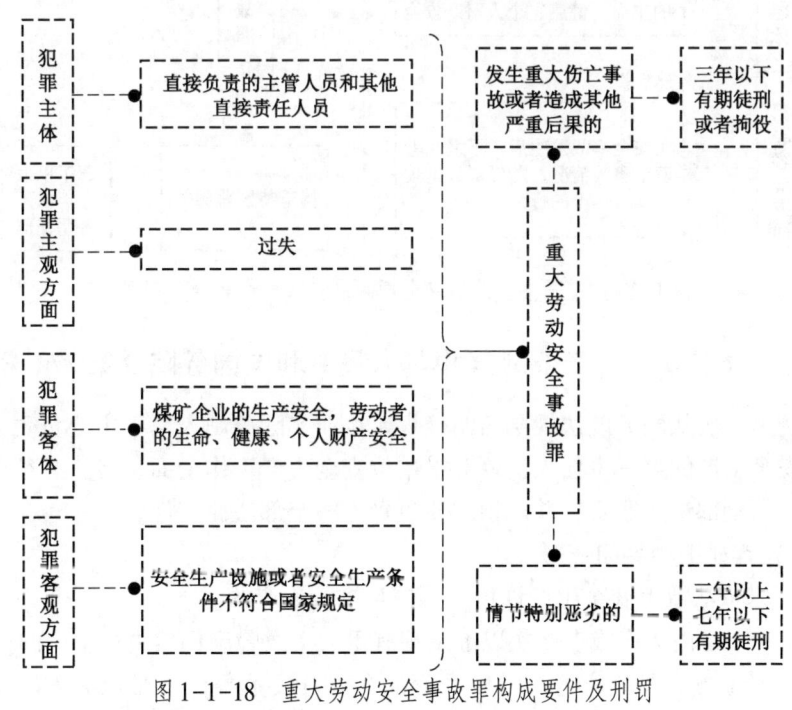

图 1-1-18 重大劳动安全事故罪构成要件及刑罚

（五）不报、谎报安全事故罪

第一百三十九条之一　在安全事故发生后，负有报告职责的人员不报或者谎报事故情况，贻误事故抢救，情节严重的，处三年以下有期徒刑或者拘役；情节特别严重的，处三年以上七年以下有期徒刑。不报、谎报安全事故罪犯罪构成要件及刑罚如图1-1-19所示。

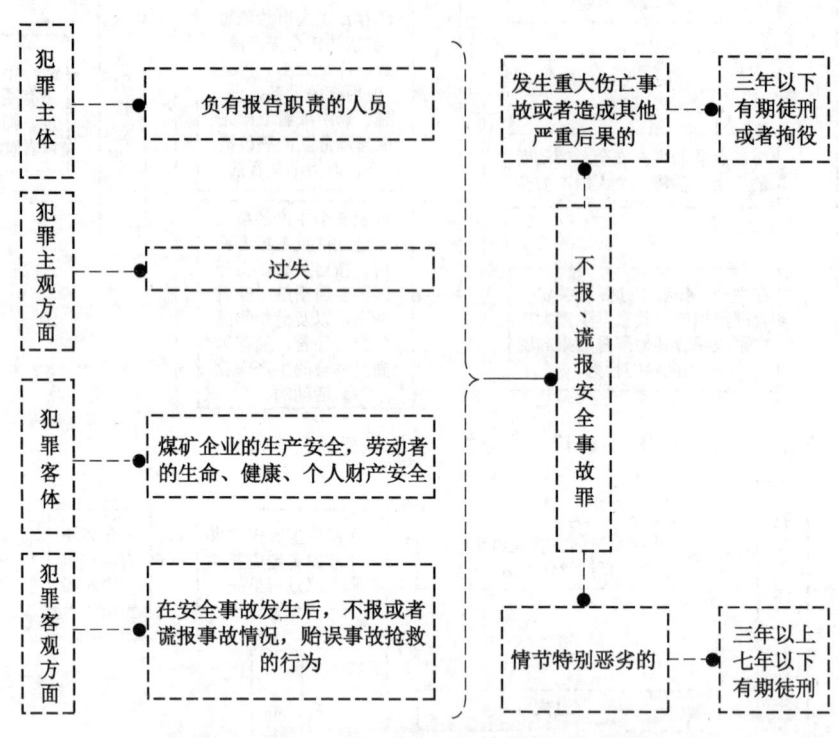

图1-1-19　不报、谎报安全事故罪犯罪构成要件及刑罚

三、《煤矿安全生产条例》（中华人民共和国国务院令第774号）

条例第一次从国务院法规层面明确煤矿企业实际控制人属于主要负责人，同属煤矿安全生产的第一责任人，要对本单位安全生产工作全面负责，必须履行主要负责人的全部法定职责，并承担主要负责人的全部法律责任。

（一）煤矿七种关闭情形

(1) 未依法取得安全生产许可证等擅自进行生产的。

(2) 3个月内2次或者2次以上发现有重大事故隐患仍然进行生产的。

(3) 经地方人民政府组织的专家论证在现有技术条件下难以有效防治重大

灾害的。

（4）存在重大事故隐患，180日内3次或者一年内4次受到《中华人民共和国安全生产法》规定的行政处罚的。

（5）经停产停业整顿，仍不具备法律、行政法规和国家标准或者行业标准规定的安全生产条件的。

（6）不具备法律、行政法规和国家标准或者行业标准规定的安全生产条件，导致发生重大、特别重大生产安全事故的。

（7）拒不执行负有安全生产监督管理职责的部门作出的停产停业整顿决定的。

（二）煤矿必须依法开采

（1）煤矿企业进行生产，应当依照《安全生产许可证条例》的规定取得安全生产许可证。未取得安全生产许可证的，不得生产。

（2）煤矿企业应当在依法确定的开采范围内进行生产，不得超层、越界开采。

（3）采矿作业不得擅自开采保安煤柱，不得采用可能危及相邻煤矿生产安全的决水、爆破、贯通巷道等危险方法。

（4）煤矿企业不得超能力、超强度或者超定员组织生产。正常生产煤矿因地质、生产技术条件、采煤方法或者工艺等发生变化导致生产能力发生较大变化的，应当依法重新核定其生产能力。

（5）不具备安全生产条件的煤矿企业不得进行生产。

（三）加大事故处罚力度

对一般事故、较大事故、重大事故的罚款下限分别提高至50万元、150万元和500万元。

（四）新设较重罚则

煤矿企业有下列行为之一的，责令限期改正，处10万元以上20万元以下的罚款；逾期未改正的，责令停产整顿，并处20万元以上50万元以下的罚款，对其直接负责的主管人员和其他直接责任人员处3万元以上5万元以下的罚款：

（1）未按照规定制定并落实全员安全生产责任制和领导带班等安全生产规章制度的。

（2）未按照规定为煤矿配备矿长等人员和机构，或者未按照规定设立救护队的。

（3）煤矿的主要生产系统、安全设施不符合煤矿安全规程和国家标准或者行业标准规定的。

（4）未按照规定编制专项设计的。

（5）井工煤矿未按照规定进行瓦斯等级、冲击地压、煤层自燃倾向性和煤尘爆炸性鉴定的。

（6）露天煤矿的采场及排土场边坡与重要建筑物、构筑物之间安全距离不符合规定的，或者未按照规定保持露天煤矿边坡稳定的。

（7）违章指挥或者强令冒险作业、违反规程的。

（五）严格重大事故隐患仍然进行生产处罚

对存在重大事故隐患仍然进行生产的煤矿企业，责令停产整顿，明确整顿的内容、时间等具体要求，并处 50 万元以上 200 万元以下的罚款；对煤矿企业主要负责人处 3 万元以上 15 万元以下的罚款。

（六）加大对其他行为的处罚

煤矿企业有下列行为之一的，责令改正；拒不改正的，处 10 万元以上 20 万元以下的罚款；对其直接负责的主管人员和其他直接责任人员处 1 万元以上 2 万元以下的罚款：

（1）违反本条例第三十七条第一款规定，隐瞒存在的事故隐患以及其他安全问题的。

（2）违反本条例第四十四条第一款规定，擅自启封或者使用被查封、扣押的设施、设备、器材的。

（3）有其他拒绝、阻碍监督检查行为的。

四、《最高人民法院 最高人民检察院关于办理危害生产安全刑事案件适用法律若干问题的解释》（法释〔2015〕22 号）

（1）实施刑法第一百三十四条第一款、第一百三十五条、第一百三十九条规定的行为，因而发生安全事故，具有下列情形之一的，应当认定为"造成严重后果"或者"发生重大伤亡事故或者造成其他严重后果"，对相关责任人员，处三年以下有期徒刑或者拘役：

①造成死亡一人以上，或者重伤三人以上的。

②造成直接经济损失一百万元以上的。

③其他造成严重后果或者重大安全事故的情形。

（2）实施刑法第一百三十四条第二款规定的行为，因而发生安全事故，具有本条第一款规定情形的，应当认定为"发生重大伤亡事故或者造成其他严重后果"，对相关责任人员，处五年以下有期徒刑或者拘役。

（3）实施刑法第一百三十四条第一款、第一百三十五条、第一百三十九条

规定的行为,因而发生安全事故,具有下列情形之一的,对相关责任人员,处三年以上七年以下有期徒刑:

①造成死亡三人以上或者重伤十人以上,负事故主要责任的。

②造成直接经济损失五百万元以上,负事故主要责任的。

③其他造成特别严重后果、情节特别恶劣或者后果特别严重的情形。

(4) 实施刑法第一百三十四条第二款规定的行为,因而发生安全事故,具有本条第一款规定情形的,对相关责任人员,处五年以上有期徒刑。

(5) 在安全事故发生后,负有报告职责的人员不报或者谎报事故情况,贻误事故抢救,具有下列情形之一的,应当认定为刑法第一百三十九条之一规定的"情节严重":

①导致事故后果扩大,增加死亡一人以上,或者增加重伤三人以上,或者增加直接经济损失一百万元以上的。

②实施下列行为之一,致使不能及时有效开展事故抢救的:

(a) 决定不报、迟报、谎报事故情况或者指使、串通有关人员不报、迟报、谎报事故情况的。

(b) 在事故抢救期间擅离职守或者逃匿的。

(c) 伪造、破坏事故现场,或者转移、藏匿、毁灭遇难人员尸体,或者转移、藏匿受伤人员的。

(d) 毁灭、伪造、隐匿与事故有关的图纸、记录、计算机数据等资料以及其他证据的。

(6) 具有下列情形之一的,应当认定为刑法第一百三十九条之一规定的"情节特别严重":

①导致事故后果扩大,增加死亡三人以上,或者增加重伤十人以上,或者增加直接经济损失五百万元以上的。

②采用暴力、胁迫、命令等方式阻止他人报告事故情况,导致事故后果扩大的。

③其他情节特别严重的情形。

(7) 实施刑法第一百三十四条至第一百三十九条之一规定的犯罪行为,具有下列情形之一的,从重处罚:

①未依法取得安全许可证件或者安全许可证件过期、被暂扣、吊销、注销后从事生产经营活动的。

②关闭、破坏必要的安全监控和报警设备的。

③已经发现事故隐患,经有关部门或者个人提出后,仍不采取措施的。

④一年内曾因危害生产安全违法犯罪活动受过行政处罚或者刑事处罚的。

⑤采取弄虚作假、行贿等手段，故意逃避、阻挠负有安全监督管理职责的部门实施监督检查的。

⑥安全事故发生后转移财产意图逃避承担责任的。

⑦其他从重处罚的情形。

实施前款第五项规定的行为，同时构成刑法第三百八十九条规定的犯罪的，依照数罪并罚的规定处罚。

（8）实施刑法第一百三十四条至第一百三十九条之一规定的犯罪行为，在安全事故发生后积极组织、参与事故抢救，或者积极配合调查、主动赔偿损失的，可以酌情从轻处罚。

（9）对于实施危害生产安全犯罪适用缓刑的犯罪分子，可以根据犯罪情况，禁止其在缓刑考验期限内从事与安全生产相关联的特定活动；对于被判处刑罚的犯罪分子，可以根据犯罪情况和预防再犯罪的需要，禁止其自刑罚执行完毕之日或者假释之日起三年至五年内从事与安全生产相关的职业。

五、《最高人民法院、最高人民检察院关于办理危害生产安全刑事案件适用法律若干问题的解释（二）》（法释〔2022〕19号）

（1）明知存在事故隐患，继续作业存在危险，仍然违反有关安全管理的规定，有下列情形之一的，属于刑法规定的"强令他人违章冒险作业"：

①以威逼、胁迫、恐吓等手段，强制他人违章作业的。

②利用组织、指挥、管理职权，强制他人违章作业的。

③其他强令他人违章冒险作业的情形。

明知存在重大事故隐患，仍然违反有关安全管理的规定，不排除或者故意掩盖重大事故隐患，组织他人作业的，属于刑法规定的"冒险组织作业"。

（2）因存在重大事故隐患被依法责令停产停业、停止施工、停止使用有关设备、设施、场所或者立即采取排除危险的整改措施，有下列情形之一的，属于刑法第一百三十四条之一第二项规定的"拒不执行"：

①无正当理由故意不执行各级人民政府或者负有安全生产监督管理职责的部门依法作出的上述行政决定、命令的。

②虚构重大事故隐患已经排除的事实，规避、干扰执行各级人民政府或者负有安全生产监督管理职责的部门依法作出的上述行政决定、命令的。

③以行贿等不正当手段，规避、干扰执行各级人民政府或者负有安全生产监督管理职责的部门依法作出的上述行政决定、命令的。

认定是否属于"拒不执行",应当综合考虑行政决定、命令是否具有法律、行政法规等依据,行政决定、命令的内容和期限要求是否明确、合理,行为人是否具有按照要求执行的能力等因素进行判断。

第三节 安全生产管理

一、煤矿安全生产准入

（一）《煤矿企业安全生产许可证实施办法》（原安全监管总局令第 **86** 号）

煤矿企业必须取得安全生产许可证。未取得安全生产许可证的,不得从事生产活动。

安全生产许可证的有效期为 3 年。

（二）《煤矿安全规程》（应急管理部令第 **8** 号）

煤矿使用的纳入安全标志管理的产品,必须取得煤矿矿用产品安全标志。未取得煤矿矿用产品安全标志的,不得使用。

试验涉及安全生产的新技术、新工艺必须经过论证并制定安全措施;新设备、新材料必须经过安全性能检验,取得产品工业性试验安全标志。

（三）《关于防范遏制矿山领域重特大生产安全事故的硬措施》

省级矿山安全监管部门必须严格矿山建设项目安全设施设计审查,严格安全生产许可证管理,严把复工复产关,实行审查审批终身负责制。新建和改扩建后煤矿产能不得低于 30 万吨/年,停止新建产能低于 90 万吨/年的煤与瓦斯突出、冲击地压、水文地质类型极复杂的煤矿。

凡是安全准入、复工复产验收工作违反程序、降低标准、把关不严、弄虚作假的,必须推倒重来,并严肃追究有关单位和人员责任。

二、煤矿安全生产责任制建立

《中共中央 国务院关于推进安全生产领域改革发展的意见》规定,企业对本单位安全生产工作负全面责任,要严格履行安全生产法定责任,建立健全自我约束、持续改进的内生机制;要强化部门安全生产职责,落实一岗双责。

三、煤矿安全生产规章制度制定

（一）《煤矿企业安全生产许可证实施办法》（原安全监管总局令第 **86** 号）

煤矿企业应当制定安全目标管理、安全奖惩、安全技术审批、事故隐患排查治理、安全检查、安全办公会议、地质灾害普查、井（坑）下劳动组织定员、矿领导带班下井（坑）、井工煤矿入井检身与出入井人员清点等安全生产规章制度和各工种操作规程。

（二）《煤矿安全规程》(应急管理部令第 8 号)

（1）煤矿企业必须加强安全生产管理，建立健全各级负责人、各部门、各岗位安全生产与职业病危害防治责任制；建立健全安全生产与职业病危害防治目标管理、投入、奖惩、技术措施审批、培训、办公会议制度，安全检查制度，安全风险分级管控工作制度，事故隐患排查、治理、报告制度，事故报告与责任追究制度等；建立各种设备、设施检查维修制度，定期进行检查维修，并做好记录。

煤矿企业必须制定重要设备材料的查验制度，做好检查验收和记录，防爆、阻燃抗静电、保护等安全性能不合格的不得入井使用；制定本单位的作业规程和操作规程。

（2）入井（场）人员必须戴安全帽等个体防护用品，穿带有反光标识的工作服。入井（场）前严禁饮酒。

入井人员必须随身携带自救器、标识卡和矿灯，严禁携带烟草和点火物品，严禁穿化纤衣服。

（三）《煤矿领导带班下井及安全监督检查规定》(原安全监管总局令第 33 号)

（1）煤矿是落实领导带班下井制度的责任主体，每班必须有矿领导带班下井，并与工人同时下井、同时升井。

（2）煤矿领导是指煤矿的主要负责人、领导班子成员和副总工程师。

建设矿井的领导，是指煤矿建设单位和从事煤矿建设的施工单位的主要负责人、领导班子成员和副总工程师。

（四）《国家煤矿安全监察局关于印发〈煤矿复工复产验收管理办法〉的通知》(煤安监行管〔2019〕4 号)

（1）煤矿复工复产验收工作根据停工停产状态和性质不同分类实施。停工是指建设煤矿停止施工作业；停产是指生产煤矿停止生产作业。

（2）煤矿启封井口、人员进入严重冲击地压矿井或者停工停产时间 30 天及以上矿井排查事故隐患前，应先评估安全风险，制定井口启封、事故隐患排查的工作方案和安全技术措施，并向煤矿安全监管部门提出申请，经审查同意后，方可开展井口启封等复工复产前期工作。

（3）对验收不合格的煤矿，2 个月内不再受理其复工复产验收申请；对弄虚作假、故意隐瞒问题的煤矿，6 个月内不再受理其复工复产验收申请，并将其作为重点监管监察对象。煤矿安全监管部门和煤矿安全监察机构发现擅自复工复产的煤矿，应当责令立即停产整顿，暂扣安全生产许可证。

（4）煤矿复工复产验收实行"谁验收、谁签字、谁负责"的工作制度，参与验收的人员均要在验收报告上签字，并对验收结果的真实性负责。凡在复工复产验收工作中违反程序、降低标准、把关不严、弄虚作假的，一经发现要严肃追究有关单位和人员的责任。

（五）《标本兼治遏制重特大事故工作指南》（安委办〔2016〕3号）

建立企业安全风险公告、岗位安全风险确认制度。

（六）《关于实施遏制重特大事故工作指南构建双重预防机制的意见》（安委办〔2016〕11号）

构建安全风险分级管控和隐患排查治理双重预防机制是遏制重特大事故的重要举措。

实现把风险控制在隐患形成之前、把隐患消灭在事故前面。

企业要建立完善安全风险公告制度和隐患排查治理制度。

四、煤矿企业安全生产费用提取与使用

《企业安全生产费用提取和使用管理办法》（财资〔2022〕136号）规定，煤矿企业安全生产费用提取与使用应当符合下列要求：

（1）企业安全生产费用是指企业按照规定标准提取，在成本（费用）中列支，专门用于完善和改进企业或者项目安全生产条件的资金。

（2）煤炭生产企业依据当月开采的原煤产量，于月末提取企业安全生产费用。提取标准符合下列要求：

①煤（岩）与瓦斯（二氧化碳）突出矿井、冲击地压矿井吨煤50元。

②高瓦斯矿井，水文地质类型复杂、极复杂矿井，容易自燃煤层矿井吨煤30元。

③其他井工矿吨煤15元。

④露天矿吨煤5元。

多种灾害并存矿井，从高提取企业安全生产费用。

五、煤矿安全生产教育培训

（一）《煤矿安全培训规定》（原安全监管总局令第92号）

（1）国家鼓励煤矿企业变招工为招生。煤矿企业新招井下从业人员，应当优先录用大中专学校、职业高中、技工学校煤矿相关专业的毕业生。

（2）煤矿企业应当建立完善安全培训管理制度，制定年度安全培训计划，明确负责安全培训工作的机构，配备专职或者兼职安全培训管理人员，按照国家规定的比例提取教育培训经费。

（3）煤矿矿长、副矿长、总工程师、副总工程师应当具备煤矿相关专业大专及以上学历，具有三年以上煤矿相关工作经历。

（4）煤矿安全生产管理机构负责人应当具备煤矿相关专业中专及以上学历，具有二年以上煤矿安全生产相关工作经历。

（5）煤矿特种作业人员应当具备初中及以上文化程度（新上岗的煤矿特种作业人员应当具备高中及以上文化程度），具有煤矿相关工作经历，或者职业高中、技工学校及中专以上相关专业学历。

（6）煤矿其他从业人员应当具备初中及以上文化程度。

（7）煤矿企业新上岗的井下作业人员安全培训合格后，应当在有经验的工人师傅带领下，实习满四个月，并取得工人师傅签名的实习合格证明后，方可独立工作。

（二）《特种作业人员安全技术培训考核管理规定》（原安全监管总局令第30号）

煤矿安全特种作业包括煤矿井下电气作业、煤矿井下爆破作业、煤矿安全监测监控作业、煤矿瓦斯检查作业、煤矿安全检查作业、煤矿提升机操作作业、煤矿采煤机（掘进机）操作作业、煤矿瓦斯抽采作业、煤矿防突作业、煤矿探放水作业等十大类。

六、煤矿安全生产风险分级管控

《国家煤矿安全监察局关于印发〈煤矿安全生产标准化管理体系考核定级办法（试行）〉和〈煤矿安全生产标准化管理体系基本要求及评分方法（试行）〉的通知》（煤安监行管〔2020〕16号）规定，矿长及分管负责人、副总工程师、科室负责人、专业技术人员应当掌握本矿相关重大安全风险及管控措施，区（队）长、班组长熟知本工作区域或岗位重大安全风险及管控措施，作业时对风险管控措施的落实情况进行现场确认。

七、煤矿生产安全事故隐患排查治理

（一）《国家煤矿安全监察局关于印发〈煤矿安全生产标准化管理体系考核定级办法（试行）〉和〈煤矿安全生产标准化管理体系基本要求及评分方法（试行）〉的通知》（煤安监行管〔2020〕16号）

（1）事故隐患实施分级治理，不同等级的事故隐患由相应层级的单位（部门）和人员负责。

（2）对治理过程危险性较大的事故隐患，应制定现场处置方案，治理过程中有专人现场指挥和监督，并设置警示标识。

(二)《煤矿重大生产安全事故隐患判定标准》(应急管理部令第 4 号)

1. 煤矿重大事故隐患所包括的 15 个方面

（1）超能力、超强度或者超定员组织生产。

（2）瓦斯超限作业。

（3）煤与瓦斯突出矿井，未依照规定实施防突出措施。

（4）高瓦斯矿井未建立瓦斯抽采系统和监控系统，或者系统不能正常运行。

（5）通风系统不完善、不可靠。

（6）有严重水患，未采取有效措施。

（7）超层越界开采。

（8）有冲击地压危险，未采取有效措施。

（9）自然发火严重，未采取有效措施。

（10）使用明令禁止使用或者淘汰的设备、工艺。

（11）煤矿没有双回路供电系统。

（12）新建煤矿边建设边生产，煤矿改扩建期间，在改扩建的区域生产，或者在其他区域的生产超出安全设施设计规定的范围和规模。

（13）煤矿实行整体承包生产经营后，未重新取得或者及时变更安全生产许可证而从事生产，或者承包方再次转包，以及将井下采掘工作面和井巷维修作业进行劳务承包。

（14）煤矿改制期间，未明确安全生产责任人和安全管理机构，或者在完成改制后，未重新取得或者变更采矿许可证、安全生产许可证和营业执照。

（15）其他重大事故隐患。

2. 国家规定的含义

国家规定是指有关法律、行政法规、部门规章、国家标准、行业标准，以及国务院及其应急管理部门、国家矿山安全监察机构依法制定的行政规范性文件。

八、煤矿安全生产标准化体系建设

《国家煤矿安全监察局关于印发〈煤矿安全生产标准化管理体系考核定级办法（试行）〉和〈煤矿安全生产标准化管理体系基本要求及评分方法（试行）〉的通知》(煤安监行管〔2020〕16 号) 规定，煤矿安全生产标准化管理体系等级分为一级、二级、三级 3 个等级。

九、煤矿生产安全事故报告

(一)《生产安全事故报告和调查处理条例》(国务院令第 493 号)

1. 生产安全事故等级划分

生产安全事故等级包括特别重大事故、重大事故、较大事故和一般事故,不同事故划分标准如图 1-1-20 所示。

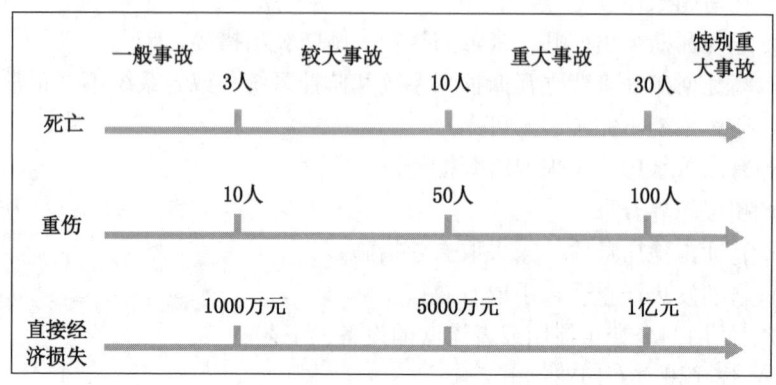

图 1-1-20　生产安全事故按等级划分

(1) 特别重大事故,是指造成 30 人以上死亡,或者 100 人以上重伤(包括急性工业中毒,下同),或者 1 亿元以上直接经济损失的事故。

(2) 重大事故,是指造成 10 人以上 30 人以下死亡,或者 50 人以上 100 人以下重伤,或者 5000 万元以上 1 亿元以下直接经济损失的事故。

(3) 较大事故,是指造成 3 人以上 10 人以下死亡,或者 10 人以上 50 人以下重伤,或者 1000 万元以上 5000 万元以下直接经济损失的事故。

(4) 一般事故,是指造成 3 人以下死亡,或者 10 人以下重伤,或者 1000 万元以下直接经济损失的事故。

其中,"以上"包括本数,所称的"以下"不包括本数。

2. 事故报告

(1) 事故报告应当及时、准确、完整,任何单位和个人对事故不得迟报、漏报、谎报或者瞒报。

(2) 事故发生后,事故现场有关人员应当立即向本单位负责人报告。单位负责人接到报告后,应当于 1 小时内向事故发生地县级以上人民政府安全生产监督管理部门和负有安全生产监督管理职责的有关部门报告。

情况紧急时,事故现场有关人员可以直接向事故发生地县级以上人民政府安全生产监督管理部门和负有安全生产监督管理职责的有关部门报告。

（3）因抢救人员、防止事故扩大以及疏通交通等原因，需要移动事故现场物件的，应当做出标志，绘制现场简图并出书面记录，妥善保存现场重要痕迹、物证。

（4）事故发生单位的负责人和有关人员在事故调查期间不得擅离职守，并应当随时接受事故调查组的询问，如实提供有关情况。

（5）事故防范和整改措施的落实情况应当接受职工的监督。

（6）报告事故应当包括：事故发生单位概况；事故发生的时间、地点以及事故现场情况；事故的简要经过；事故已经造成或者可能造成的伤亡人数（包括下落不明的人数）和初步估计的直接经济损失；已经采取的措施；其他应当报告的情况。

（7）自事故发生之日起 30 日内，事故造成的伤亡人数发生变化的，应当及时补报。

（二）《国务院办公厅关于加强安全工作的紧急通知》（国办发明电〔2004〕7 号）

"四不放过"原则是指：事故原因未查清不放过、责任人员未处理不放过、整改措施未落实不放过、有关人员未受到教育不放过。

（三）《生产安全事故罚款处罚规定（试行）》（原安全监管总局令第 13 号）

迟报、漏报、谎报和瞒报的情形认定：

（1）报告事故的时间超过规定时限的，属于迟报。

（2）因过失对应当上报的事故或者事故发生的时间、地点、类别、伤亡人数、直接经济损失等内容遗漏未报的，属于漏报。

（3）故意不如实报告事故发生的时间、地点、初步原因、性质、伤亡人数和涉险人数、直接经济损失等有关内容的，属于谎报。

（4）隐瞒已经发生的事故，超过规定时限未向安全监管监察部门和有关部门报告，经查证属实的，属于瞒报。

第四节　职业病危害防治

一、职业病危害管理

《煤矿安全规程》（应急管理部令第 8 号）规定，煤矿企业必须设置专门机构负责煤矿安全生产与职业病危害防治管理工作，配备满足工作需要的人员及装备。必须建立健全职业卫生档案，定期报告职业病危害因素；开展职业病危害因素日常监测,配备监测人员和设备;每年进行一次作业场所职业病危害因素检测,每3年进行一次职业病危害现状评价。检测、评价结果存入煤矿企业职业卫生档案,定期向从业人员公布。

煤矿企业应当为接触职业病危害因素的从业人员提供符合要求的个体防护用品,并指导和督促其正确使用。

作业人员必须正确使用防尘或者防毒等个体防护用品。

二、粉尘防治

《煤矿安全规程》(应急管理部令第8号)规定,煤矿企业粉尘防治应当符合下列规定:

(1) 作业场所空气中粉尘(总粉尘、呼吸性粉尘)浓度应当符合表1-1-3的要求。不符合要求的,应当采取有效措施。

表1-1-3 作业场所空气中粉尘浓度要求

粉尘种类	游离 SiO_2 含量/%	时间加权平均容许浓度/$(mg \cdot m^{-3})$	
		总尘	呼尘
煤尘	<10	4	2.5
矽尘	10~50	1	0.7
	50~80	0.7	0.3
	≥80	0.5	0.2
水泥尘	<10	4	1.5

注:时间加权平均容许浓度是以时间加权数规定的8 h工作日、40 h工作周的平均容许接触浓度。

(2) 粉尘监测应当采用定点监测、个体监测方法。

(3) 煤矿必须对生产性粉尘进行监测,并遵守下列规定:

①总粉尘浓度,井工煤矿每月测定2次;露天煤矿每月测定1次。粉尘分散度每6个月测定1次。

②呼吸性粉尘浓度每月测定1次。

③粉尘中游离 SiO_2 含量每6个月测定1次,在变更工作面时也必须测定1次。

④开采深度大于200 m的露天煤矿,在气压较低的季节应当适当增加测定次数。

(4) 粉尘监测采样点布置应当符合表1-1-4的要求。

第一章 从业人员公共部分

表1-1-4 粉尘监测采样点布置

类别	生产工艺	测尘点布置
采煤工作面	司机操作采煤机、打眼、人工落煤及攉煤	工人作业地点
	多工序同时作业	回风巷距工作面10~15 m处
掘进工作面	司机操作掘进机、打眼、装岩（煤）、锚喷支护	工人作业地点
	多工序同时作业（爆破作业除外）	距掘进头10~15 m回风侧
其他场所	翻罐笼作业、巷道维修、转载点	工人作业地点
露天煤矿	穿孔机作业、挖掘机作业	下风侧3~5 m处
	司机操作穿孔机、司机操作挖掘机、汽车运输	操作室内
地面作业场所	地面煤仓、储煤场、输送机运输等处进行生产作业	作业人员活动范围内

（5）井工煤矿炮采工作面应当采用湿式钻眼、冲洗煤壁、水炮泥、出煤洒水等综合防尘措施。

（6）采煤机必须安装内、外喷雾装置。割煤时必须喷雾降尘，内喷雾工作压力不得小于2 MPa，外喷雾工作压力不得小于4 MPa，喷雾流量应当与机型相匹配。无水或者喷雾装置不能正常使用时必须停机；液压支架和放顶煤工作面的放煤口，必须安装喷雾装置，降柱、移架或者放煤时同步喷雾。破碎机必须安装防尘罩和喷雾装置或者除尘器。

（7）井工煤矿采煤工作面回风巷应当安设风流净化水幕。

（8）井工煤矿掘进井巷和硐室时，必须采取湿式钻眼、冲洗井壁巷帮、水炮泥、爆破喷雾、装岩（煤）洒水和净化风流等综合防尘措施。

（9）井工煤矿掘进机作业时，应当采用内、外喷雾及通风除尘等综合措施。掘进机无水或者喷雾装置不能正常使用时，必须停机。

（10）井工煤矿在煤、岩层中钻孔作业时，应当采取湿式降尘等措施。

（11）井下煤仓（溜煤眼）放煤口、输送机转载点和卸载点，以及地面筛分厂、破碎车间、带式输送机走廊、转载点等地点，必须安设喷雾装置或者除尘器，作业时进行喷雾降尘或者用除尘器除尘。

（12）喷射混凝土时，应当采用潮喷或者湿喷工艺，并配备除尘装置对上料口、余气口除尘。距离喷浆作业点下风流100 m内，应当设置风流净化水幕。

（13）露天煤矿的防尘工作应当符合下列要求：

①设置加水站（池）。

②穿孔作业采取捕尘或者除尘器除尘等措施。

③运输道路采取洒水等降尘措施。

④破碎站、转载点等采用喷雾降尘或者除尘器除尘。

三、热害防治

《煤矿安全规程》(应急管理部令第8号)规定,煤矿企业热害防治应当符合下列规定:

(1) 当采掘工作面空气温度超过26 ℃、机电设备硐室超过30 ℃时,必须缩短超温地点工作人员的工作时间,并给予高温保健待遇。

(2) 当采掘工作面的空气温度超过30 ℃、机电设备硐室超过34 ℃时,必须停止作业。

(3) 新建、改扩建矿井设计时,必须进行矿井风温预测计算,超温地点必须有降温设施。

(4) 有热害的井工煤矿应当采取通风等非机械制冷降温措施。无法达到环境温度要求时,应当采用机械制冷降温措施。

四、噪声防治

《煤矿安全规程》(应急管理部令第8号)规定,煤矿企业噪声防治应当符合下列规定:

(1) 作业人员每天连续接触噪声时间达到或者超过8 h的,噪声声级限值为85 dB (A)。每天接触噪声时间不足8 h的,可以根据实际接触噪声的时间,按照接触噪声时间减半、噪声声级限值增加3 dB (A) 的原则确定其声级限值。

每半年至少监测1次噪声。

(2) 井工煤矿噪声监测点应当布置在主要通风机、空气压缩机、局部通风机、采煤机、掘进机、风动凿岩机、破碎机、主水泵等设备使用地点。

露天煤矿噪声监测点应当布置在钻机、挖掘机、破碎机等设备使用地点。

(3) 应当优先选用低噪声设备,采取隔声、消声、吸声、减振、减少接触时间等措施降低噪声危害。

五、有害气体防治

《煤矿安全规程》(应急管理部令第8号)规定,煤矿企业有毒有害气体防治应当符合下列规定:

(1) 监测有害气体时应当选择有代表性的作业地点,其中包括空气中有害物质浓度最高、作业人员接触时间最长的地点。应当在正常生产状态下采样氧化氮、一氧化碳、氨、二氧化硫至少每3个月监测1次,硫化氢至少每月监测1次。

(2) 煤矿作业场所存在硫化氢、二氧化硫等有害气体时，应当加强通风降低有害气体的浓度。

(3) 在采用通风措施无法达到作业环境标准时，应当采用集中抽取净化、化学吸收等措施降低硫化氢、二氧化硫等有害气体的浓度。

六、职业健康监护

《煤矿安全规程》(应急管理部令第8号) 规定，煤矿企业职业健康监护应当符合下列规定：

(1) 煤矿企业必须按照国家有关规定，对从业人员上岗前、在岗期间和离岗时进行职业健康检查，建立职业健康档案，并将检查结果书面告知从业人员。

(2) 接触职业病危害从业人员的职业健康检查周期按下列规定执行：

①接触粉尘以煤尘为主的在岗人员，每2年1次。

②接触粉尘以矽尘为主的在岗人员，每年1次。

③经诊断的观察对象和尘肺患者，每年1次。

④接触噪声、高温、毒物、放射线的在岗人员，每年1次。

接触职业病危害作业的退休人员，按有关规定执行。

(3) 对检查出有职业禁忌症和职业相关健康损害的从业人员，必须调离接害岗位，妥善安置；对已确诊的职业病人，应当及时给予治疗、康复和定期检查，并做好职业病报告工作。

(4) 有下列病症之一的，不得从事接尘作业：

①活动性肺结核病及肺外结核病。

②严重的上呼吸道或者支气管疾病。

③显著影响肺功能的肺脏或者胸膜病变。

④心、血管器质性疾病。

⑤经医疗鉴定，不适于从事粉尘作业的其他疾病。

(5) 有下列病症之一的，不得从事井下工作：

①活动性肺结核病及肺外结核病。

②严重的上呼吸道或者支气管疾病。

③显著影响肺功能的肺脏或者胸膜病变。

④心、血管器质性疾病。

⑤经医疗鉴定，不适于从事粉尘作业的其他疾病。

⑥风湿病（反复活动）。

⑦严重的皮肤病。

⑧经医疗鉴定，不适于从事井下工作的其他疾病。

(6) 癫痫病和精神分裂症患者严禁从事煤矿生产工作。

(7) 患有高血压、心脏病、高度近视等病症以及其他不适应高空（2 m以上）作业者，不得从事高空作业。

(8) 从业人员需要进行职业病诊断、鉴定的，煤矿企业应当如实提供职业病诊断、鉴定所需的从业人员职业史和职业病危害接触史、工作场所职业病危害因素检测结果等资料。

(9) 煤矿企业应当为从业人员建立职业健康监护档案，并按照规定的期限妥善保存。

从业人员离开煤矿企业时，有权索取本人职业健康监护档案复印件，煤矿企业必须如实、无偿提供，并在所提供的复印件上签章。

第五节 应 急 处 置

《煤矿安全规程》(应急管理部令第8号) 规定，煤矿作业人员必须熟悉应急救援预案和避灾路线，具有自救互救和安全避险知识。

煤矿发生险情或者事故后，现场人员应当进行自救、互救，并报矿调度室。

一、煤矿主要灾害事故

煤矿主要灾害事故包括瓦斯（粉尘）、水害、火灾、顶板、冲击地压、边坡及有毒有害气体等事故。以下主要介绍前四种事故。

（一）瓦斯事故

瓦斯事故一直是我国煤矿井下的主要灾害，是影响安全生产的"第一杀手"。瓦斯事故主要是指瓦斯（煤尘）爆炸（燃烧），煤（岩）与瓦斯突出，中毒、窒息。

（二）水害事故

水害事故是指地表水、采空区积水、地质水、工业用水造成的事故及透黄泥、流沙导致的事故，分为矿井透水（突水）和矿井涌水。

矿井透水是指井巷、工作面与含水层、被淹巷道、地表水体和含水的裂隙带、溶洞、洞穴、陷落柱、顶板冒落带、构造破碎带等接近或沟通而导致的突然出水事故。

矿井涌水是指矿区内的大气降水、地表水、地下水通过各种通道涌入井下，当矿井涌水量超过矿井正常的排水能力时，将发生水灾。

(三) 火灾事故

火灾是指作业过程中造成人员伤亡、资源损失、环境破坏、设备设施损坏，威胁安全生产的非控制性燃烧。

(四) 顶板事故

顶板事故是指冒顶、片帮、顶板掉矸、顶板支护垮倒、冲击地压、露天煤矿边坡滑移垮塌等，底板事故视为顶板事故。

二、应急处置措施

(一) 基本原则

1. 及时报告险情或事故

在保证安全的前提下，从业人员通过观察判断，确定险情或事故的地点、性质和类型等，第一时间通知当班值班领导及矿调度室。同时，通过语音通信系统向可能波及的区域发出警报。通知时，重点汇报险情或事故的现象，比如烟、火、冒顶、声响等，不主观臆断事故性质，不盲目施救。

2. 科学施救

通知后，现场人员在确保安全的情况下，根据现场情况，就地取材，实施抢救。抢救时，服从现场指挥人员（如：区队长、班组长）指挥，不冒险作业，随时观察灾区气候条件及顶板条件等。

3. 安全撤离

遇险情或事故发展迅猛，无法开展现场抢救、危及从业人员人身安全和接到撤离命令时，现场从业人员应有组织、有纪律地撤离灾区。撤离时应沉着冷静、团结互助、听从指挥；同时，加强安全防护，撤离前带好护具，遇积水、冒顶区等危险地区时先探明，再前行；撤离时，时刻关注风量、风向的变化，注意是否有火烟及爆炸的预兆。

4. 紧急避险

撤离受阻或自救器失效时，应尽快至永久避难硐室或搭建临时避难硐室待救。待救期间应注意以下事项。

(1) 硐室外保留有矿灯、衣物等明显标志。

(2) 保持安静，不焦躁，保持俯卧在巷道底板或水沟内。

(3) 被困人员保持一盏矿灯照明。

(4) 发出求救信号。可通过敲打铁管、岩石，但不能敲打支架；水灾时，把带有受灾人员基本情况通过塑料袋、塑料瓶等物品向外传递。

(5) 坚定信心，团结互助。

(6) 时刻关注顶板情况、有毒有害气体情况。遇烟气侵袭时，应采取安全措施或安全撤离。

（二）应急处置措施

1. 及时向矿调度室报告险情及事故

作业地点险情及事故发生后，现场及附近区域有关人员应通过电话或派专人等方法第一时间将险情及事故的时间、地点、现场情况、简要经过和已经采取的措施包括矿调度部门，同时向当班带班领导及本单位负责人报告。

根据险情及事故性质和蔓延区域，以最有效的方式向可能受威胁区域人员发出警报。

在抢险救援期间，现场指挥人员应及时报告事故的发展情况，包括事故发展趋势、已采取措施和取得效果、受灾人员情绪情况、救援力量情况等，为进一步开展事故应急救援提供有效参考信息。

2. 临场指挥和抢救遇难人员

险情及事故初期，带班领导未到达之前，班组长是抢险救灾的第一指挥者，其需要稳定遇难尚存人员的情绪，把握一切有利时机协助被困人员撤离险区，同时竭尽所能抢救遇难人员，最大限度减少伤亡。

3. 清点现场人员和组织抢险救灾

险情及事故初期，班组长首先要清点受灾区域从业人员人数，做到无一遗漏，以便采取各种方法帮助其躲避灾难。同时，班组长应根据灾情的实际条件，在保证救援人员安全的前提下，及时组织力量实施抢救，最大限度减少伤亡及直接经济损失。

1）正确判断灾情

根据灾区及事故从业人员的直观感觉和可采取的手段，通过观察烟雾、温度、风流状态、空气成分、巷道支护、涌水等异常变化和迹象，分析判断事故性质及原因。

查明险情及事故的地点，预判可能受到波及的范围及危害程度。结合井下避灾路线、通风系统、人员分布等情况，快速判断伴生事故的可能性，为抢险救灾和安全撤离做好准备。

2）正确进行抢险救灾

正确判断灾情后，根据《煤矿安全规程》《矿井灾害预防和处理计划》等相关规定开展抢险救灾工作。遇救援力量不足时，应最大限度防止灾情扩大，在保证救灾人员安全的前提下提高警惕，防止发生窒息、中毒、爆炸、触电、顶板垮塌等二次事故的发生。

（1）发生冒顶事故时，当冒顶稳定后，由外向内逐段逐棚扶棚支护、维护、接实顶帮、修复冒顶区。顶板冒实时要先通风并按规定检查瓦斯，合格后再处理。

（2）发生水害事故时，要迅速撤到上部巷道，撤退时要避开水头，不要进入涌水地点附近的水平巷道或下山独头巷道，按总体往高处走且迎风的原则升井。

（3）发生火灾事故时，应该先想办法在最短的时间扑灭，发生瓦斯、煤尘爆炸事故时，立即佩戴自救器，沿避灾路线撤退。

4. 听从应急救援指挥部命令，完成安全撤离工作

遇灾情扩大不具备现场抢险救灾条件时，应立即请求应急救援指挥部，按照指挥部指示组织受灾人员有序撤离。

三、事故现场创伤急救

（一）现场安全风险评估

发生灾变时，在专业应急救援队伍抵达前，从业人员应当对伤病员快速开展作业现场紧急情况下的安全风险辨识，评估风险后果，采取管控措施，为伤病员伤情风险辨识评估以及实施创伤急救、心肺复苏和心理援助等工作创造安全条件。

（二）伤病情安全风险评估

根据伤病员人数、年龄、受伤程度快速开展伤情风险辨识和评估工作。

1. 行动辨识评估

辨识伤者是否能够独立行走。伤者能自行行走且不会造成二次伤害的从业人员，评估为轻伤。当伤者不能独立行走时，需进行呼吸检查。

2. 呼吸辨识评估

辨识伤者呼吸频率。伤者无呼吸时，须开放气道，两次开放气道仍无呼吸者评估为死亡。恢复呼吸者，呼吸频率大于或等于 30 次/min 者评估为危重伤；呼吸频率小于 30 次/min 者，需进行循环检查。

3. 循环辨识评估

辨识伤者甲床毛细血管充盈时间。甲床毛细血管充盈时间大于或等于 2 s，或检查不到桡动脉搏动的，为立即处理伤员，评估为危重伤；甲床毛细血管充盈时间小于 2 s，或可触及桡动脉搏动的伤员，进行意识程度检查。

4. 意识程度辨识评估

辨识伤者回答问题意识。不能回答问题或执行简单指令者，评估为危重伤；能够正确回答问题和执行简单指令者，评估为重伤。

（三）心肺复苏

1. 摆放体位

将伤病员仰卧于硬板床或地上，且伤病员的头、颈、躯干平直无扭曲，双手

放于躯干两侧；若伤病员在软床上，应在其身下垫硬木板或特制的垫，下肢可抬高 20°~30°。

如伤病员是俯卧位或侧卧位，则要使其各部分成一整体，小心地转为仰卧位，尤其要注意保护颈部，操作方法为：应急救援员跪于伤病员肩颈侧，一手托住其颈部，另一手扶住其肩部，使其平稳地转为仰卧位。最好能解开伤病员的上衣，暴露胸部，或仅留内衣。如图 1-1-21 所示。

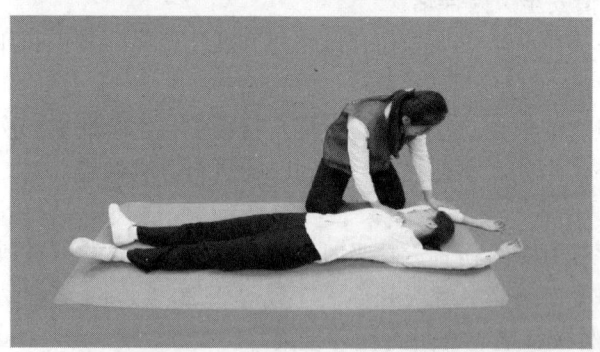

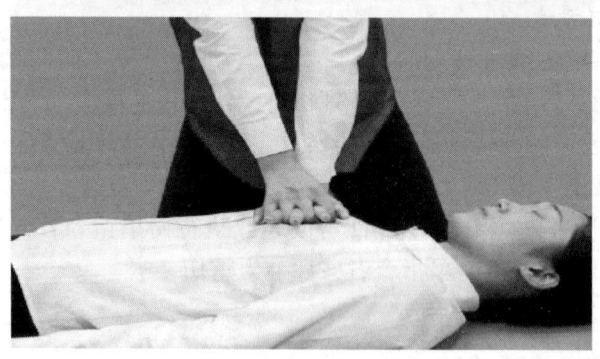

图 1-1-21　复苏体位

2. 清理异物

首先查看伤病员口中有无污物、呕吐物和义齿等异物,然后将伤病员头部偏向一侧,救护者将一手大拇指及其他手指抓住伤病员的舌和下颌拉向前,可部分解除阻塞,然后用另一手的食指伸入伤病员口腔深处直至舌根部,将异物清除干净。

3. 胸外心脏按压

(1) 施救体位。操作者肘关节伸直,以髋关节为支点,借助双臂和躯体重量向脊柱方向垂直下压,双肩在伤病员胸骨上方正中间。

(2) 按压部位。伤病员胸骨中下 1/3 交界处。定位时操作者位于伤病员一侧,将一手的食指和中指沿肋弓下缘向上滑移至两侧肋弓交点处,即胸骨下切迹,中指定位于胸骨下切迹,食指紧贴中指,另一手的掌根紧贴第一只手的食指平放,定位之手放在另一手的手背上,两手掌根部重叠,手指并拢或互相握持,手指翘起离开胸壁。抢救者也可快速定位于两乳头连线中点。如图 1-1-22 所示。

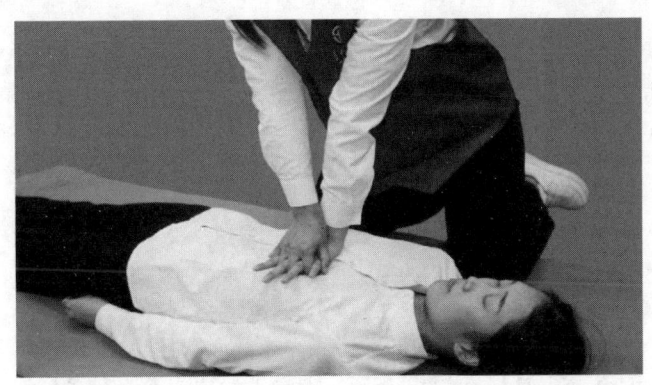

图 1-1-22 按压部位

(3) 按压姿势。按压式,身体稍倾斜,双肩在伤者胸骨前方,双肩绷紧伸直,以髋关节为支点,依靠肩部和背部的力量垂直向下用力按压。

(4) 按压深度。成人按压幅度为胸骨下陷 5~6 cm。按压后放松胸骨,使胸部回弹,便于心脏舒张,但手不能离开按压部位。待胸骨回复到原来位置后再次下压,如此反复进行。

(5) 按压频率。按压频率 100~120 次/min。频率连续操作五个循环迅速观察判断一次,直至复苏为止。按压和放松时间比 1:1。

4. 开放气道

（1）仰头举颏法。施救者一手置于伤病员前额，手掌紧贴前额用力向后下压使头后仰，另一手的食指和中指放在下颌骨近下颌角处，将颏部向前抬起帮助头部后仰，气道开放（图1-1-23）。

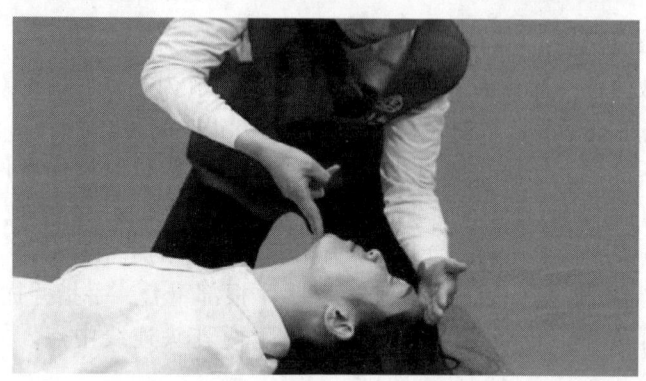

图1-1-23　仰头举颏法

（2）仰头抬颈法。伤病员仰卧，抢救者一手抬起伤病员颈部，另一手以小鱼际侧下压伤病员前额，使其头后仰，气道开放。如图1-1-24所示。

图1-1-24　仰头抬颈法

（3）双手抬颌法。伤病员平卧，抢救者用双手从两侧抓紧伤病员的双下颌并托起，使头后仰，下颌骨前移，即可打开气道。此法适用于颈部有外伤者，以下颌上提为主，不能将伤病员头部后仰及左右转动，避免加重脊髓损伤。如图1-1-25所示。

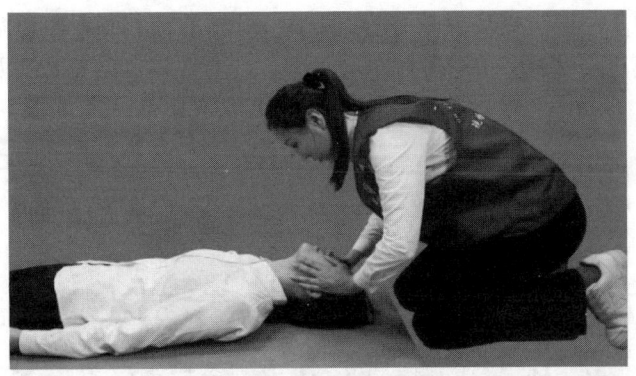

图 1-1-25 双手抬颌法

5. 人工呼吸

人工呼吸是紧急救助员将空气（氧气）从伤、病员呼吸道吹送至肺部，气体在肺部交换后，利用胸廓和肺组织的弹性回缩力使肺内的气体自行排出而形成呼吸过程。主要包括口对口、口对鼻、口对口鼻、人工呼吸膜、人工呼吸面罩等人工呼吸等方法。

1) 口对口人工呼吸

要确保伤员气道开放通畅，救护员用手捏住伤员鼻孔，防止漏气，用口把伤员口唇完全罩住，呈密封状，缓慢吹气，确保通气时可见胸廓起伏。吹气不可过快或者过度用力，充分打开气道。如图 1-1-26 所示。

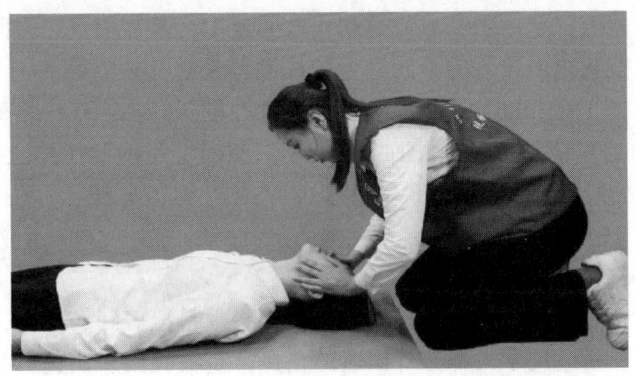

图 1-1-26 口对口人工呼吸

2) 口对鼻人工呼吸

口对鼻人工呼吸适用于牙关紧闭、口唇创伤等无法进行口对口人工呼吸的伤员,尤其适用于淹溺者现场急救。救护员将一只手置于伤员前额并后推,另一只手抬下颌,使口唇紧闭。用嘴封住伤员鼻子,让气体自动排出。如图1-1-27所示。

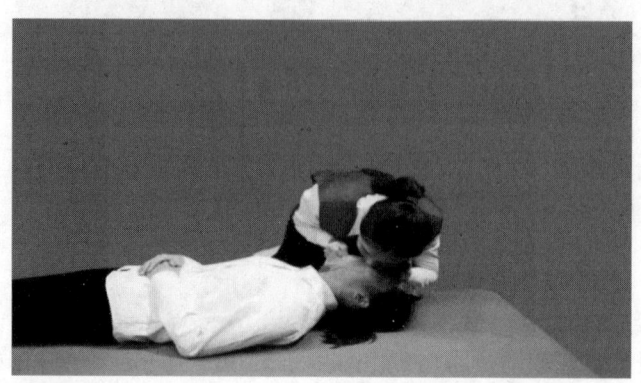

图1-1-27 口对鼻人工呼吸

(四) 止血技术

创伤可引起皮肤和软组织损伤,严重时会伴有神经、血管、内脏、肌腱、骨骼损伤。创伤需及时采用指压动脉止血、直接压迫止血、加压包扎止血、填塞止血、止血带止血等技术处理伤口,避免伤口感染、破伤风等情况。

1. 指压动脉止血

指压动脉止血是通过手指压住出血伤口的近心端(血流方向),使得血管被压在附近的骨骼上,从而阻断血流达到止血的技术,其适用于短时间头面部和四肢部位止血。按照止血位置的不同分为颞浅动脉压迫止血(图1-1-28a)、面动脉压迫止血(图1-1-28b)、枕动脉压迫止血(图1-1-28c)、肱动脉压迫止血(图1-1-28d)、尺桡动脉压迫止血(图1-1-28e)、指动脉压迫止血(图1-1-28f)和足背动脉压迫止血(图1-1-28g),不同止血方式按压部位如图1-1-28所示。

2. 直接压迫止血

直接压迫止血是指清理伤口异物后,直接将敷料覆盖到伤口上,用手直接压迫止血的技术。其适用于大部分外出血的止血,是最直接、快速、有效、安全的止血技术,如图1-1-29所示。

3. 加压包扎止血

加压包扎止血是指采用直接压迫止血的同时再用绷带(或三角巾)加压包扎的止血技术,如图1-1-30所示。

第一章 从业人员公共部分

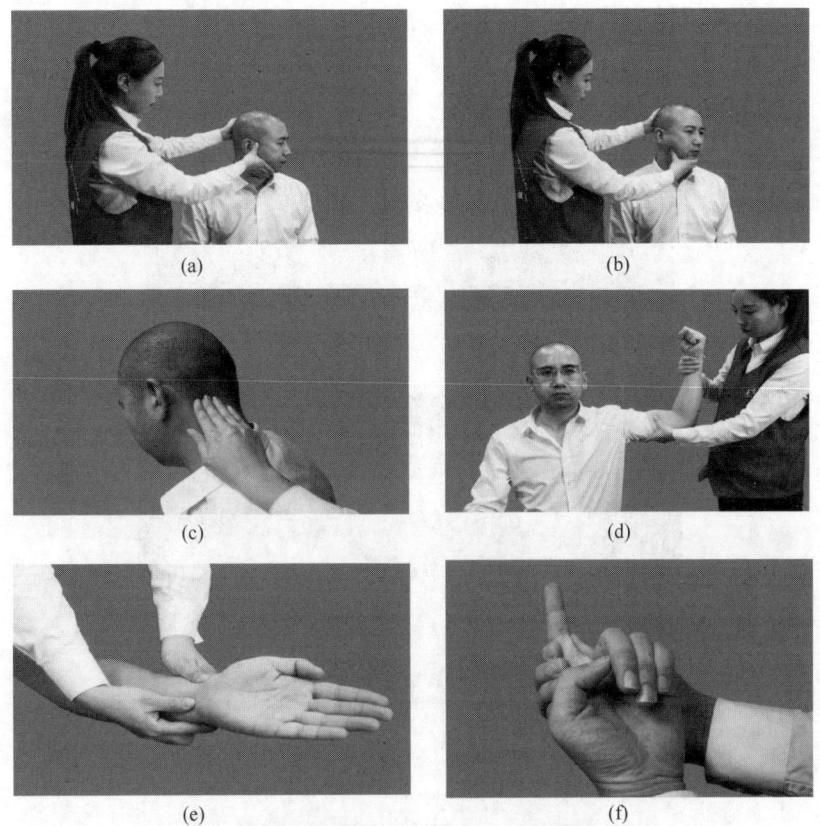

图 1-1-28 不同止血方式按压部位

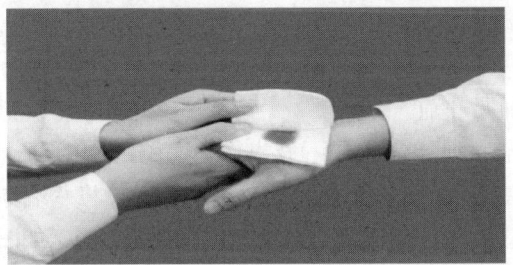

图 1-1-29 直接压迫止血

4. 填塞止血

填塞止血是指用大块消毒的纱布、棉垫、急救包填塞、压迫在深部伤口出血内，外用绷带、三角巾加压包扎的技术。外用绷带、三角巾加压包扎应松紧适宜。如图 1-1-31 所示。

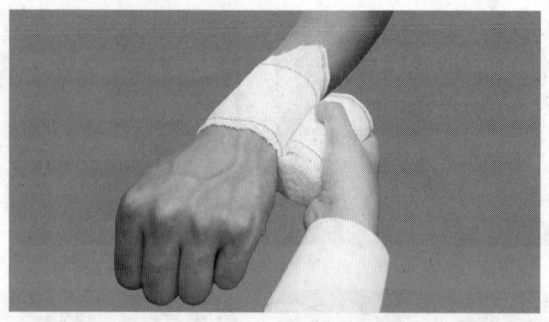

图1-1-30 加压包扎止血

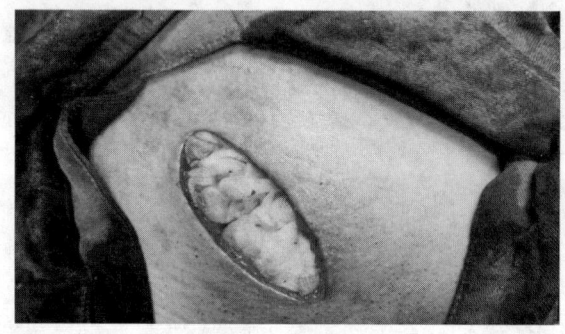

图1-1-31 填塞止血法

5. 止血带止血

止血带止血适用于四肢有大血管损伤，直接压迫无法控制出血，或不能使用其他方法止血（如有多处损伤，伤口不易处理，或伤病情况复杂）以致危及生命的情况。

1）表带式止血带止血

上肢出血在上臂的上1/3处或下肢出血在大腿的中上部，垫好衬垫（可用绷带、毛巾、平整的衣物等），把止血带缠绕在肢体上，将一端穿进扣环，并拉紧至伤口停止出血为宜。在明显的部位注明结扎止血带的时间。如图1-1-32a所示。

2）橡胶管止血带止血

在准备结扎的部位加好衬垫，用左手拇指与食、中指拿好橡胶管的一端（A端）约10 cm处，右手拉紧橡胶管缠绕伤侧肢体连同应急救援员左手食、中指两周，同时压住橡胶管的A端；然后将橡胶管的另一端（B端）用左手食、中指夹紧，抽出手指时由食指、中指夹持B端从两圈橡胶管下拉出一半，使其成为一个活结。如果需要松止血带时，只要将尾端拉出即可。如图1-1-32b所示。

3）布带止血带止血

当灾变事故现场无医用气囊止血带或其他止血带时，应急救援员可根据现场情况，用三角巾、围巾、领带、衣服、床单等作为布带止血带。

使用三角巾作为布带止血带时，将三角巾或其他布料折叠成约 5 cm 宽的平整的条状带。如上肢出血，在上臂的上 1/3 处（如下肢出血，在大腿的中上部）垫好衬垫（可用绷带、毛巾、平整的衣物等）。

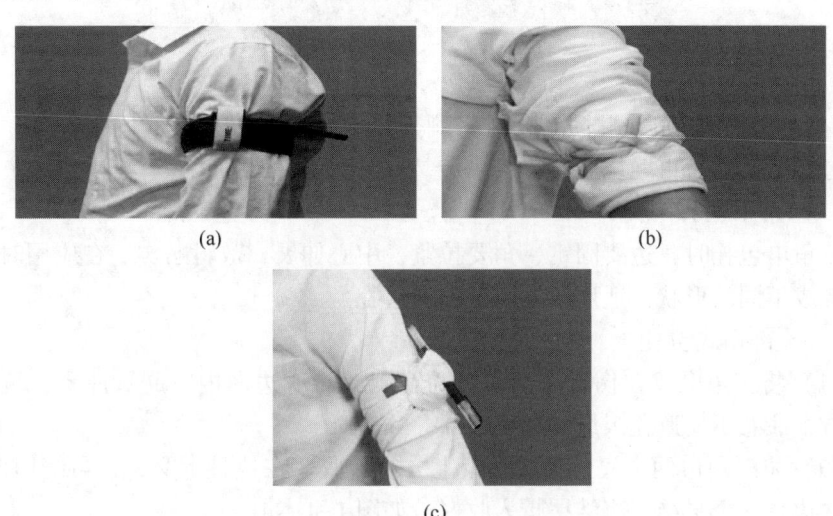

图 1-1-32　止血带止血

（五）包扎技术

创伤包扎是指将伤口用自粘贴、尼龙网套、纱布、绷带、三角巾或其他现场可利用的布料快速、准确地处理伤口的技术，包括绷带包扎、三角巾包扎等。

1. 绷带包扎

绷带包扎包括环形包扎、螺旋包扎、螺旋反折包扎、"8"字包扎法和回返包扎等。本节重点介绍环形包扎。

环形包扎适用于肢体粗细较均匀处伤口的处理，是常用的绷带包扎技术之一。如图 1-1-33 所示。

（1）伤口用无菌或干净的敷料覆盖，固定敷料。

（2）将绷带打开，一端稍作斜状环绕第一圈，将第一圈斜出一角压入环形圈内，环绕第二圈。

（3）加压绕肢体环形缠绕 4~5 层，每圈盖住前一圈，绷带缠绕范围要超出敷料边缘。

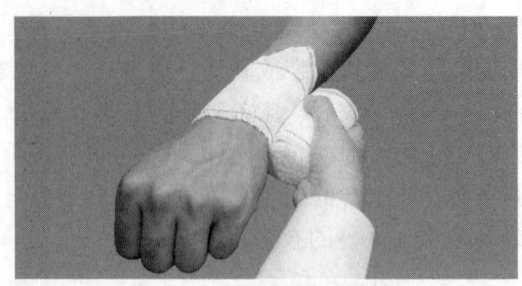

图 1-1-33　环形包扎法

（4）最后用胶布粘贴固定，或将绷带尾端从中央纵行剪成两个布条，两布条先打一结，然后再缠绕肢体打结固定。

2. 三角巾包扎

三角巾包扎时，边要固定，角要拉紧，中心伸展，敷料贴实。在应用时按需要折叠成不同的形状，适用于不同部位的包扎。

1）头部帽式包扎

（1）将三角巾放在伤者头上，覆盖敷料，将底边向内折起数厘米，置于眼眉上方，注意不要遮盖眼眉。如图 1-1-34a 所示。

（2）将三角巾两个底角经过耳朵上方往后收，在枕骨下交叉，再绕回前额，靠近底边打一个平结，将结尾折入收好。如图 1-1-34b 所示。

（3）在枕后将顶角轻轻拉紧后折入。如图 1-1-34c 所示。

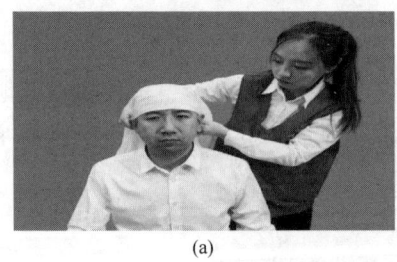
(a)

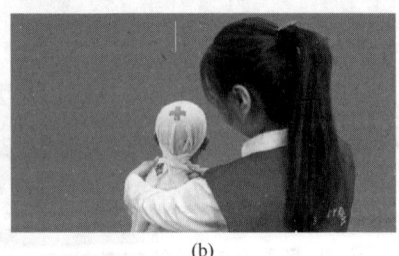
(b)

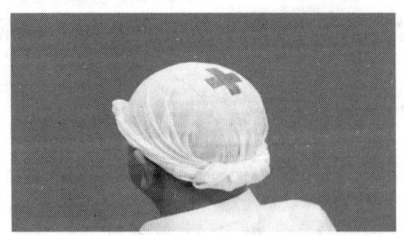
(c)

图 1-1-34　头部帽式包扎

2）胸部包扎

将三角巾折叠成燕尾状，两尾角向上，底边向下并反折一道边横放于胸部，先将两尾角拉向颈后打结，再用顶角的带子绕至对侧腋下与燕尾底角打结固定（图1-1-35）。

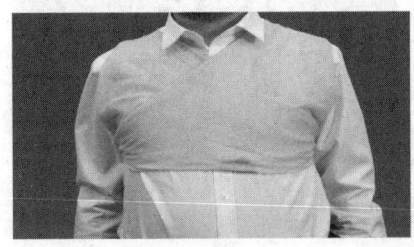

(a) 正面　　　　　　　　　　　　(b) 背面

图1-1-35　双胸包扎

（六）骨折固定与搬运

骨折固定可减少伤病员的疼痛，避免损伤周围组织、血管、神经，减少出血和肿胀，防止闭合性骨折转化为开放性骨折和便于搬运伤病员。根据现场的条件和骨折的部位采取不同的固定方式，此节以上臂骨折、股骨骨折的固定为例。

1. 骨折固定

1）上臂骨折的固定

伤者手臂屈肘90°，用两块夹板固定伤处，一块放在上臂内侧，另一块放在外侧，然后用绷带固定。如果只有一块夹板，则将夹板放在外侧加以固定。

固定好后，用绷带或三角巾悬吊伤肢。若夹板，可先用三角巾悬吊，再用三角巾把上臂固定在身体上。如图1-1-36所示。

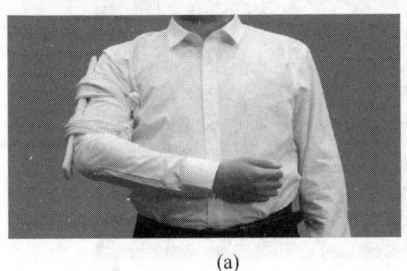 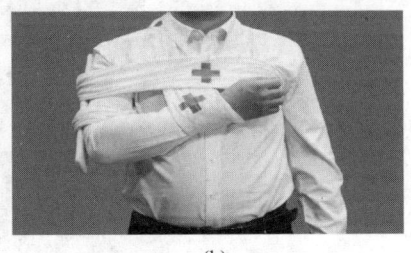

(a)　　　　　　　　　　　　　　(b)

图1 1 36　上臂骨折

2）股骨骨折的固定

将伤腿伸直，外侧夹板长度上至腋窝，下过足跟，内侧夹板上过膝关节，下过足跟，再用绷带或三角巾固定。如图 1-1-37a 所示。如无夹板，可利用另一未受伤的下肢进行固定。如图 1-1-37b 所示。

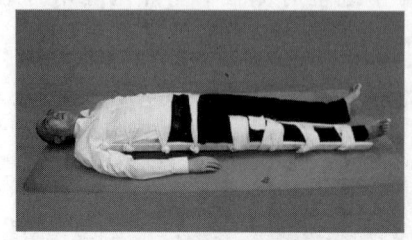 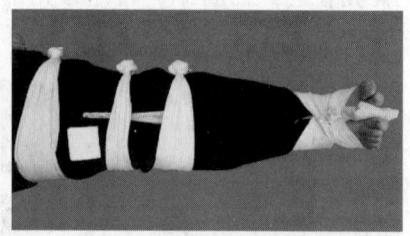

(a) 股骨骨折夹板固定　　　　　　　　　　(b) 股骨骨折健肢固定

图 1-1-37　股骨骨折固定

2. 搬运

搬运的作用主要在于使伤病员尽快脱离危险区，改变伤病员所处的环境，以利抢救，为进一步处置奠定基础。搬运前应做必要的伤病处理（如止血、包扎、固定），根据伤病员的情况和现场条件选择适当的搬运方法。搬运方法主要包括徒手搬运和使用器材搬运。此节以徒手搬运为例。

1）腋下拖行法

腋下拖行法适用于在现场环境危险的情况下，搬运不能行走的伤病员。

拖行时，将伤病员的手臂横放于胸前；应急救援员的双臂置于伤病员的腋下，双手抓紧伤病员对侧手臂；将伤病员缓慢向后拖行。如图 1-1-38 所示。

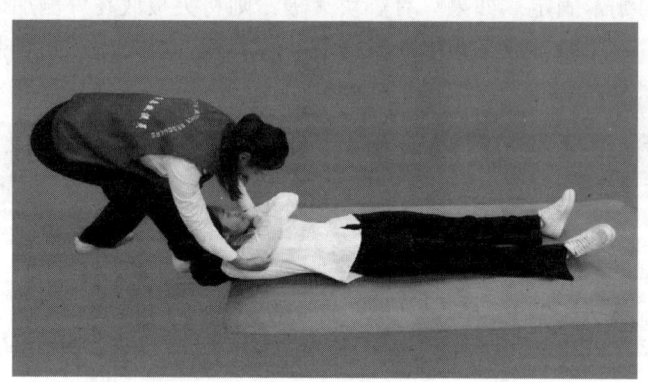

图 1-1-38　腋下拖行法

2）爬行法

爬行法适用于在空间狭窄或有浓烟的环境下，搬运两侧上肢没有受伤或仅有轻伤的伤病员。

应急救援员用布带将伤病员双腕捆绑于胸前,骑跨于伤病员的躯干两侧,将伤病员的双手套在应急救援员颈部;用双手着地,或用一只手保护伤病员头颈部,用另一只手着地;抬头使伤病员的头、颈、肩部离开地面,拖带伤病员前行(图1-1-39)。

图1-1-39 爬行法

(七) 急性中毒

1. 急性一氧化碳中毒

迅速将伤病员移离中毒现场至通风处,松开衣领,注意保暖,密切观察中毒者的意识状态。

对于轻度中毒者,可给予氧气吸入及对症治疗;中度及重度中毒者应积极给予常压口罩吸氧治疗,有条件时应给予高压氧治疗。重度中毒者视病情应给予消除脑水肿、促进脑血液循环,维持呼吸循环功能及镇痉等对症及支持治疗。加强护理、积极防治并发症及预防迟发脑病;对迟发脑病者,可给予高压氧、糖皮质激素、血管扩张剂或抗帕金森氏病药物与其他对症与支持治疗。

2. 急性氨气中毒

迅速将伤病员移离中毒现场至空气新鲜处,给予保温。按照《职业性化学性皮肤灼伤诊断标准》(GBZ 51)和《职业性化学性眼灼伤诊断标准》,彻底冲洗污染的眼和皮肤。

对神志不清者应将头部偏向一侧,以防呕吐物吸入呼吸道引起窒息。必要时给予机械通气。积极控制感染,及时、合理应用抗生素,防治并发症。

3. 硫化氢中毒

迅速将伤病员安全脱离中毒现场,吸氧、保持安静、卧床休息,严密观察,注意病情变化。对呼吸、心跳骤停者，立即进行心、肺复苏，待呼吸、心跳恢复后，有条件者尽快高压氧治疗，并积极对症、支持治疗。

四、自救器的使用

自救器是入井人员防止有害气体中毒或缺氧窒息的一种随身携带的呼吸保护器具。目前，煤矿井下常用的自救器有 ZH30（C）型隔绝式化学氧自救器和 ZYX45 隔绝式压缩氧自救器。

（一）ZH30（C）型隔绝式化学氧自救器

ZH30（C）型隔绝式化学氧自救器结构如图 1-1-40 所示。

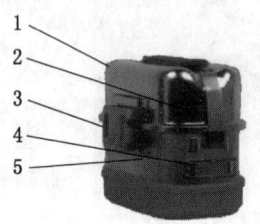

1—上外壳；2—封口带；3—腰带环；4—号码牌；5—下外壳（生氧罐）；
6—扳手粘扣；7—扳手；8—铭牌；9—减震套

图 1-1-40 ZH30（C）型隔绝式化学氧自救器结构图

ZH30（C）型隔绝式化学氧自救器佩戴操作步骤如图 1-1-41 所示。

(a) 揭开扳手粘扣，扳起封口带扳手，至封印条断开，扔掉封口带　　(b) 揭开上外壳扔掉，拔掉初期生氧器启动针

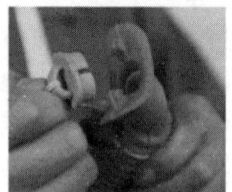

(c) 套上脖带，注意隔热垫应靠身体　　(d) 拔掉口具塞

第一章 从业人员公共部分

 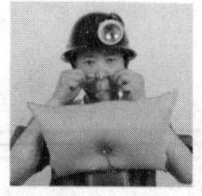 

(e)将口具放入唇齿间，上下齿咬住牙垫，紧闭嘴唇。此时，初期生氧装置启动生氧，气囊自动鼓起。如遇到初期生氧装置不能正常发挥作用，应迅速向自救器内呼气，将气囊吹鼓

(f)捏住鼻夹垫圆柄，拉开鼻夹垫，夹住鼻子，不能漏气

(g)佩戴完毕后，戴好安全帽，匀速撤离灾区

图1-1-41 ZH30（C）型隔绝式化学氧自救器佩戴操作步骤

（二）ZYX45 隔绝式压缩氧自救器

ZYX45 隔绝式压缩氧自救器的保护系统结构如图1-1-42所示。

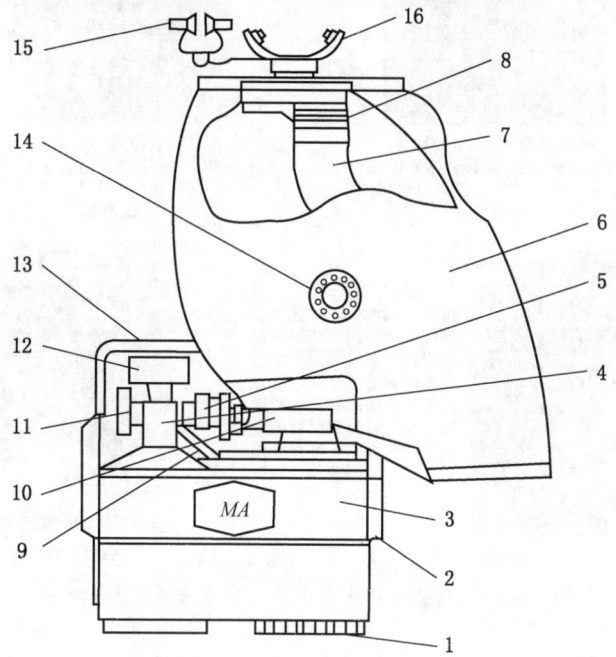

1—底盖；2—挂钩；3—清净罐；4—氧气瓶；5—减压阀；6—气囊；7—呼气软管；8—呼吸阀；9—支架；10—补气压板；11—手轮开关；12—压力表；13—上盖；14—排气阀；15—鼻夹；16—口具

图1-1-42 ZYX45 隔绝式压缩氧自救器保护系统结构图

ZYX45 隔绝式压缩氧自救器佩戴操作步骤如图1-1-43所示。

(a) 将佩戴的自救器移至身体的正前面

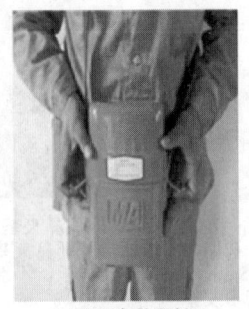
(b) 拉开自救器封口带并取下上盖

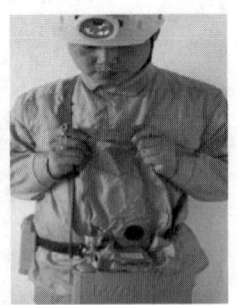
(c) 展开气囊，注意气囊不能扭折

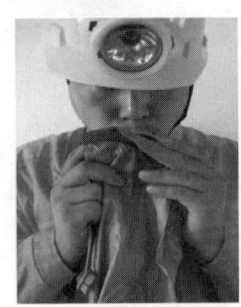
(d) 把口具放入口中，口具片应放在唇齿之间，牙齿紧紧咬住牙垫，紧闭嘴唇，使口具有可靠的气密性

(e) 逆时针转动氧气开关手轮，打开氧气瓶开关(必须完全打开)，用手指按动补气压板，使气囊迅速鼓起

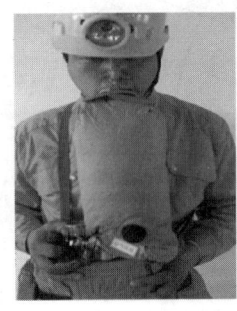
(f) 把鼻夹弹簧扳开，将鼻垫准确地夹住鼻孔，用嘴呼吸。使用时如果看见气囊在呼完气后仍不太鼓或吸气有憋气感时，应及时用手指按动补气压板向气囊补气，直到气囊鼓起；也可用力吸气，气囊吸瘪后，补气压板压迫补气杆，也会自动补气

(g) 撤离灾区

图 1-1-43 ZYX45 隔绝式压缩氧自救器佩戴操作步骤

第六节 地方性法规

地方性法规由地方人民代表大会常务委员会制定。目前，我国北京、山西、广东、内蒙古、河南等 31 个省（区、市）制定了安全生产条例，26 个省（区、

市）出台了矿山安全法实施办法，如《山西省实施〈中华人民共和国矿山安全法〉办法》。此节以山西省地方性法规《山西省安全生产条例》为例介绍。

《山西省安全生产条例》制定、修正过程见表1-1-5。

表1-1-5 《山西省安全生产条例》制定、修正过程

时间	会议	制定/修正
2007年12月20日	山西省第十届人民代表大会常务委员会第三十四次会议	制定
2016年12月8日	山西省第十二届人民代表大会常务委员会第三十二次会议	第一次修正
2022年12月9日	山西省第十三届人民代表大会常务委员会第三十八次会议	第二次修正

《山西省安全生产条例》规定，生产经营单位安全生产应当符合下列规定：

（1）生产经营单位应当建立健全全员安全生产责任制，明确全员安全生产责任范围、监督检查和考核标准等内容，编制安全生产责任清单。考核结果与安全生产奖惩措施挂钩，作为从业人员职级调整、收入分配等的重要依据。安全生产责任清单和考核结果在本单位公示。

（2）煤矿应当达到安全生产标准化二级以上等级标准。

（3）从业人员在作业前，应当进行岗位安全检查，发现不安全因素或者事故隐患的，应当立即向现场安全生产管理人员或者本单位负责人报告；接到报告的人员应当及时予以处理。检查内容主要包括：

①设施、设备和安全防护装置的安全状态。

②所用工具符合安全标准和安全操作规定要求。

③作业场地和物品堆放符合安全规范。

④劳动防护用品和用具齐全完好。

⑤安全生产措施落实情况。

⑥其他需要检查的内容。

（4）当班生产活动结束后，从业人员应当对本岗位负责的设备、设施、作业场地、安全防护设施、物品存放等进行安全检查，清理现场。在交接班时，从业人员应当做好生产设备、设施以及安全设施运行情况的确认工作，做好交接班记录。

第二章 主要负责人和安全生产管理人员公共部分

第一节 安全生产法律法规

一、关于主要负责人的要求

（一）主要负责人职责

生产经营单位的主要负责人对本单位安全生产工作负有下列职责（图1-2-1）：

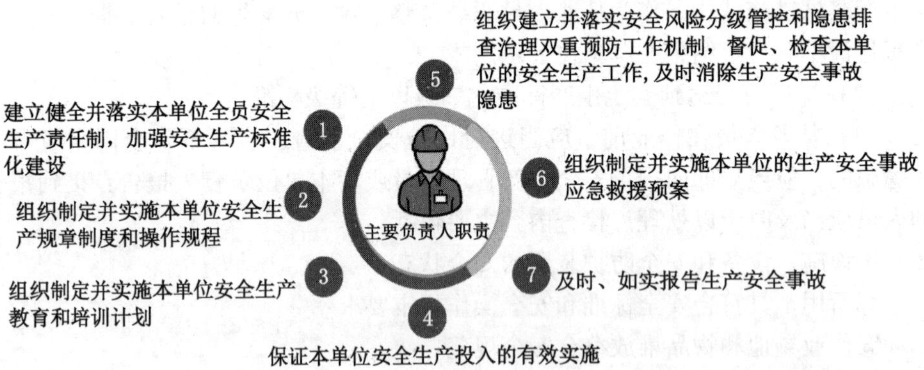

图1-2-1 主要负责人安全生产工作职责

（1）建立健全并落实本单位全员安全生产责任制，加强安全生产标准化建设。

（2）组织制定并实施本单位安全生产规章制度和操作规程。

（3）组织制定并实施本单位安全生产教育和培训计划。

（4）保证本单位安全生产投入的有效实施。

（5）组织建立并落实安全风险分级管控和隐患排查治理双重预防工作机制，督促、检查本单位的安全生产工作，及时消除生产安全事故隐患。

（6）组织制定并实施本单位的生产安全事故应急救援预案。

(7) 及时、如实报告生产安全事故。

(二) 安全生产的监督管理

负有安全生产监督管理职责的部门依法对存在重大事故隐患的生产经营单位作出停产停业、停止施工、停止使用相关设施或者设备的决定，生产经营单位应当依法执行，及时消除事故隐患，如图1-2-2所示。

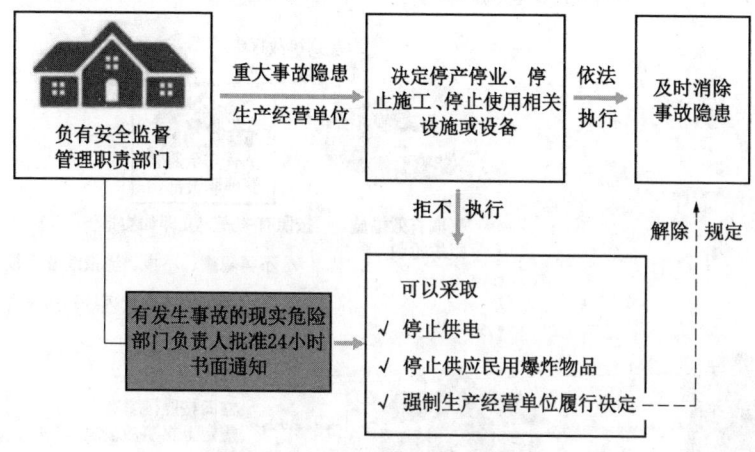

图1-2-2 安全生产的监督管理

(三) 生产安全事故报告

生产经营单位负责人接到事故报告后，应当迅速采取有效措施，组织抢救，防止事故扩大，减少人员伤亡和财产损失，并按照国家有关规定立即如实报告当地负有安全生产监督管理职责的部门，不得隐瞒不报、谎报或者迟报，不得故意破坏事故现场、毁灭有关证据（图1-2-3）。

(四) 法律责任

(1) 生产经营单位的决策机构、主要负责人或者个人经营的投资人不依照本法规定保证安全生产所必需的资金投入，致使生产经营单位不具备安全生产条件的，责令限期改正，提供必需的资金；逾期未改正的，责令生产经营单位停产停业整顿。

有前款违法行为，导致发生生产安全事故的，对生产经营单位的主要负责人给予撤职处分，对个人经营的投资人处二万元以上二十万元以下的罚款；构成犯罪的，依照刑法有关规定追究刑事责任（图1-2-4）。

(2) 生产经营单位的主要负责人未履行本法规定的安全生产管理职责的，责令限期改正，处二万元以上五万元以下的罚款；逾期未改正的，处五万元以上十万元以下的罚款，责令生产经营单位停产停业整顿。

图1-2-3　生产安全事故报告要求

生产经营单位的主要负责人有前款违法行为,导致发生生产安全事故的,给予撤职处分;构成犯罪的,依照刑法有关规定追究刑事责任。

生产经营单位的主要负责人依照前款规定受刑事处罚或者撤职处分的,自刑罚执行完毕或者受处分之日起,五年内不得担任任何生产经营单位的主要负责人;对重大、特别重大生产安全事故负有责任的,终身不得担任本行业生产经营单位的主要负责人。

主要负责人未履行安全生产管理职责的违法后果如图1-2-5所示。

(3) 生产经营单位的主要负责人未履行本法规定的安全生产管理职责,导致发生生产安全事故的,由应急管理部门依照下列规定处以罚款(图1-2-6):

①发生一般事故的,处上一年年收入百分之四十的罚款。
②发生较大事故的,处上一年年收入百分之六十的罚款。
③发生重大事故的,处上一年年收入百分之八十的罚款。
④发生特别重大事故的,处上一年年收入百分之一百的罚款。

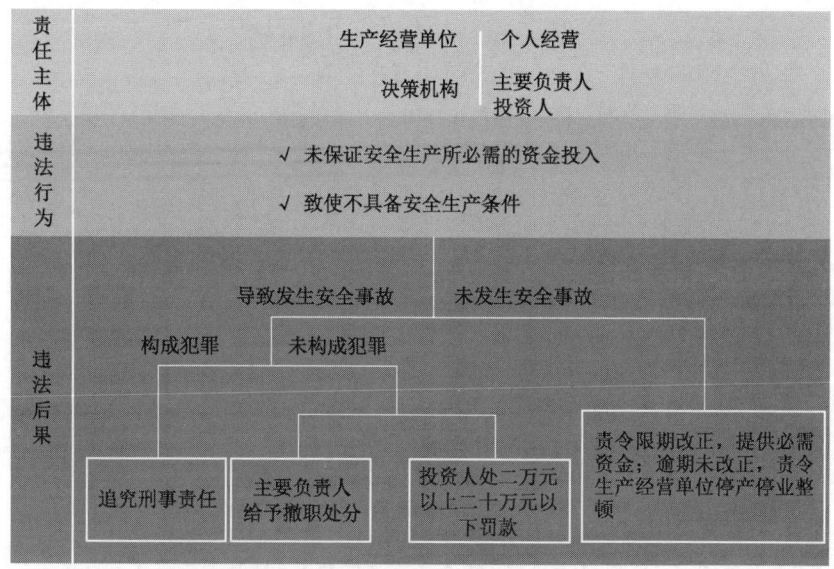

图 1-2-4　安全生产所必需资金投入未保证违法后果

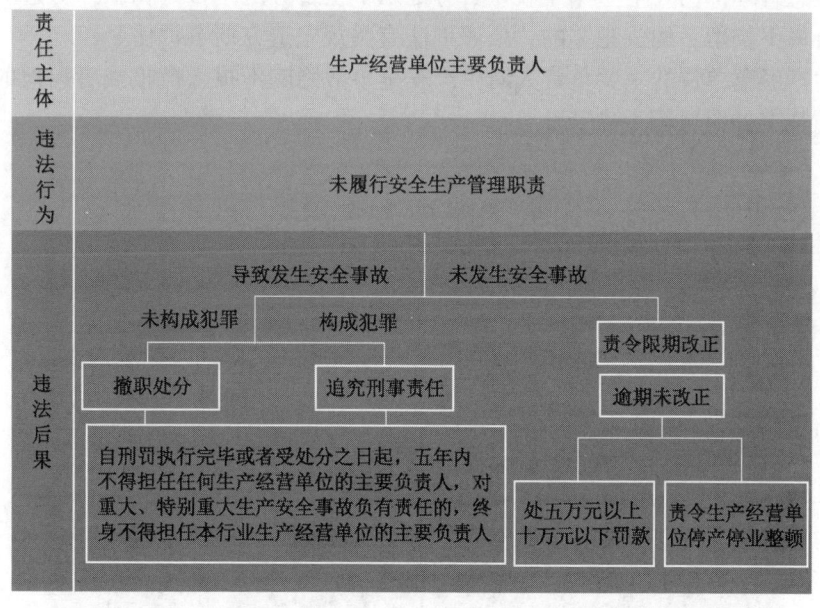

图 1-2-5　主要负责人未履行安全生产管理职责的违法后果

（4）生产经营单位的主要负责人在本单位发生生产安全事故时，不立即组织抢救或者在事故调查处理期间擅离职守或者逃匿的，给予降级、撤职的处分，

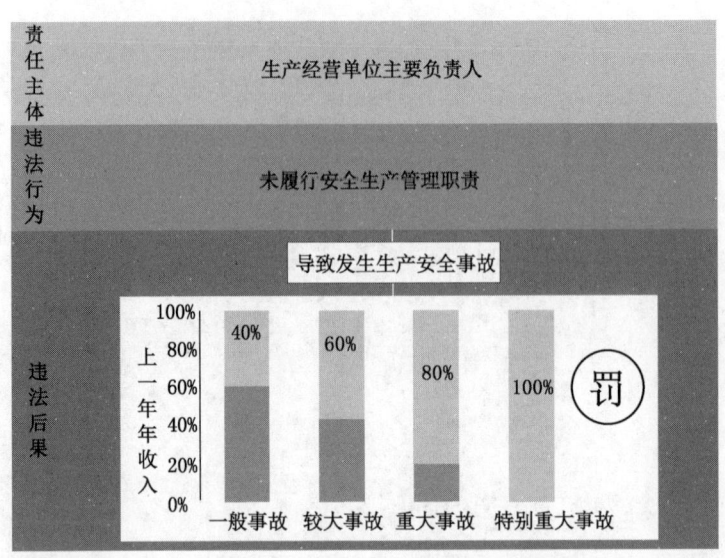

图1-2-6 生产经营单位主要负责人未安全生产管理职责经济处罚

并由应急管理部门处上一年年收入百分之六十至百分之一百的罚款；对逃匿的处十五日以下拘留；构成犯罪的，依照刑法有关规定追究刑事责任。

生产经营单位的主要负责人对生产安全事故隐瞒不报、谎报或者迟报的，依照前款规定处罚（图1-2-7）。

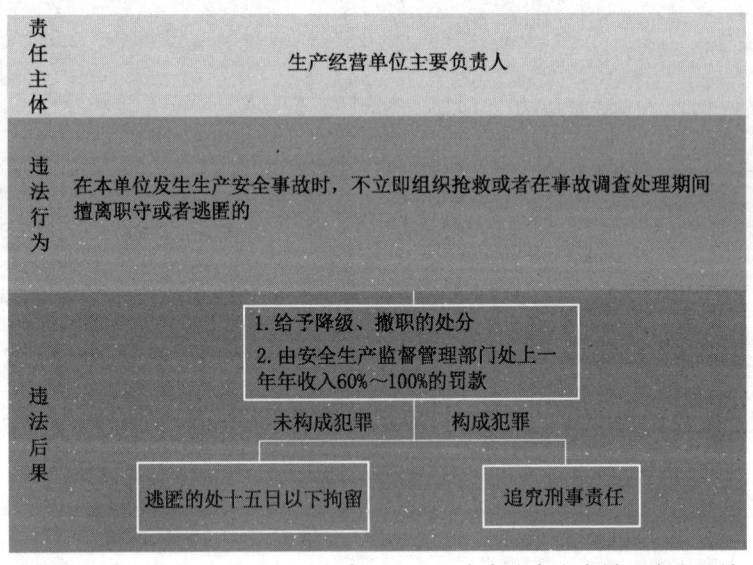

图1-2-7 生产经营单位主要负责人安全生产事故发生未履职违法后果

二、《安全生产法》关于安全生产管理人员的要求

（一）安全生产管理人员职责

生产经营单位的安全生产管理机构以及安全生产管理人员履行职责如图1-2-8所示。

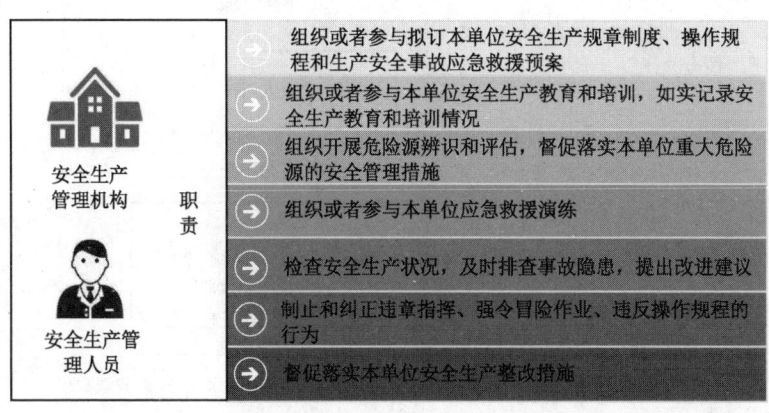

图1-2-8　安全生产管理机构及安全生产管理人员安全生产职责

（二）履职保障

生产经营单位的安全生产管理机构以及安全生产管理人员应当恪尽职守，依法履行职责。

生产经营单位作出涉及安全生产的经营决策，应当听取安全生产管理机构以及安全生产管理人员的意见。

（三）检查职责及重大事故隐患报告

生产经营单位的安全生产管理人员应当根据本单位的生产经营特点，对安全生产状况进行经常性检查；对检查中发现的安全问题，应当立即处理；不能处理的，应当及时报告本单位有关负责人，有关负责人应当及时处理。检查及处理情况应当如实记录在案。

安全生产管理人员在检查中发现重大事故隐患，依照前款规定向本单位有关负责人报告，有关负责人不及时处理的，安全生产管理人员可以向主管的负有安全生产监督管理职责的部门报告，接到报告的部门应当依法及时处理（图1-2-9）。

（四）法律责任

生产经营单位的其他负责人和安全生产管理人员未履行本法规定的安全生产管理职责的，责令限期改正，处一万元以上三万元以下的罚款；导致发生生产安全事故的，暂停或者吊销其与安全生产有关的资格，并处上一年年收入百分之二

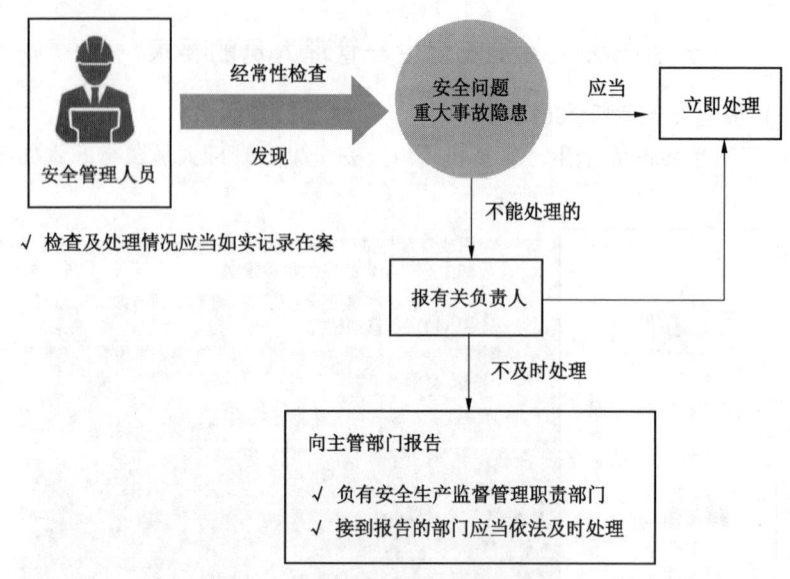

图 1-2-9　安全生产管理人员检查职责及重大事故隐患报告

十以上百分之五十以下的罚款；构成犯罪的，依照刑法有关规定追究刑事责任（图 1-2-10）。

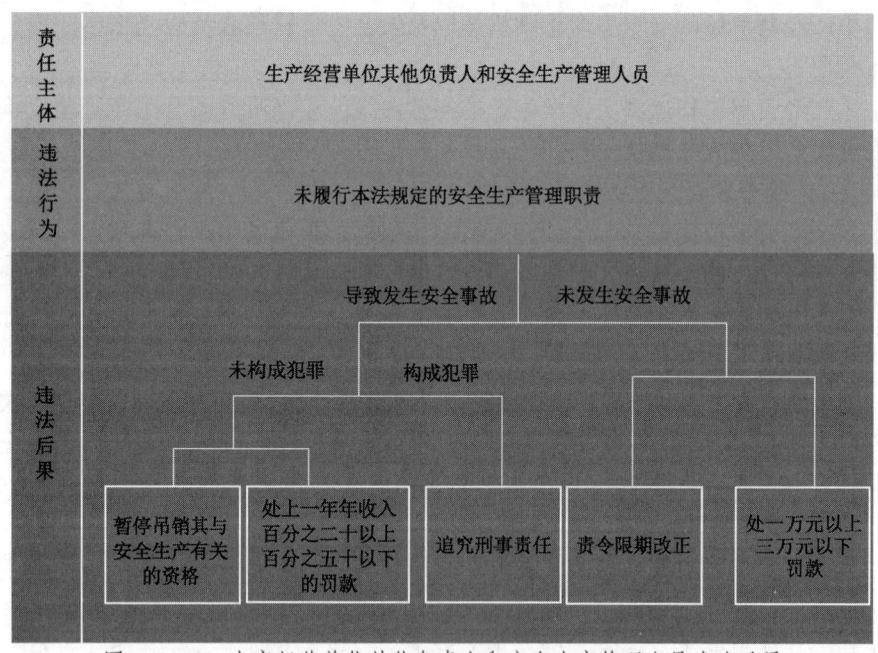

图 1-2-10　生产经营单位其他负责人和安全生产管理人员违法后果

第二节 安全生产管理

一、煤矿安全生产准入

（一）《煤矿企业安全生产许可证实施办法》（原安全监管总局令第 86 号）

（1）煤矿企业除本企业申请办理安全生产许可证外，其所属矿（井、露天坑）也应当申请办理安全生产许可证，一矿（井、露天坑）一证。

（2）煤矿企业取得安全生产许可证应当具备的安全生产条件如下：

①建立、健全主要负责人岗位安全生产责任制，制定安全生产规章制度。

②安全投入满足安全生产要求，并按照有关规定足额提取和使用安全生产费用。

③设置安全生产管理机构，配备专职安全生产管理人员。

④主要负责人安全生产知识和管理能力经考核合格。

⑤参加工伤保险，为从业人员缴纳工伤保险费。

⑥制定重大危险源检测、评估和监控措施。

⑦制定应急救援预案。

（3）煤矿企业隐瞒有关情况或者提供虚假材料申请安全生产许可证的，安全生产许可证颁发管理机关不予受理，且在一年内不得再次申请安全生产许可证。

（二）《中共中央办公厅　国务院办公厅关于进一步加强矿山安全生产工作的意见（国办发 2023）》

煤矿的安全设施设计审查和安全生产许可证审批由省级以上矿山安全监管部门负责，不得下放或者委托。

（三）《煤矿建设安全规范》（AQ 1083—2011）

（1）煤矿建设项目开工前必须取得国家有关部门或地方政府规定的所有证照和批准文件。

（2）煤矿施工单位必须取得国家颁发的建筑业企业资质和安全生产许可证，并严格按资质等级许可的范围承建相应规模的煤矿建设项目，严禁超资质等级施工。

煤矿建设项目招标时应合理划分工程标段，一个建设项目单项工程（或同类专业工程），原则上发包给 1 家有相应资质的施工单位，大型及以上项目单项工程（或同类专业工程）施工单位不得超过 2 家。

(3) 煤矿建设单位必须对建设项目实行全面安全管理，为施工单位提供必要的安全施工条件，不得随意压减工程造价影响施工安全投入，不得强令施工单位改变正常施工工艺，不得强令施工单位抢进度、冒险施工。

(4) 煤矿建设项目监理单位必须取得国家颁发的、与工程项目规模相适应的监理资质。现场监理人员必须取得监理资格证书，人员配备能够满足工程监理需要。

煤矿建设项目由2家施工单位共同施工的，由建设单位负责组织制定和督促落实有关安全技术措施，并签订安全生产管理协议，指定专职安全生产管理人员进行安全检查与协调。

二、煤矿企业安全生产费用提取与使用

《企业安全生产费用提取和使用管理办法》（财资〔2022〕136号）规定，煤炭生产企业安全生产费用应当用于以下支出：

(1) 煤与瓦斯突出及高瓦斯矿井落实综合防突措施支出，包括瓦斯区域预抽、保护层开采区域防突措施、开展突出区域和局部预测、实施局部补充防突措施等两个"四位一体"综合防突措施，以及更新改造防突设备和设施、建立突出防治实验室等支出。

(2) 冲击地压矿井落实防冲措施支出，包括开展冲击地压危险性预测、监测预警、防范治理、效果检验、安全防护等防治措施，更新改造防冲设备和设施，建立防冲实验室等支出。

(3) 煤矿安全生产改造和重大事故隐患治理支出，包括通风、防瓦斯、防煤尘、防灭火、防治水、顶板、供电、运输等系统设备改造和灾害治理工程，实施煤矿机械化改造、智能化建设，实施矿压、热害、露天煤矿边坡治理等支出。

(4) 完善煤矿井下监测监控、人员位置监测、紧急避险、压风自救、供水施救和通信联络等安全避险设施设备支出，应急救援技术装备、设施配置和维护保养支出，事故逃生和紧急避难设施设备的配置和应急救援队伍建设、应急预案制修订与应急演练支出。

(5) 开展重大危险源检测、评估、监控支出，安全风险分级管控和事故隐患排查整改支出，安全生产信息化建设、运维和网络安全支出。

(6) 安全生产检查、评估评价（不含新建、改建、扩建项目安全评价）、咨询、标准化建设支出。

(7) 配备和更新现场作业人员安全防护用品支出。

(8) 安全生产宣传、教育、培训和从业人员发现并报告事故隐患的奖励支出。

(9) 安全生产适用新技术、新标准、新工艺、煤矿智能装备及煤矿机器人等新装备的推广应用支出。

(10) 安全设施及特种设备检测检验、检定校准支出。

(11) 安全生产责任保险支出。

(12) 与安全生产直接相关的其他支出。

三、煤矿安全生产规章制度制定

(一)《中共中央 国务院关于推进安全生产领域改革发展的意见》

(1) 建立企业全过程安全生产,做到安全责任、管理、投入、培训和应急救援"五到位"。

(2) 建立安全生产绩效与履职评定、职务晋升、奖励惩处挂钩制度;建立企业生产经营全过程安全责任追溯制度。

(3) 积极推进安全生产诚信体系建设,建立企业安全生产不良记录"黑名单"制度,建立失信惩戒和守信激励机制。严格落实安全生产"一票否决"制度。

(二)《煤矿领导带班下井及安全监督检查规定》(原安全监管总局令第33号)

(1) 煤矿主要负责人对落实领导带班下井制度全面负责,每月带班下井不得少于5个。

(2) 煤矿领导带班下井时,其领导姓名应当在井口明显位置公示;每月带班下井工作计划的完成情况,应当在煤矿公示栏公示,接受群众监督。

(3) 煤矿领导带班下井应当履行的职责:

①加强对采煤、掘进、通风等重点部位、关键环节的检查巡视,全面掌握当班井下的安全生产状况。

②及时发现和组织消除事故隐患和险情,及时制止违章违纪行为,严禁违章指挥,严禁超能力组织生产。

③遇到险情时,立即下达停产撤人命令,组织涉险区域人员及时、有序撤离到安全地点。

(三)《国家煤矿安全监察局关于印发〈煤矿复工复产验收管理办法〉的通知》(煤安监行管〔2019〕4号)

(1) 自行连续停工停产时间不足30天,通风、排水、安全监控系统和人员位置监测系统运行正常,且停产期间井下巷道及设备设施维护、安全检查正常实施的煤矿,由煤矿企业(煤矿)负责验收。

(2) 下列煤矿由煤矿安全监管部门负责验收:

①因自然灾害或矿井灾变等原因，安全生产系统或巷道遭到严重破坏或封闭井口（采区）的煤矿。

②连续停工停产时间达 30 天及以上的煤矿。

③因发生生产安全事故、存在重大生产安全事故隐患或违法违规行为等，被相关部门责令停工停产的煤矿。

④煤矿安全监管部门和煤矿安全监察机构认为需要复工复产验收的其他煤矿。

（四）《国家煤矿安全监察局关于印发〈防范煤矿采掘接续紧张暂行办法〉的通知》（煤安监技装〔2018〕23 号）

1. 矿井开拓煤量可采期应当符合的规定

（1）煤与瓦斯突出矿井、水文地质类型极复杂矿井、冲击地压矿井不得少于 5 年。

（2）高瓦斯矿井、水文地质类型复杂矿井不得少于 4 年。

（3）其他矿井不得少于 3 年。

2. 矿井准备煤量可采期应当符合的规定

（1）水文地质条件复杂和极复杂矿井、煤与瓦斯突出矿井、冲击地压矿井、煤巷掘进机械化程度与综合机械化采煤程度的比值小于 0.7 的矿井不得少于 14 个月。

（2）其他矿井不得少于 12 个月。

3. 矿井回采煤量可采期应当符合的规定

（1）2 个及以上采煤工作面同时生产的矿井不得少于 5 个月。

（2）其他矿井不得少于 4 个月。

四、煤矿安全生产教育培训

（一）《煤矿安全培训规定》（原安全监管总局令第 92 号）

（1）煤矿企业应当按照国家规定的比例提取的教育培训经费用于安全培训的资金不得低于教育培训经费总额的百分之四十。

（2）煤矿企业主要负责人和安全生产管理人员应当自任职之日起六个月内通过考核部门组织的安全生产知识和管理能力考核，并持续保持相应水平和能力（"持续保持相应水平和能力"是指主要负责人和安全生产管理人员在任职 6 个月内考核合格后，考核部门按照抽考办法对其抽考考试或考核，仍达到合格要求）。

（二）《国家煤矿安监局关于开展煤矿安全培训整治推进煤矿从业人员素质提升的通知》(煤安监行管〔2018〕6 号)

严禁以班前（后）会等形式代替煤矿从业人员岗前培训和再培训。

（三）《国家矿山安全监察局关于印发〈煤矿地质工作细则〉的通知》(矿安〔2023〕192 号)

煤矿企业、煤矿应组织或安排地质技术人员接受继续教育或业务培训，每 3 年至少进行 1 次。

五、煤矿安全生产风险分级管控

《国家煤矿安全监察局关于印发〈煤矿安全生产标准化管理体系考核定级办法（试行）〉和〈煤矿安全生产标准化管理体系基本要求及评分方法（试行）〉的通知》(煤安监行管〔2020〕16 号) 规定，煤矿安全生产风险分级管控应符合如下要求：

（1）建立安全风险分级管控责任体系，矿长全面负责，分管负责人负责分管范围内的安全风险分级管控工作；副总工程师、科（室）、区（队）安全风险管控的职责明确。

（2）每年矿长组织各分管负责人、副总工程师和相关科室、区（队）进行年度安全风险辨识评估，重点对井工煤矿瓦斯、水、火、煤尘、顶板、冲击地压及提升运输系统，露天煤矿边坡、爆破、机电运输等容易导致群死群伤事故的危险因素开展安全风险辨识评估。

（3）建立安全风险辨识评估结果应用机制，将安全风险辨识评估结果应用于指导生产计划、作业规程、操作规程、灾害预防与处理计划、应急救援预案以及安全技术措施等技术文件的编制和完善。

（4）制定并落实《煤矿重大安全风险管控方案》，列出重大安全风险清单，明确管控措施以及每条措施落实的人员、技术、时限、资金等内容。

（5）划分重大安全风险区域，设定作业人数上限，并符合有关限员规定。

（6）矿长及分管负责人、副总工程师、科室负责人、专业技术人员应当掌握本矿相关重大安全风险及管控措施，区（队）长、班组长熟知本工作区域或岗位重大安全风险及管控措施，作业时对风险管控措施的落实情况进行现场确认。

（7）矿长每年组织对重大安全风险管控措施落实情况和管控效果进行总结分析；及时公告重大安全风险。

六、煤矿生产安全事故隐患排查治理

（一）《国家煤矿安全监察局关于印发〈煤矿安全生产标准化管理体系考核定级办法（试行）〉和〈煤矿安全生产标准化管理体系基本要求及评分方法（试行）〉的通知》（煤安监行管〔2020〕16号）

（1）排查《煤矿重大安全风险管控方案》措施落实情况和各生产系统、各岗位的事故隐患，排查内容包含重大安全风险管控措施不落实情况和人的不安全行为、物的不安全状态、环境的不安全条件以及管理缺陷等。

（2）发现重大事故隐患立即向当地煤矿安全监管监察部门书面报告，建立事故隐患排查台账和重大事故隐患信息档案。

（3）重大事故隐患由矿长按照责任、措施、资金、时限、预案"五落实"的原则，组织制定专项治理方案，并组织实施。

（4）事故隐患治理实施分级督办，对未按规定完成治理的事故隐患，及时提高督办层级，加大督办力度；事故隐患治理完成，经验收合格后予以销号，解除督办。

（二）《关于实施遏制重特大事故工作指南构建双重预防机制的意见》（安委办〔2016〕11号）

事故隐患整治过程中无法保证安全的，应停产停业或者停止使用相关设施设备，及时撤出相关作业人员。

（三）《煤矿重大生产安全事故隐患判定标准》（应急管理部令第4号）

（1）"超能力、超强度或者超定员组织生产"重大事故隐患，是指有下列情形之一的：

①煤矿全年原煤产量超过核定（设计）生产能力幅度在10%以上，或者月原煤产量大于核定（设计）生产能力的10%的。

②煤矿或其上级公司超过煤矿核定（设计）生产能力下达生产计划或者经营指标的。

③煤矿开拓、准备、回采煤量可采期小于国家规定的最短时间，未主动采取限产或者停产措施，仍然组织生产的（衰老煤矿和地方人民政府计划停产关闭煤矿除外）。

④煤矿井下同时生产的水平超过2个，或者一个采（盘）区内同时作业的采煤、煤（半煤岩）巷掘进工作面个数超过《煤矿安全规程》规定的。

⑤瓦斯抽采不达标组织生产的。

⑥煤矿未制定或者未严格执行井下劳动定员制度，或者采掘作业地点单班作

业人数超过国家有关限员规定 20% 以上的。

（2）"有严重水患，未采取有效措施"重大事故隐患，是指有下列情形之一的：

①未查明矿井水文地质条件和井田范围内采空区、废弃老窑积水等情况而组织生产建设的。

②水文地质类型复杂、极复杂的矿井未设置专门的防治水机构、未配备专门的探放水作业队伍，或者未配齐专用探放水设备的。

③在需要探放水的区域进行采掘作业未按照国家规定进行探放水的。

④未按照国家规定留设或者擅自开采（破坏）各种防隔水煤（岩）柱的。

⑤有突（透、溃）水征兆未撤出井下所有受水患威胁地点人员的。

⑥受地表水倒灌威胁的矿井在强降雨天气或其来水上游发生洪水期间未实施停产撤人的。

⑦建设矿井进入三期工程前，未按照设计建成永久排水系统，或者生产矿井延深到设计水平时，未建成防、排水系统而违规开拓掘进的。

⑧矿井主要排水系统水泵排水能力、管路和水仓容量不符合《煤矿安全规程》规定的。

⑨开采地表水体、老空水淹区域或者强含水层下急倾斜煤层，未按照国家规定消除水患威胁的。

（3）"超层越界开采"重大事故隐患，是指有下列情形之一的：

①超出采矿许可证载明的开采煤层层位或者标高进行开采的。

②超出采矿许可证载明的坐标控制范围进行开采的。

③擅自开采（破坏）安全煤柱的。

（4）"煤矿没有双回路供电系统"重大事故隐患，是指有下列情形之一的：

①单回路供电的。

②有两回路电源线路但取自一个区域变电所同一母线段的。

③进入二期工程的高瓦斯、煤与瓦斯突出、水文地质类型为复杂和极复杂的建设矿井，以及进入三期工程的其他建设矿井，未形成两回路供电的。

（5）"新建煤矿边建设边生产，煤矿改扩建期间，在改扩建的区域生产，或者在其他区域的生产超出安全设计规定的范围和规模"重大事故隐患，是指有下列情形之一的：

①建设项目安全设施设计未经审查批准，或者审查批准后作出重大变更未经再次审查批准擅自组织施工的。

②新建煤矿在建设期间组织采煤的（经批准的联合试运转除外）。

③改扩建矿井在改扩建区域生产的。

④改扩建矿井在非改扩建区域超出设计规定范围和规模生产的。

(6)"煤矿实行整体承包生产经营后,未重新取得或者及时变更安全生产许可证从事生产的,或者承包方再次转包,以及将井下采掘工作面和井巷维修作业进行劳务承包"重大事故隐患,是指有下列情形之一的:

①煤矿未采取整体承包形式进行发包,或者将煤矿整体发包给不具有法人资格或者未取得合法有效营业执照的单位或者个人的。

②实行整体承包的煤矿,未签订安全生产管理协议,或者未按照国家规定约定双方安全生产管理职责而进行生产的。

③实行整体承包的煤矿,未重新取得或者变更安全生产许可证进行生产的。

④实行整体承包的煤矿,承包方再次将煤矿转包给其他单位或者个人的。

⑤井工煤矿将井下采掘作业或者井巷维修作业(井筒及井下新水平延深的井底车场、主运输、主通风、主排水、主要机电硐室开拓工程除外)作为独立工程发包给其他企业或者个人的,以及转包井下新水平延深开拓工程的。

(7)"煤矿改制期间,未明确安全生产责任人和安全管理机构,或者在完成改制后,未重新取得或者变更采矿许可证、安全生产许可证和营业执照"重大事故隐患,是指有下列情形之一的:

①改制期间,未明确安全生产责任人进行生产建设的。

②改制期间,未健全安全生产管理机构和配备安全管理人员进行生产建设的。

③完成改制后,未重新取得或者变更采矿许可证、安全生产许可证、营业执照而进行生产建设的。

(8)"其他重大事故隐患",是指有下列情形之一的:

①未分别配备专职的矿长、总工程师和分管安全、生产、机电的副矿长,以及负责采煤、掘进、机电运输、通风、地测、防治水工作的专业技术人员的。

②未按照国家规定足额提取或者未按照国家规定范围使用安全生产费用的。

③未按照国家规定进行瓦斯等级鉴定,或者瓦斯等级鉴定弄虚作假的。

④图纸作假、隐瞒采掘工作面,提供虚假信息、隐瞒下井人数,或者矿长、总工程师(技术负责人)履行安全生产岗位责任制及管理制度时伪造记录,弄虚作假的。

⑤国家矿山安全监察机构认定的其他重大事故隐患。

七、煤矿安全生产标准化体系建设

(一)《国家煤矿安全监察局关于印发〈煤矿安全生产标准化管理体系考核定级办法(试行)〉和〈煤矿安全生产标准化管理体系基本要求及评分方法(试行)〉的通知》(煤安监行管〔2020〕16号)

(1)按照本办法考核确定为安全生产标准化管理体系一级的煤矿,作出符合一级体系要求的承诺,且同时满足下列条件的,可在3年期满时直接办理延期:

①煤矿一级等级3年期限内保持瓦斯"零超限"和井下"零突出""零透水""零自燃""零冲击(无冲击地压事故)"。

②井工煤矿采用"一井一面"或"一井两面"生产模式。

③井工煤矿采煤机械化程度达到100%;露天煤矿采剥机械化程度达到100%。

(2)安全生产标准化管理体系达标煤矿应具备以下条件,任一项不符合的,不得参与安全生产标准化管理体系考核定级:

①采矿许可证、安全生产许可证、营业执照齐全有效。

②树立体现安全生产"红线意识"和"安全第一、预防为主、综合治理"方针,与本矿安全生产实际、灾害治理相适应的安全生产理念。

③制定符合法律法规、国家政策要求和本单位实际的安全生产工作目标。

④矿长作出持续保持、提高煤矿安全生产条件的安全承诺,并作出表率。

⑤安全生产组织机构完备(井工煤矿有负责安全、采煤、掘进、通风、机电、运输、地测、防治水、安全培训、调度、应急管理、职业病危害防治等工作的管理部门;露天煤矿有负责安全、钻孔、爆破、采装、运输、排土、边坡、机电、地测、防治水、防灭火、安全培训、调度、应急管理、职业病危害防治等工作的管理部门),配备管理人员。

煤(岩)与瓦斯(二氧化碳)突出矿井、水文地质类型复杂和极复杂矿井、冲击地压矿井按规定设有相应的机构和队伍。

⑥矿长、副矿长、总工程师、副总工程师按规定参加安全生产知识和管理能力考核,取得考核合格证明。

⑦建立健全安全生产责任制。

⑧不存在重大事故隐患。

(3)煤矿安全生产标准化管理体系等级评定应符合下列要求:

①一级煤矿安全生产标准化管理体系考核加权得分及各部分得分均不低于

90分,且不存在下列情形:

(a) 井工煤矿井下单班作业人数超过有关限员规定的。

(b) 发生生产安全死亡事故,自事故发生之日起,一般事故未满1年、较大及重大事故未满2年、特别重大事故未满3年的。

(c) 安全生产标准化管理体系一级检查考核未通过,自考核定级部门检查之日起未满1年的。

(d) 因管理滑坡或存在重大事故隐患且组织生产被降级或撤销等级未满1年的。

(e) 露天煤矿采煤对外承包的,或将剥离工程承包给2家(不含)以上施工单位的。

(f) 被列入安全生产"黑名单"或在安全生产联合惩戒期内的。

(g) 井下违规使用劳务派遣工的。

②煤矿安全生产标准化管理体系考核加权得分及各部分得分均不低于80分,且不存在下列情形:

(a) 井工煤矿井下单班作业人数超过有关限员规定的。

(b) 发生生产安全死亡事故,自事故发生之日起,一般事故未满半年、较大及重大事故未满1年、特别重大事故未满3年的。

(c) 因存在重大事故隐患且组织生产被撤销等级未满半年的。

(d) 被列入安全生产"黑名单"或在安全生产联合惩戒期内的。

③煤矿安全生产标准化管理体系考核加权得分及各部分得分均不低于70分。

(4) 日常检查。安全生产标准化管理体系达标煤矿应加强日常检查,每季度至少组织开展1次全面的自查,并将自查结果录入信息系统,煤矿上级企业每半年至少组织开展1次全面自查(没有上级企业的煤矿自行组织开展),形成自查报告,并依据自身的安全生产标准化管理体系等级,通过信息系统向相应的考核定级部门报送自查结果。

(二)《国家矿山安全监察局关于公布安全生产标准化管理体系一级达标煤矿名单(第七批)的通知》(矿安〔2023〕12号)

煤矿在标准化等级有效期内享受以下激励政策:

(1) 在全国性或区域性调整、实施减量化生产措施时,原则上不纳入减量化生产煤矿范围。

(2) 在地方政府因其他煤矿发生事故采取区域政策性停产措施时,原则上不纳入停产范围。

(3) 申请生产能力核增时,在同等条件下,可优先开展审查确认工作;新投产的煤矿和已核定生产能力的煤矿,通过生产能力核定提高产能规模的间隔时间,可由 3 年缩短至 2 年。

(4) 生产能力核增时,产能置换比例不小于核增产能的 100%,通过改扩建、技术改造增加优质产能超过 120 万 t/a 以上的,所需产能置换指标折算比例可提高为 200%。

(5) 生产能力核增时,核增幅度可在"不超过煤炭工业设计规范标准设计井型规模 2 级级差"规定的基础上,上浮 1 级级差;实现"一井一面"或智能化开采的,核增幅度可上浮 2 级级差。

(6) 在安全生产许可证有效期届满时,符合相关条件的,可以直接办理延期手续。

(7) 银行保险、证券、担保等主管部门作为对煤矿企业信用评级重要参考依据。

(8) 各级煤矿安全监管监察部门适当减少检查频次;煤矿停产后复产验收时,优先进行复产验收。

(9) 煤炭先进产能核定政策执行期间,通过生产能力核定方式提高产能规模,可不受"已核定生产能力的煤矿满 1 年后"的要求限制,核定生产能力后的剩余服务年限不得少于 10 年。

第三节 应 急 救 援

一、应急救援体系

(一)《煤矿安全规程》(应急管理部令第 8 号)

(1) 煤矿企业应当落实应急管理主体责任,建立健全事故预警、应急值守、信息报告、现场处置、应急投入、救援装备和物资储备、安全避险设施管理和使用等规章制度,主要负责人是应急管理和事故救援工作的第一责任人。

(2) 煤矿企业必须编制应急救援预案并组织评审,由本单位主要负责人批准后实施;应急救援预案应当与所在地县级以上地方人民政府组织制定的生产安全事故应急救援预案相衔接。

应急救援预案的主要内容发生变化,或者在事故处置和应急演练中发现存在重大问题时,及时修订完善。

(3) 煤矿企业建立应急演练制度的规定,应急演练计划、方案、记录和总结评估报告等资料保存期限不少于 2 年。

(4) 矿山救护队到达服务煤矿的时间应当不超过 30 min。

（二）《生产安全事故应急预案管理办法》（应急管理部令第 2 号）

《生产安全事故应急预案管理办法》（原安全监管总局令第 88 号）

（1）生产经营单位主要负责人负责组织编制和实施本单位的应急预案，并对应急预案的真实性和实用性负责；各分管负责人应当按照职责分工落实应急预案规定的职责。

（2）生产经营单位应急预案分为综合应急预案、专项应急预案和现场处置方案。

（3）对于危险性较大的场所、装置或者设施，生产经营单位应当编制现场处置方案。

（4）生产经营单位应当在编制应急预案的基础上，针对工作场所、岗位的特点，编制简明、实用、有效的应急处置卡。

（5）生产经营单位应当制定本单位的应急预案演练计划，根据本单位的事故风险特点，每年至少组织一次综合应急预案演练或者专项应急预案演练，每半年至少组织一次现场处置方案演练。

（6）煤矿应当每三年进行一次应急预案评估。

（7）生产经营单位发生事故时，应当第一时间启动应急响应，组织有关力量进行救援，并按照规定将事故信息及应急响应启动情况报告安全生产监督管理部门和其他负有安全生产监督管理职责的部门。

（三）《国家煤矿安全监察局关于印发〈煤矿防治水细则〉的通知》（煤安监调查〔2018〕14 号）

每年雨季前至少组织开展 1 次水害应急预案演练。

二、救援队伍、装备及设施

（一）《煤矿安全规程》（应急管理部令第 8 号）

（1）煤矿企业应当有创伤急救系统为其服务，应当配备救护车辆、急救器材、急救装备和药品等。

所有煤矿必须有矿山救护队为其服务。井工煤矿企业应当设立矿山救护队，不具备设立矿山救护队条件的煤矿企业，所属煤矿应当设立兼职救护队，并与就近的救护队签订救护协议；否则，不得生产。

（2）煤矿企业应当根据矿井灾害特点，结合所在区域实际情况，储备必要的应急救援装备及物资，由主要负责人审批。重点加强潜水电泵及配套管线、救援钻机及其配套设备、快速掘进与支护设备、应急通信装备等的储备。

煤矿企业应当建立应急救援装备和物资台账，健全其储存、维护保养和应急调用等管理制度。

(3) 矿山救护大队应当由不少于2个中队组成，矿山救护中队应当由不少于3个救护小队组成，每个救护小队应当由不少于9人组成。

(二)《矿山救护规程》(AQ 1008—2007)

煤矿救援队伍、装备及设施应当符合下列要求。

(1) 距离救护队服务半径超过100 km的矿井必须设置独立的矿山救护队。

(2) 兼职矿山救护队应根据矿山的生产规模、自然条件、灾害情况确定编制，原则上应由2个以上小队组成，每个小队由9人以上组成，直属矿长领导。

(3) 任何人不得随意调动矿山救护队、救护装备和救护车辆从事与矿山救护无关的工作。

(4) 救援装备、器材、物资、防护用品和安全检测仪器、仪表，必须符合国家标准或者行业标准，满足应急救援工作的特殊需要。

三、救援指挥

(一)《煤矿安全规程》(应急管理部令第8号)

煤矿发生灾害事故后，必须立即成立救援指挥部，矿长任总指挥。矿山救护队指挥员必须作为救援指挥部成员，参与制定救援方案等重大决策，具体负责指挥矿山救护队实施救援工作。

矿井发生灾害事故后，必须首先组织矿山救护队进行灾区侦察，探明灾区情况。救援指挥部应当根据灾害性质，事故发生地点、波及范围、灾区人员分布、可能存在的危险因素，以及救援的人力和物力，制定抢救方案和安全保障措施。

(二)《关于进一步加强生产安全事故应急处置工作的通知》(安委〔2013〕8号)

发生事故或险情后，企业要立即启动相关应急预案，在确保安全的前提下组织抢救遇险人员，控制危险源，封锁危险场所，杜绝盲目施救，防止事态扩大；要明确并落实生产现场带班人员、班组长和调度人员直接处置权和指挥权，在遇到险情或事故征兆时立即下达停产撤人命令，组织现场人员及时、有序撤离到安全地点，减少人员伤亡。

第四节　地方性法规与地方政府规章

此节以山西省地方性法规与地方政府规章为例介绍。

一、《山西省安全生产条例》

(1) 生产经营单位的主要负责人、管理人员应当履行安全生产职责，不得有下列行为：

①指挥、强令或者放任从业人员违章、冒险作业。

②超过核定的生产能力、生产强度或者生产定员组织生产。

③违反操作规程、生产工艺、技术标准或者安全管理规定组织作业。

④法律、法规禁止的其他行为。

（2）矿山单位从业人员超过一百人的，应当设置安全生产管理机构，配备不少于从业人员百分之一的专职安全生产管理人员，但最低不少于两名专职安全生产管理人员；从业人员在一百人以下的，应当至少配备一名专职安全生产管理人员。

（3）煤矿办矿主体应当加强对所属煤矿的安全管理，安全管理层级不得超过三级。

二、《山西省生产经营单位主要负责人安全生产责任制规定》

2021年12月11日，山西省人民政府以省政府令第293号公布《山西省生产经营单位主要负责人安全生产责任制规定》。山西省生产经营单位主要负责人应当遵守下列规定：

（1）生产经营单位的主要负责人，包括公司制企业的董事长、总经理（经理、首席执行官或者其他履行经理职责的负责人），非公司制企业的厂长（经理、矿长等）和生产经营单位实际控制人。

（2）生产经营单位主要负责人是本单位安全生产第一责任人，对本单位的安全生产工作全面负责。履行下列职责：

①建立健全并落实本单位全员安全生产责任制。

②组织制定并实施安全生产管理制度和安全操作规程。

③研究确定分管安全生产的负责人、技术负责人，依法设置安全生产管理机构或者配备安全生产管理人员，落实本单位业务管理机构和部门的安全职能并配备相应人员。

④每月研究安全生产工作，每年向职工代表大会或者职工大会、股东大会报告安全生产情况。

⑤保证安全生产投入的有效实施。

⑥组织建立并落实安全风险分级管控和隐患排查治理双重预防工作机制。

⑦组织制定并实施本单位安全生产教育和培训计划。

⑧组织开展安全生产标准化建设，加强安全文化建设和班组安全建设。

⑨组织制定并实施生产安全事故应急救援预案。

⑩按规定报告生产安全事故。

⑪法律、法规、规章规定的其他职责。

⑫生产经营单位主要负责人应当掌握与本单位生产经营活动有关的安全标准,具备相应的安全分析预判能力、安全决策能力、组织管理能力和应急处置指挥能力。

第三章　主要负责人(井工煤矿)专题部分

第一节　煤矿安全生产管理

一、煤矿安全生产准入

(一)《中共中央办公厅　国务院办公厅关于进一步加强矿山安全生产工作的意见（国办发 2023）》

停止新建产能低于 90 万 t/a 的煤与瓦斯突出、冲击地压、水文地质类型极复杂的煤矿。新建煤与瓦斯突出、冲击地压、水文地质类型极复杂的煤矿原则上应按采煤、掘进智能化设计。

(二)《国家矿山安全监察局关于印发〈煤矿单班入井（坑）作业人数限员规定〉的通知》(矿安〔2023〕129 号)

1. 煤矿类型及采掘工作面范围的界定

(1) 灾害严重矿井是指高瓦斯矿井、煤（岩）与瓦斯（二氧化碳）突出矿井、水文地质类型复杂极复杂矿井、冲击地压矿井。

(2) 采煤工作面是指包括工作面及工作面进、回风巷在内的区域；掘进工作面是指从掘进迎头至工作面回风流与全风压风流汇合处的区域。

采掘工作面限员人数不包括临时性进出的煤矿安全监管监察等执法人员、煤矿上级公司检查人员、煤矿矿级领导及职能部门巡检人员、巡回瓦斯检查员（当班专职瓦斯检查员除外）等，上述人员进入采掘工作面时，区别管理人员定位卡，严格控制时长，不得影响煤矿正常生产活动。

2. 井工煤矿单班入井作业人数的规定（表 1-3-1）

第三章 主要负责人（井工煤矿）专题部分

表1-3-1 井工煤矿单班入井作业人数的规定

生产能力 $K/（万 t \cdot a^{-1}）$	灾害严重矿井/人	其他矿井/人
$K \leqslant 30$	$\leqslant 100$	$\leqslant 80$
$30 < K \leqslant 60$	$\leqslant 200$	$\leqslant 100$
$60 < K < 120$	$\leqslant 300$	$\leqslant 180$
$120 \leqslant K < 180$	$\leqslant 400$	$\leqslant 200$
$180 \leqslant K < 300$	$\leqslant 600$	$\leqslant 280$
$300 \leqslant K < 500$	$\leqslant 800$	$\leqslant 400$
$K \geqslant 500$	$\leqslant 850$	$\leqslant 450$

3. 井工采煤工作面单班作业人数的规定（表1-3-2）

表1-3-2 井工采煤工作面单班作业人数的规定

矿井类型	机械化采煤工作面/人		炮采工作面/人
	检修班	生产班	
灾害严重矿井	$\leqslant 40$	$\leqslant 25$	$\leqslant 25$
其他矿井	$\leqslant 30$	$\leqslant 20$	$\leqslant 25$

4. 井工掘进工作面单班作业人数的规定（表1-3-3）

表1-3-3 井工掘进工作面单班作业人数的规定

矿井类型	综掘工作面/人	炮掘工作面/人
灾害严重矿井	$\leqslant 18$	$\leqslant 15$
其他矿井	$\leqslant 16$	$\leqslant 12$

5. 交接班期间人数规定

煤矿交接班期间井下瞬时总人数（不包含采掘工作面）不受限员规定限制，应尽量缩短交接班时间，时间不得超过2 h，瞬时总人数不得超1000人。交接班期间井下停止爆破、排放瓦斯、启封密闭、动火等危险作业，强化劳动组织，合理划分交接区域，防止人员过度集中。

6. 限员牌板及人员位置监测要求

井工煤矿采掘工作面入口悬挂限员牌板，按照《煤矿安全规程》要求布置人员位置监测系统读卡分站。煤矿要制定减人计划，明确减人目标，确保达到限员要求。

7. 增加作业人员相关要求

灾害严重矿井采掘工作面确需增加灾害治理人员的,"三软煤层"矿井确需增加巷修人员的,新水平开拓延伸、掘进工作面走向距离超过1000m确需增加人员的,采用充填开采、沿空留巷、盾构机掘进工艺确需增加施工人员的,必须经省级煤矿安全监管部门现场审查同意,并报告国家矿山安全监察局省级局。

二、煤矿安全生产风险分级管控

《国家煤矿安全监察局关于印发〈煤矿安全生产标准化管理体系考核定级办法(试行)〉和〈煤矿安全生产标准化管理体系基本要求及评分方法(试行)〉的通知》(煤安监行管〔2020〕16号)规定,煤矿以下情况应开展专项安全风险辨识评估。

(1) 新水平、新采(盘)区、新工作面设计前。

(2) 生产系统、生产工艺、主要设施设备、重大灾害因素等发生重大变化时。

(3) 启封密闭、排放瓦斯、反风演习、工作面通过空巷(采空区)、更换大型设备、采煤工作面初采和收尾、安装回撤、掘进工作面贯通前;突出矿井过构造带及石门揭煤等高危作业实施前。

(4) 本矿发生死亡事故或涉险事故、出现重大事故隐患,全国煤矿发生重特大事故,或者所在省份、所属集团煤矿发生较大事故后。

三、煤矿生产安全事故隐患排查治理

《煤矿重大生产安全事故隐患判定标准》(应急管理部令第4号)规定,有下列情形之一的为重大事故隐患。

(1) "瓦斯超限作业"重大事故隐患,是指有下列情形之一的:
①瓦斯检查存在漏检、假检情况且进行作业的。
②井下瓦斯超限后继续作业或者未按照国家规定处置继续进行作业的。
③井下排放积聚瓦斯未按照国家规定制定并实施安全技术措施进行作业的。

(2) "煤与瓦斯突出矿井,未依照规定实施防突出措施"重大事故隐患,是指有下列情形之一的:
①未建立防治突出机构并配备相应专业人员的。
②未装备矿井安全监控系统和地面永久瓦斯抽采系统或者系统不能正常运行的。
③未进行区域或者工作面突出危险性预测的。

④未按规定采取防治突出措施的。

⑤未进行防治突出措施效果检验或者防突措施效果检验不达标仍然组织生产建设的。

⑥未采取安全防护措施的。

⑦使用架线式电机车的。

(3)"高瓦斯矿井未建立瓦斯抽采系统和监控系统,或者不能正常运行"重大事故隐患,是指有下列情形之一的:

①按照《煤矿安全规程》规定应当建立而未建立瓦斯抽采系统的。

②未按规定安设、调校甲烷传感器,人为造成甲烷传感器失效的,瓦斯超限后不能断电或者断电范围不符合规定的。

③安全监控系统出现故障没有及时采取措施予以恢复的,或者对系统记录的瓦斯超限数据进行修改、删除、屏蔽的。

(4)"通风系统不完善、不可靠"重大事故隐患:

①矿井总风量不足的。

②没有备用主要通风机或者两台主要通风机工作能力不匹配的。

③违反规定串联通风的。

④没有按设计形成通风系统的,或者生产水平和采区未实现分区通风的。

⑤高瓦斯、煤与瓦斯突出矿井的任一采区,开采容易自燃煤层、低瓦斯矿井开采煤层群和分层开采采用联合布置的采区,未设置专用回风巷的,或者突出煤层工作面没有独立的回风系统的。

⑥采掘工作面等主要用风地点风量不足的。

⑦采区进(回)风巷未贯穿整个采区,或者虽贯穿整个采区但一段进风、一段回风的。

⑧煤巷、半煤岩巷和有瓦斯涌出的岩巷的掘进工作面未装备甲烷电、风电闭锁装置或者不能正常使用的。

⑨高瓦斯、煤与瓦斯突出建设矿井局部通风不能实现双风机、双电源且自动切换的。

⑩高瓦斯、煤与瓦斯突出建设矿井进入二期工程前,其他建设矿井进入三期工程前,没有形成地面主要通风机供风的全风压通风系统的。

(5)"使用明令禁止使用或者淘汰的设备、工艺"重大事故隐患:

①使用被列入国家禁止井工煤矿使用的设备及工艺目录的产品或者工艺的。

②井下电气设备、电缆未取得煤矿矿用产品安全标志的。

③井下电气设备选型与矿井瓦斯等级不符,或者采(盘)区内防爆型电气

设备存在失爆,或者井下使用非防爆无轨胶轮车的。

④未按照矿井瓦斯等级选用相应的煤矿许用炸药和雷管,未使用专用发爆器,或者裸露爆破的。

⑤采煤工作面不能保证2个畅通的安全出口的。

⑥高瓦斯矿井、煤与瓦斯突出矿井、开采容易自燃和自燃煤层(薄煤层除外)矿井,采煤工作面采用前进式采煤方法的。

(6)"其他重大事故隐患",是指有下列情形之一的:

①出现瓦斯动力现象,或者相邻矿井开采的同一煤层发生了突出事故,或者被鉴定、认定为突出煤层,以及煤层瓦斯压力达到或者超过0.74 MPa的非突出矿井,未立即按照突出煤层管理并在国家规定期限内进行突出危险性鉴定的(直接认定为突出矿井的除外)。

②矿井未安装安全监控系统、人员位置监测系统或者系统不能正常运行,以及对系统数据进行修改、删除及屏蔽,或者煤与瓦斯突出矿井存在第七条第二项情形的。

③提升(运送)人员的提升机未按照《煤矿安全规程》规定安装保护装置,或者保护装置失效,或者超员运行的。

④带式输送机的输送带入井前未经过第三方阻燃和抗静电性能试验,或者试验不合格入井,或者输送带防打滑、跑偏、堆煤等保护装置或者温度、烟雾监测装置失效的。

⑤掘进工作面后部巷道或者独头巷道维修(着火点、高温点处理)时,维修(处理)点以里继续掘进或者有人员进入,或者采掘工作面未按照国家规定安设压风、供水、通信线路及装置的。

第二节 安全生产技术管理

一、地质保障

《煤矿安全规程》(应急管理部令第8号)规定,煤矿必须结合实际情况开展隐蔽致灾地质因素普查或探测工作,并提出报告。

二、矿井建设

《煤矿安全规程》(应急管理部令第8号)规定,矿井建设应符合下列要求:

(1)有突出危险煤层的新建矿井必须先抽后建。矿井建设开工前,应当对首采区突出煤层进行地面钻井预抽瓦斯。

（2）煤矿建设、施工单位必须设置项目管理机构，配备满足工程需要的安全人员、技术人员和特种作业人员。

（3）建井期间应当尽早形成永久的供电、提升运输、供排水、通风等系统。未形成上述永久系统前，必须建设临时系统。

（4）煤矿建井期间，应当形成两回路供电。

（5）突出煤矿建井期间，在揭露突出煤层前，必须建立瓦斯抽采系统。

三、开采

《煤矿安全规程》（应急管理部令第 8 号）规定，井工煤矿开采应符合下列要求：

（1）新建非突出大中型矿井开采深度（第一水平）不应超过 1000 m，改扩建大中型矿井开采深度不应超过 1200 m，新建、改扩建小型矿井开采深度不应超过 600 m。

矿井同时生产的水平不得超过 2 个。

（2）每个生产矿井必须至少有 2 个能行人的通达地面的安全出口，各出口间距不得小于 30 m；采用中央式通风的新建和改扩建矿井，设计中应当规定井田边界的安全出口；新建、扩建矿井的回风井严禁兼作提升和行人通道，紧急情况下可作为安全出口。

（3）井下每一个水平到上一个水平和各个采（盘）区都必须至少有 2 个便于行人的安全出口，并与通达地面的安全出口相连。未建成 2 个安全出口的水平或者采（盘）区严禁回采。

四、井巷掘进与支护

《煤矿安全规程》（应急管理部令第 8 号）规定，井工煤矿井巷掘进与支护应符合下列要求：

（1）掘进巷道在揭露老空区前，必须制定探查老空区的安全措施，包括接近老空区时必须预留的煤（岩）柱厚度和探明水、火、瓦斯等内容。必须根据探明的情况采取措施，进行处理。

（2）一个矿井同时回采的采煤工作面个数不得超过 3 个，煤（半煤岩）巷掘进工作面个数不得超过 9 个。严禁以掘代采。

一个采（盘）区内同一煤层的一翼最多只能布置 1 个采煤工作面和 2 个煤（半煤岩）巷掘进工作面同时作业。一个采（盘）区内同一煤层双翼开采或者多煤层开采的，该采（盘）区最多只能布置 2 个采煤工作面和 4 个煤（半煤岩）巷掘进工作面同时作业。

（3）采掘过程中严禁任意扩大和缩小设计确定的煤柱。采空区内不得遗留未经设计确定的煤柱。

严禁任意变更设计确定的工业场地、矿界、防水和井巷等的安全煤柱。

严禁在高速铁路下开采安全煤柱。

（4）下山采区未形成完整的通风、排水等生产系统前，严禁掘进回采巷道。

五、采煤方法及回采工艺

《煤矿安全规程》（应急管理部令第 8 号）规定，井工煤矿采煤方法及回采工艺应符合下列要求：

（1）采煤工作面必须保持至少 2 个畅通的安全出口，一个通到进风巷道，另一个通到回风巷道。

采煤工作面所有安全出口与巷道连接处超前压力影响范围内必须加强支护，且加强支护的巷道长度不得小于 20 m。

采煤工作面必须正规开采，严禁采用国家明令禁止的采煤方法。高瓦斯、突出、有容易自燃或者自燃煤层的矿井，不得采用前进式采煤方法。

（2）采煤工作面必须存有一定数量的备用支护材料；严禁使用折损的坑木、损坏的金属顶梁、失效的单体液压支柱。在同一采煤工作面中，不得使用不同类型和不同性能的支柱。

采煤工作面严禁使用木支柱（极薄煤层除外）和金属摩擦支柱支护。

（3）采煤工作面必须及时支护，严禁空顶作业。所有支架必须架设牢固，并有防倒措施。严禁在浮煤或者浮矸上架设支架。

（4）采煤工作面用垮落法管理顶板时，必须及时放顶。顶板不垮落、悬顶距离超过作业规程规定的，必须停止采煤，采取人工强制放顶或者其他措施进行处理。

（5）放顶煤开采的有关规定：高瓦斯、突出矿井的容易自燃煤层，应当采取以预抽方式为主的综合抽采瓦斯措施和综合防灭火措施，保证本煤层瓦斯含量不大于 6 m^3/t，并采取综合防灭火措施；严禁单体支柱放顶煤开采。

有下列情形之一的，严禁采用放顶煤开采：

①缓倾斜、倾斜厚煤层的采放比大于 1∶3，且未经行业专家论证的；急倾斜水平分段放顶煤采放比大于 1∶8 的。

②采区或者工作面采出率达不到矿井设计规范规定的。

③坚硬顶板、坚硬顶煤不易冒落,且采取措施后冒放性仍然较差,顶板垮落充填采空区的高度不大于采放煤高度的。
④放顶煤开采后有可能与地表水、老窑积水和强含水层导通的。
⑤放顶煤开采后有可能沟通火区的。

六、通风

《煤矿安全规程》(应急管理部令第8号)规定,井工煤矿通风应符合下列要求:

(1)采掘工作面的进风流中,氧气浓度不低于20%,二氧化碳浓度不超过0.5%,一氧化碳浓度不超过0.0024%,硫化氢浓度不超过0.00066%。

(2)进、回风井之间和主要进、回风巷之间的每条联络巷中,必须砌筑永久性风墙;需要使用的联络巷,必须安设2道联锁的正向风门和2道反向风门。

(3)新建高瓦斯矿井、突出矿井、煤层容易自燃矿井及有热害的矿井应当采用分区式通风或者对角式通风。初期采用中央并列式通风的只能布置一个采区生产。

(4)生产水平和采(盘)区必须实行分区通风。准备采区,必须在采区构成通风系统后,方可开掘其他巷道;采用倾斜长壁布置的,大巷必须至少超前2个区段,并构成通风系统后,方可开掘其他巷道。

采煤工作面必须在采(盘)区构成完整的通风、排水系统后,方可回采。

高瓦斯、突出矿井的每个采(盘)区和开采容易自燃煤层的采(盘)区,必须设置至少1条专用回风巷;低瓦斯矿井开采煤层群和分层开采采用联合布置的采(盘)区,必须设置1条专用回风巷。采区进、回风巷必须贯穿整个采区,严禁一段为进风巷、一段为回风巷。

(5)采、掘工作面应当实行独立通风,严禁2个采煤工作面之间串联通风。

同一采区内1个采煤工作面与其相连接的1个掘进工作面、相邻的2个掘进工作面,布置独立通风有困难时,在制定措施后,可采用串联通风,但串联通风的次数不得超过1次。

(6)采煤工作面必须采用矿井全风压通风,禁止采用局部通风机稀释瓦斯。采掘工作面的进风和回风不得经过采空区或者冒顶区。

(7)采空区必须及时封闭。必须随采煤工作面的推进逐个封闭通至采空区的连通巷道。采区开采结束后45天内,必须在所有与已采区相连通的巷道中设置密闭墙,全部封闭采区。

(8)矿井必须采用机械通风。主要通风机的安装和使用应当符合下列要求:
①必须保证主要通风机连续运转。

②必须安装2套同等能力的主要通风机装置,其中1套作备用,备用通风机必须能在10 min内开动。

③井下严禁安设辅助通风机。

(9) 每季度应当至少检查1次反风设施,每年应当进行1次反风演习;矿井通风系统有较大变化时,应当进行1次反风演习。

(10) 局部通风机使用应当符合下列要求:

①正常工作的局部通风机必须采用三专(专用开关、专用电缆、专用变压器)供电,专用变压器最多可向4个不同掘进工作面的局部通风机供电。

②使用局部通风机供风的地点必须实行风电闭锁和甲烷电闭锁,保证当正常工作的局部通风机停止运转或者停风后能切断停风区内全部非本质安全型电气设备的电源。

七、瓦斯防治

(一)《国务院办公厅转发发展改革委安全监管总局关于进一步加强煤矿瓦斯防治工作若干意见的通知》(国办发〔2011〕26号)

(1) 高瓦斯和煤与瓦斯突出矿井一律不得降低瓦斯等级;煤矿企业对所提供的鉴定资料真实性负责,鉴定单位对鉴定结果负责,对违法违规、弄虚作假的,要依法依规从严追究责任。

矿井煤层揭露设计,应按有关规定认真编制,由煤矿企业技术负责人严格审批后实施。

(2) 高瓦斯和煤与瓦斯突出矿井的监测监控系统,必须与煤炭行业管理部门或煤矿安全监管部门联网。

(3) 1个月内发生2次瓦斯超限的矿井必须停产整顿,1个月内发生3次以上瓦斯超限未追查处理的矿井,煤炭行业管理部门应提请地方政府予以关闭。

(二)《煤矿安全规程》(应急管理部令第8号) 相关规定

(1) 一个矿井中只要有一个煤(岩)层发现瓦斯,该矿井即为瓦斯矿井。瓦斯矿井必须依照矿井瓦斯等级进行管理。

根据矿井相对瓦斯涌出量、矿井绝对瓦斯涌出量、工作面绝对瓦斯涌出量和瓦斯涌出形式,矿井瓦斯等级划分为低瓦斯矿井、高瓦斯矿井和煤与瓦斯突出矿井。

①低瓦斯矿井。同时满足下列条件的为低瓦斯矿井:

◇矿井相对瓦斯涌出量不大于10 m^3/t;

◇矿井绝对瓦斯涌出量不大于40 m^3/min;

◇矿井任一掘进工作面绝对瓦斯涌出量不大于3 m^3/min;

◇矿井任一采煤工作面绝对瓦斯涌出量不大于 5 m^3/min。

②高瓦斯矿井。具备下列条件之一的为高瓦斯矿井：

◇矿井相对瓦斯涌出量大于 10 m^3/t；

◇矿井绝对瓦斯涌出量大于 40 m^3/min；

◇矿井任一掘进工作面绝对瓦斯涌出量大于 3 m^3/min；

◇矿井任一采煤工作面绝对瓦斯涌出量大于 5 m^3/min。

③突出矿井。

(2) 矿井总回风巷或一翼回风巷中甲烷或者二氧化碳浓度超过 0.75% 时，必须立即查明原因，进行处理。

采区回风巷、采掘工作面回风巷风流中甲烷浓度超过 1.0% 或者二氧化碳浓度超过 1.5% 时，必须停止工作，撤出人员，采取措施，进行处理。

(3) 严禁在停风或者瓦斯超限的区域内作业。

(4) 矿长下井时，必须携带便携式甲烷检测报警仪。

通风瓦斯日报必须送矿长审阅，一矿多井的矿必须同时送井长、井技术负责人审阅。

(5) 突出矿井必须建立地面永久抽采瓦斯系统。

八、煤尘爆炸防治

《煤矿安全规程》(应急管理部令第 8 号) 规定，新建矿井或者生产矿井每延深一个新水平，应当进行一次煤尘爆炸性鉴定工作。

九、煤（岩）与瓦斯（二氧化碳）突出防治

(一)《煤矿安全规程》(应急管理部令第 8 号)

(1) 在矿井井田范围内发生过煤（岩）与瓦斯（二氧化碳）突出的煤（岩）层或者经鉴定、认定为有突出危险的煤（岩）层为突出煤（岩）层。

在矿井的开拓、生产范围内有突出煤（岩）层的矿井为突出矿井。

煤矿发生生产安全事故，经事故调查认定为突出事故的，发生事故的煤层直接认定为突出煤层，该矿井为突出矿井。

有下列情况之一的煤层，应当立即进行煤层突出危险性鉴定，否则直接认定为突出煤层；鉴定未完成前，应当按照突出煤层管理：

①有瓦斯动力现象的。

②瓦斯压力达到或者超过 0.74 MPa 的。

③相邻矿井开采的同一煤层发生突出事故或者被鉴定、认定为突出煤层的。

新建矿井应当对井田范围内采掘工程可能揭露的所有平均厚度在 0.3 m 以上的煤层进行突出危险性评估。

(2) 新建突出矿井设计生产能力不得低于 0.9 Mt/a，第一生产水平开采深度不得超过 800 m；中型及以上的突出生产矿井延深水平开采深度不得超过 1200 m，小型的突出生产矿井开采深度不得超过 600 m。

(3) 突出矿井的防突工作必须坚持区域综合防突措施先行、局部综合防突措施补充的原则。

(4) 在同一突出煤层的集中应力影响范围内，不得布置 2 个工作面相向回采或者掘进。

(5) 进行区域突出危险性预测的规定突出矿井应当对突出煤层进行区域突出危险性预测，未进行区域预测的区域视为突出危险区。突出煤层采掘工作面经工作面预测后划分为突出危险工作面和无突出危险工作面。未进行突出预测的采掘工作面视为突出危险工作面。

(6) 具备开采保护层条件的突出危险区，必须开采保护层。选择保护层应当遵循的原则：

①优先选择无突出危险的煤层作为保护层。矿井中所有煤层都有突出危险时，应当选择突出危险程度较小的煤层作保护层。

②应当优先选择上保护层；选择下保护层开采时，不得破坏被保护层的开采条件。

开采保护层后，在有效保护范围内的被保护层区域为无突出危险区，超出有效保护范围的区域仍然为突出危险区。

开采保护层时，应当不留设煤（岩）柱。特殊情况需留煤（岩）柱时，必须将煤（岩）柱的位置和尺寸准确标注在采掘工程平面图和瓦斯地质图上，在瓦斯地质图上还应当标出煤（岩）柱的影响范围。

(7) 开采保护层时，应当同时抽采被保护层和邻近层的瓦斯。

(8) 突出煤层的石门揭煤、煤巷和半煤岩巷掘进工作面进风侧必须设置至少 2 道反向风门。

(二) 防治煤与瓦斯突出细则

(1) 有突出矿井的煤矿企业、突出矿井应当设置防突机构，建立健全防突管理制度和各级岗位责任制。

(2) 突出煤层必须采取两个"四位一体"综合防突措施，做到多措并举、可保必保、应抽尽抽、效果达标，否则严禁采掘活动。

(3) 突出矿井发生突出的必须立即停产，并分析查找原因；在强化实施综合防突措施、消除突出隐患后，方可恢复生产。

非突出矿井首次发生突出的必须立即停产，按本细则的要求建立防突机构和管理制度，完善安全设施和安全生产系统，配备安全装备，实施两个"四位一体"综合防突措施并达到效果后，方可恢复生产。

（4）突出矿井的入井人员必须随身携带隔离式自救器。

（5）有突出矿井的煤矿企业主要负责人应当每季度、突出矿井矿长应当每月至少进行1次防突专题研究，检查、部署防突工作，解决防突所需的人力、财力、物力，确保抽、掘、采平衡和防突措施的落实。

（6）有突出煤层的煤矿企业、煤矿应当设置满足防突工作需要的专业防突队伍。

十、冲击地压防治

《煤矿安全规程》（应急管理部令第8号）规定，井工煤矿冲击地压防治应符合下列要求：

（1）开采具有冲击倾向性的煤层，必须进行冲击危险性评价。

（2）矿井防治冲击地压工作应当遵守的规定：

①设专门的机构与人员。

②坚持"区域先行、局部跟进、分区管理、分类防治"的防冲原则。

③必须编制中长期防冲规划与年度防冲计划，采掘工作面作业规程中必须包括防冲专项措施。

④开采冲击地压煤层时，必须采取冲击危险性预测、监测预警、防范治理、效果检验、安全防护等综合性防治措施。

⑤必须建立防冲培训制度。

⑥必须建立冲击危险区人员准入制度，实行限员管理。

⑦必须建立生产矿长（总工程师）日分析制度和日生产进度通知单制度。

⑧必须建立防冲工程措施实施与验收记录台账，保证防冲过程可追溯。

（3）冲击地压矿井应当按防冲要求进行矿井生产能力核定。提高矿井生产能力和新水平延深时，必须进行论证。采取综合防冲措施后不能消除冲击地压灾害的矿井，不得进行采掘作业。

（4）冲击地压矿井巷道布置与采掘作业有关规定：

①开采冲击地压煤层时，在应力集中区内不得布置2个工作面同时进行采掘作业。相邻矿井、相邻采区之间应当避免开采相互影响。

②冲击地压煤层应当严格按顺序开采，不得留孤岛煤柱。严重冲击地压矿井不得开采孤岛煤柱。

③在无冲击地压煤层中的三面或者四面被采空区所包围的区域开采和回收煤柱时，必须制定专项防冲措施。

十一、防灭火

《煤矿安全规程》（应急管理部令第8号）规定，井工煤矿防灭火应符合下列要求：

(1) 矿井必须设地面消防水池和井下消防管路系统。地面的消防水池必须经常保持不少于 200 m^3 的水量。消防用水同生产、生活用水共用同一水池时，应当有确保消防用水的措施。

(2) 井口房和通风机房附近 20 m 内，不得有烟火或者用火炉取暖。

在井下和井口房，严禁采用可燃性材料搭设临时操作间、休息间。

井下严禁使用灯泡取暖和使用电炉。

(3) 井下和井口房内不得进行电焊、气焊和喷灯焊接等作业。如果必须在井下主要硐室、主要进风井巷和井口房内进行电焊、气焊和喷灯焊接等工作，每次必须制定安全措施，由矿长进行批准。

(4) 煤的自燃倾向性分为容易自燃、自燃、不易自燃 3 类。生产矿井延深新水平时，必须对所有煤层的自燃倾向性进行鉴定。

(5) 开采容易自燃和自燃煤层时，必须开展自然发火监测工作，建立自然发火监测系统，确定煤层自然发火标志气体及临界值，健全自然发火预测预报及管理制度。

(6) 开采容易自燃和自燃煤层时，采煤工作面必须采用后退式开采。

(7) 不得在火区的同一煤层周围进行采掘工作。

十二、防治水

(一)《煤矿安全规程》(应急管理部令第8号)

(1) 煤矿防治水工作应当坚持"预测预报、有疑必探、先探后掘、先治后采"基本原则，采取"防、堵、疏、排、截"综合防治措施。

(2) 煤矿企业应当建立健全各项防治水制度，配备满足工作需要的防治水专业技术人员，配齐专用探放水设备，建立专门的探放水作业队伍，储备必要的水害抢险救灾设备和物资。水文地质条件复杂、极复杂的煤矿，应当设立专门的防治水机构。

(3) 采掘工作面或者其他地点发现透水征兆时，在原因未查清、隐患未排除之前，不得进行任何采掘活动。

(4) 煤矿每年雨季前必须对防治水工作进行全面检查。受雨季降水威胁的矿井，应当制定雨季防治水措施，建立雨季巡视制度并组织抢险队伍，储备足够的防洪抢险物资。当暴雨威胁矿井安全时，必须立即停产撤出井下全部人员，只有在确认暴雨洪水隐患消除后方可恢复生产。

(5) 煤矿应当建立灾害性天气预警和预防机制，加强与周边相邻矿井的信息沟通，发现矿井水害可能影响相邻矿井时，立即向周边相邻矿井发出预警。

(6) 相邻矿井的分界处，应当留防隔水煤（岩）柱；矿井以断层分界的，应当在断层两侧留有防隔水煤（岩）柱。

矿井防隔水煤（岩）柱一经确定，不得随意变动，并通报相邻矿井。严禁在设计确定的各类防隔水煤（岩）柱中进行采掘活动。

(7) 严禁开采地表水体、强含水层、采空区水淹区域下且水患威胁未消除的急倾斜煤层。

(8) 采掘工作面超前探放水应当采用钻探方法，同时配合物探、化探等其他方法查清采掘工作面及周边老空水、含水层富水性以及地质构造等情况。

井下探放水应当采用专用钻机，由专业人员和专职探放水队伍施工。

在探放水钻进时，发现突（透）水征兆时，应当立即停止钻进，撤出所有受水威胁区域的人员。

(二)《煤矿防治水细则》

(1) 煤炭企业、煤矿应当开展水害风险评估和应急资源调查工作，根据风险评估结论及应急资源状况，制定水害应急预案，并组织评审，形成书面评审纪要，由本单位主要负责人批准后实施。

(2) 水文地质类型复杂、极复杂或者有突水淹井危险的矿井，应当在井底车场周围设置防水闸门或者在正常排水系统基础上另外安设由地面直接供电控制，且排水能力不小于最大涌水量的潜水泵或潜水泵排水系统。

十三、井下爆破

《煤矿安全规程》(应急管理部令第 8 号) 规定，井工煤矿井下爆破应符合下列要求：

(1) 煤矿必须指定部门对爆破工作专门管理，配备专业管理人员。

(2) 井下爆破工作必须由专职爆破工担任。突出煤层采掘工作面爆破工作必须由固定的专职爆破工担任。爆破作业必须执行"一炮三检"和"二人连锁爆破"制度，并在起爆前检查起爆地点的甲烷浓度。

(3) 井下爆破作业，必须使用煤矿许用炸药和煤矿许用电雷管。

(4) 无封泥、封泥不足或者不实的炮眼，严禁爆破。严禁裸露爆破。

十四、运输、提升和电气设备

《煤矿安全规程》（应急管理部令第8号）规定，井工煤矿运输和供电线路应符合下列要求：

(1) 长度超过1.5 km的主要运输平巷或者高差超过50 m的人员上下的主要倾斜井巷，应当采用机械方式运送人员。

运送人员的车辆必须为专用车辆，严禁使用非乘人装置运送人员。严禁人、物料混运。

(2) 新建、扩建矿井严禁采用普通轨斜井人车运输。

(3) 井下设置空气压缩设备应当遵守的规定：

①应当采用螺杆式空气压缩机，严禁使用滑片式空气压缩机。

②应当设自动灭火装置。

③运行时必须有人值守。

(4) 矿井应当有两回路电源线路，即来自两个不同变电站或者来自不同电源进线的同一变电站的两段母线。当任一回路发生故障停止供电时，另一回路应当担负矿井全部用电负荷。

(5) 对井下各水平中央变（配）电所和采（盘）区变（配）电所、主排水泵房和下山开采的采区排水泵房供电线路，不得少于两回路。当任一回路停止供电时，其余回路应当承担全部用电负荷。

(6) 井上、下必须装设防雷电装置，经由地面架空线路引入井下的供电线路和电机车架线，必须在入井处装设防雷电装置。

十五、安全监控系统、人员位置监测系统、有线调度通信系统

《煤矿安全规程》（应急管理部令第8号）规定，安全监控系统、人员位置监测系统、有线调度通信系统应符合下列要求：

(1) 所有矿井必须装备安全监控系统、人员位置监测系统、有线调度通信系统。

(2) 矿调度室值班人员应当监视监控信息，填写运行日志，打印安全监控日报表，并报矿总工程师和矿长审阅。

(3) 采煤工作面回风隅角甲烷传感器报警浓度大于或等于1.0%，断电浓度为1.5%。

(4) 以下地点必须设有直通矿调度室的有线调度电话：地面主要通风机房、采区和水平最高点、避难硐室、突出矿井井下爆破起爆点等。

第三节 应急救援

一、安全避险

《煤矿安全规程》(应急管理部令第 8 号)规定,煤矿安全避险应当符合下列要求:

(1) 矿井应当设置井下应急广播系统,保证井下人员能够清晰听见应急指令。

(2) 井下所有工作地点必须设置灾害事故避灾路线。避灾路线指示应当设置在不易受到碰撞的显著位置,在矿灯照明下清晰可见,并标注所在位置。巷道交叉口必须设置避灾路线标识。巷道内设置标识的间隔距离:采区巷道不大于 200 m,矿井主要巷道不大于 300 m。

(3) 入井人员必须随身携带额定防护时间不低于 30 min 的隔绝式自救器。矿井应当根据需要在避灾路线上设置自救器补给站。补给站应当有清晰、醒目的标识。

(4) 采区避灾路线上应当设置压风管路。水文地质条件复杂和极复杂的矿井,应当在各水平、采区和上山巷道最高处敷设压风管路,并设置供气阀门。

(5) 突出与冲击地压煤层,应当在距采掘工作面 25~40 m 的巷道内、爆破地点、撤离人员与警戒人员所在位置、回风巷有人作业处等地点,至少设置 1 组压风自救装置。

二、灾变处理

《煤矿安全规程》(应急管理部令第 8 号)规定,煤矿灾变处理时,应当撤出灾区所有人员,准确统计井下人数,严格控制入井人数。对于不同灾变应当遵守下列规定:

(一) 矿井火灾事故处理

(1) 处理进风井井口、井筒、井底车场、主要进风巷和硐室火灾时,应当进行全矿井反风,反风前,必须将火源进风侧的人员撤出,并采取阻止火灾蔓延的措施。

(2) 处理掘进工作面火灾时,应当保持原有的通风状态,进行侦察后再采取措施。

(3) 处理绞车房火灾时,应当将火源下方的矿车固定,防止烧断钢丝绳造成跑车伤人。

(4) 处理蓄电池电机车库火灾时,应当切断电源,采取措施,防止氢气爆炸。

(二) 瓦斯(煤尘)爆炸事故处理

(1) 立即切断灾区电源。

(2) 检查灾区内有害气体的浓度、温度及通风设施破坏情况,发现有再次爆炸危险时,必须立即撤离至安全地点。

(三) 煤(岩)与瓦斯突出事故处理

发生煤(岩)与瓦斯突出事故,不得停风和反风,防止风流紊乱扩大灾情。通风系统及设施被破坏时,应当设置风障、临时风门及安装局部通风机恢复通风。恢复突出区通风时,应当以最短的路线将瓦斯引入回风巷。回风井口50 m范围内不得有火源,并设专人监视。

处理煤(岩)与二氧化碳突出事故时,还必须加大灾区风量,迅速抢救遇险人员。

(四) 矿井水灾事故处理

(1) 尽快恢复灾区通风,加强灾区气体检测,防止发生瓦斯爆炸和有害气体中毒、窒息事故。

(2) 根据情况综合采取排水、堵水和向井下人员被困位置打钻等措施。

(3) 排水后进行侦察抢险时,注意防止冒顶和二次突水事故的发生。

(五) 顶板事故处理

(1) 迅速恢复冒顶区的通风,如不能恢复,应当利用压风管、水管或者打钻向被困人员供给新鲜空气、饮料和食物。

(2) 指定专人检查甲烷浓度、观察顶板和周围支护情况,发现异常,立即撤出人员。

(3) 加强巷道支护,防止发生二次冒顶、片帮,保证退路安全畅通。

(六) 冲击地压事故处理

(1) 分析再次发生冲击地压灾害的可能性,确定合理的救援方案和路线。

(2) 迅速恢复灾区的通风。恢复独头巷道通风时,应当按照排放瓦斯的要求进行。

(3) 加强巷道支护,保证安全作业空间。

(4) 设专人观察顶板及周围支护情况,检查通风、瓦斯、煤尘,防止发生次生事故。

第四章 主要负责人(露天煤矿)专题部分

第一节 安全生产管理

一、煤矿安全生产准入

《国家矿山安全监察局关于印发〈煤矿单班入井(坑)作业人数限员规定〉的通知》(矿安〔2023〕129号)规定,露天煤矿单班入坑作业人数限员应当符合下列规定:

1. 露天煤矿单班入坑作业人数要求

露天煤矿单班入坑作业人数应符合表1-4-1的规定。

表1-4-1 露天煤矿单班入坑作业人数规定

生产能力K/(万$t \cdot a^{-1}$)	剥采比R/($m^3 \cdot t^{-1}$)	单班入坑作业人数/人
$K \leqslant 100$	$R < 6$	$\leqslant 80$
	$R \geqslant 6$	$\leqslant 120$
$100 < K \leqslant 400$	$R < 6$	$\leqslant 200$
	$R \geqslant 6$	$\leqslant 250$
$400 < K < 1000$	$R < 6$	$\leqslant 300$
	$R \geqslant 6$	$\leqslant 400$
$1000 \leqslant K < 2000$	$R < 6$	$\leqslant 550$
	$R \geqslant 6$	$\leqslant 650$
$2000 \leqslant K < 3000$		$\leqslant 750$
$K \geqslant 3000$		$\leqslant 850$

2. 入坑通勤车乘坐人数要求

露天煤矿入坑通勤车最大乘坐人数不得超过29人,一个爆破区域(100 m

范围内）作业人数不得超过 9 人，采剥设备之间安全距离、运输设备行驶前后安全距离，严格执行《煤矿安全规程》有关规定。

3. 交接班期间人数要求

露天煤矿除坑下固定设备操作人员外，原则上在坑上交接班，不具备条件的应选择在稳定边坡区域交接班。

4. 人员位置监测要求

露天煤矿在入坑口处安装读卡基站，实时监测入井（坑）人员数量，并接入监测预警系统。煤矿要制定减人计划，明确减人目标，确保达到限员要求。

5. 增加作业人员相关要求

露天煤矿地质条件复杂、运距过大、受地下水等灾害影响大确需增加入坑人员的，必须经省级煤矿安全监管部门现场审查同意，并报告国家矿山安全监察局省级局。

二、煤矿安全风险辨识评估

煤矿以下情况应开展专项安全风险辨识评估：

（1）新水平、新采（盘）区、新工作面设计前。

（2）生产系统、生产工艺、主要设施设备、重大灾害因素等发生重大变化时。

（3）露天煤矿抛掷爆破前；新技术、新工艺、新设备、新材料试验或推广应用前；连续停工停产 1 个月以上的煤矿复工复产前。

（4）本矿发生死亡事故或涉险事故、出现重大事故隐患，全国煤矿发生重特大事故，或者所在省份、所属集团煤矿发生较大事故后。

三、煤矿生产安全事故隐患排查治理

（一）《煤矿重大生产安全事故隐患判定标准》（应急管理部令第 4 号）规定

露天煤矿边坡角大于设计最大值，或者边坡发生严重变形未及时采取措施进行治理的，属于煤矿重大事故隐患。

（二）《国家矿山安全监察局关于认定露天煤矿重大事故隐患情形的通知》（矿安〔2023〕125 号）

根据《煤矿重大事故隐患判定标准》（应急管理部令第 4 号）第十八条第十一项"国家矿山安全监察机构认定的其他重大事故隐患"规定，国家矿山安全监察局在《煤矿重大事故隐患判定标准》基础上，认定下列情形为露天煤矿重大事故隐患。

（1）边坡变形量出现异常变化，未采取措施进行治理，或者出现滑坡征兆，未及时停止作业并撤离人员的。

"边坡变形量出现异常变化"包括边坡明显沉降、严重变形、变形加速等情形。"明显沉降"是指硬岩（岩石饱和单轴抗压强度大于 30 MPa）沉降大于或等于 10 cm、软岩（岩石饱和单轴抗压强度 5~30 MPa）沉降大于或等于 25 cm、极软岩（岩石饱和单轴抗压强度小于或等于 5 MPa）沉降大于或等于 40 cm 等情形。"严重变形"是指边坡出现较大裂缝（30 cm 以上），平盘大面积滑落、垮塌或者平盘明显底鼓等情形。"变形加速"是指边坡监测资料显示的边坡位移量在 72 h 内连续出现加速变化的趋势。"滑坡征兆"包括边坡出现大面积滚石滑落或者裂缝增大、贯通等现象。"裂缝增大、贯通"是指采场边坡裂缝长度达到 200 m 及以上且高度超过 3 个台阶，排土场边坡裂缝长度达到 500 m 及以上且高度超过 3 个台阶的情形。

（2）边坡角大于设计最大值，或者台阶高度严重超高、平盘宽度严重不足的。

"台阶高度严重超高"是指采场、排土场单个台阶高度大于设计值的 2 倍及以上。"平盘宽度严重不足"是指正常工作的平盘宽度不足设计值 1/2 的，不包括临时到界平盘和已到界平盘。

（3）边坡监测系统不能正常运行，监测内容不全面，监测范围未做到全覆盖的，或者关闭、破坏边坡监测系统，隐瞒、篡改、销毁边坡监测数据、信息的。

"边坡监测系统不能正常运行"是指边坡监测系统因故障不能发挥应有监控、监测作用，且未采用人工监测等补救措施的。"监测内容不全面"是指缺少表面变形、裂缝、隆起其中任何一项的。"监测范围未做到全覆盖"是指未覆盖采场、排土场全部区域（包括采场端帮和工作帮边坡、排土场到界边坡和工作帮边坡）。

（4）在高温区和自然发火区爆破时未采取措施的。

"未采取措施"是指未采取下列措施中任何一项的：测试孔内温度；有明火的炮孔或者孔内温度在 80 ℃ 以上的高温炮孔采取有效灭火、降温措施；高温孔降温处理合格后方可装药起爆；高温孔应当采用热感度低的炸药，或者将炸药、雷管作隔热包装。

（5）井工转露天开采的煤矿，未探明老空区情况，或者已探明未制定安全措施的。

（6）将采煤工程作为独立工程发包给其他单位或者个人的，或者将剥离工程发包给 2 家以上单位或者个人的。

"采煤工程"包括坑下煤炭采装、运输全过程,不得作为独立工程对外承包,不得使用劳务派遣工,承包单位完全实现无人驾驶运输的除外。"剥离工程"包括坑下土岩采装、运输、排弃全过程。认定本情形的过渡期至 2024 年 12 月 31 日。

(7) 将剥离工程转包或者违法分包的,或者未对剥离工程承包单位的安全生产工作统一协调、管理的,或者未定期进行安全检查的。

"违法分包"是指承包单位将土岩采装、运输、排弃中的任一过程分包给其他单位或个人施工的行为。"未对剥离工程承包单位的安全生产工作统一协调、管理的",是指未与承包单位签订专门的安全生产管理协议,或者未在承包合同中约定各自的安全生产管理职责,或者与承包单位签订的安全生产管理协议、承包合同中,免除或者转嫁企业安全生产工作统一协调、管理义务的。"未定期进行安全检查",是指未按照安全生产规章制度或者协议、合同中的要求,定期对承包单位进行安全检查,或者发现安全生产问题未督促整改。

第二节 安全生产技术管理

一、地质保障

《煤矿安全规程》(应急管理部令第 8 号)规定,煤矿必须结合实际情况开展隐蔽致灾地质因素普查或探测工作,并提出报告。

井工开采形成的老空区威胁露天煤矿安全时,煤矿应当制定安全措施的规定。

二、安全生产一般规定

《煤矿安全规程》(应急管理部令第 8 号)规定,露天煤矿安全生产一般规定应符合下列要求:

(1) 多工种、多设备联合作业时,必须制定安全措施,并符合相关技术标准。

(2) 采场内要按规定使用各种安全标志,严禁擅自移动和损坏安全标志。

(3) 在下列区域不得建永久性建(构)筑物:

①距采场最终境界的安全距离以内。

②爆炸物品库爆炸危险区内。

③不稳定的排土场内。

④爆破、岩体变形、塌陷、滑坡危险区域内。

(4) 遇到特殊天气状况时必须遵守的规定：

①在大雾、雨雪等能见度低的情况下作业时，必须制定安全技术措施。

②暴雨期间，处在有水淹或者片帮危险区域的设备，必须撤离到安全地带。

③遇有6级及以上大风时禁止露天起重和高处作业。

④遇有8级及以上大风时禁止轮斗挖掘机、排土机和转载机作业。

三、钻孔和爆破

《煤矿安全规程》(应急管理部令第8号) 规定，露天煤矿钻孔和爆破应符合下列要求：

(1) 钻凿坡顶线第一排孔时，钻孔设备应当垂直于台阶坡顶线或者调角布置（夹角应当不小于45°）；有顺层滑坡危险区的，必须压碴钻孔；钻凿坡底线第一排孔时，应当有专人监护。

(2) 爆破作业必须在白天进行，严禁在雷雨时进行；严禁裸露爆破。

四、采装

《煤矿安全规程》(应急管理部令第8号) 规定，露天采场最终边坡的台阶坡面角和边坡角，必须符合最终边坡设计要求。

最小工作平盘宽度，必须保证采掘、运输设备的安全运行和供电通信线路、供排水系统、安全挡墙等的正常布置。

五、破碎

《煤矿安全规程》(应急管理部令第8号) 规定，露天煤矿破碎站设置应当遵守以下规定：

(1) 避开沉降、塌陷、滑坡危险的不良地段。

(2) 卸车平台应当便于卸载、调车。

(3) 卸车平台应当设矿用卡车卸料的安全限位车挡及防止物料滚落的安全防护挡墙。

(4) 卸车平台应当有良好的照明系统，并有卸料指示信号安全装置。

(5) 移动式破碎站履带外缘距工作平盘坡底线和下台阶坡顶线距离必须符合设计。

六、运输

(一)《煤矿安全规程》(应急管理部令第 8 号)

(1) 铁路附近的建(构)筑物和设备接近限界,必须符合国家铁路技术管理规程。桥梁、隧道应当按规定设置人行道、避车台、避车洞、电缆沟及必要的检查和防火设施,立体交叉处的桥梁两侧设防护设施。

(2) 铁路与公路交叉时应当符合的要求:

①根据通过的人流和车流量按规定设置平面或者立体交叉。

②平交道口有良好的瞭望条件,并按规定设置道口警标和司机鸣笛标、护栏和限界标志;按标准铺设道口,其宽度与公路路面相同。

公路与铁路采用正交,不能正交时,其交角不得小于 45°。

(3) 矿用道路应当符合的要求:

①宽度符合通行、会车等安全要求。

②必须设置安全挡墙,高度为矿用卡车轮胎直径的 2/5~3/5。

③长距离坡道运输系统,应当在适当位置设置缓坡道。

(4) 带式输送机设置应当遵守的规定:

①避开采空区和工程地质不良地段,特殊情况下必须采取安全措施。

②带式输送机栈桥应当设人行通道,坡度大于 5°时,行人通道应当有防滑措施。

③跨越设备或者人行道时,必须设置防物料撒落的安全保护设施。

④除移置式带式输送机外,露天设置的带式输送机应当设防护设施。

⑤在转载点和机头处应当设置消防设施。

⑥带式输送机沿线应当设检修通道和防排水设施。

(二)《国家煤矿安全监察局关于印发〈煤矿安全生产标准化管理体系考核定级办法(试行)〉和〈煤矿安全生产标准化管理体系基本要求及评分方法(试行)〉的通知》(煤安监行管〔2020〕16 号)

进入矿坑的小型车辆配齐警示旗和警示灯。

七、排土

(一)《煤矿安全规程》(应急管理部令第 8 号)

(1) 排土场位置的选择,应当保证排弃土岩时,不致因大块滚落、滑坡、塌方等威胁采场、工业场地、居民区、铁路、公路、农田和水域的安全。

(2) 排土场出现滑坡等危险征兆时,必须停止排土作业,采取安全措施。

（3）铁路排土线路必须符合的要求：
①路基面向场地内侧按段高形成反坡。
②排土线设置移动停车位置标志和停车标志。
③排土场卸载区应当有通信设施或者联络信号，夜间应当有照明。

（二）《国家煤矿安全监察局关于印发〈煤矿安全生产标准化管理体系考核定级办法（试行）〉和〈煤矿安全生产标准化管理体系基本要求及评分方法（试行）〉的通知》(煤安监行管〔2020〕16号)

排土工作面卸载区有连续的安全挡墙，车型小于240 t时安全挡墙高度不低于轮胎直径的0.4倍，车型大于240 t时安全挡墙高度不低于轮胎直径的0.35倍。不同车型在同一地点排土时，按最大车型的要求修筑安全挡墙。

上下平盘同时进行排土作业或下平盘有运输道路、联络道路时，在下平盘修筑安全挡墙；最终边界的坡底沿征用土地的界线修筑1条安全挡墙。

八、采场、台阶和边坡

《煤矿安全规程》（应急管理部令第8号）规定，露天煤矿采场、台阶和边坡应符合下列要求：

（1）应当定期巡视采场及排土场边坡，发现有滑坡征兆时，必须设明显标志牌。对设有运输道路、采运机械和重要设施的边坡，必须及时采取安全措施。

发生滑坡后，应当立即对滑坡区采取安全措施，并进行专门的勘查、评价与治理工程设计。

（2）非工作帮形成一定范围的到界台阶后，应当定期进行边坡稳定分析和评价，对影响生产安全的不稳定边坡必须采取安全措施。

（3）采场最终边坡管理应当遵守下列规定：
①采掘作业必须按设计进行，坡底线严禁超挖。
②临近到界台阶时，应当采用控制爆破。
③最终煤台阶必须采取防止煤风化、自然发火及沿煤层底板滑坡的措施。

（4）排土场边坡管理必须遵守下列规定：
①定期对排土场边坡进行稳定性分析，必要时采取防治措施。
②内排土场建设前，查明基底形态、岩层的赋存状态及岩石物理力学性质，测定排弃物料的力学参数，进行排土场设计和边坡稳定计算，清除基底上不利于边坡稳定的松软土岩。
③内排土场最下部台阶的坡底与采掘台阶坡底之间必须留有足够的安全

距离。

④排土场必须采取有效的防排水措施，防止或者减少水流入排土场。

九、防治水和防灭火

（一）《煤矿安全规程》（应急管理部令第 8 号）

（1）每年雨季前必须对防排水设施作全面检查，并制定当年的防排水措施。检修防排水设施、新建的重要防排水工程必须在雨季前完工。

（2）对低于当地历史最高洪水位的设施，必须按规定采取修筑堤坝、沟渠，疏通水沟等防洪措施。

（3）必须制定地面和采场内的防灭火措施。露天煤矿内的采掘、运输、排土等主要设备，必须配备灭火器材，并定期检查和更换。

（4）开采有自然发火倾向的煤层或者开采范围内存在火区时必须制定防灭火措施。

（二）《国家煤矿安全监察局关于印发〈煤矿安全生产标准化管理体系考核定级办法（试行）〉和〈煤矿安全生产标准化管理体系基本要求及评分方法（试行）〉的通知》（煤安监行管〔2020〕16 号）

（1）采场内的主排水泵站设置备用电源，当供电线路发生故障时，备用电源能担负最大排水负荷。

（2）排水泵电源控制柜设置在储水池上部台阶，加高基础，远离低洼处，避免洪水淹没和冲刷。

（3）矿区外地表水对采场有影响时，有阻隔治理措施。

十、通信

《煤矿安全规程》（应急管理部令第 8 号）规定，必须配置能够覆盖整个开采范围的无线对讲系统，有基站的必须配备不间断电源，同时配置其他的有线或者无线应急通信系统；调度室与附近急救中心、消防机构、上级生产指挥中心的通信联系必须装设有线电话。

第三节 应 急 救 援

《煤矿安全规程》（应急管理部令第 8 号）规定，露天煤矿应当向矿山救护队提供采剥、排土工程平面图和运输系统图、防排水系统图及排水设备布置图、井工老空区与露天矿平面对照图，以及应急救援预案。提供的上述图纸和资料应当真实、准确，且至少每季度为救护队更新一次。

煤矿边坡和排土场滑坡事故处理应当符合遵守下列规定：

（1）在事故现场设置警戒区域和警示牌，禁止人员进入警戒区域。

（2）救援人员和抢救设备必须从滑体两侧安全区域实施救援。

（3）应当对滑体进行观测，发现有威胁救援人员安全的情况时立即撤离。

第五章 安全生产管理人员（井工煤矿）专题部分

第一节 煤矿安全生产管理

一、煤矿安全生产准入

（一）《煤矿安全规程》（应急管理部令第8号）

井工煤矿必须按规定填绘反映实际情况的图纸，见表1-5-1。

表1-5-1 井工煤矿必须填绘反映实际情况的图纸明细

序号	图纸名称	序号	图纸名称
1	矿井地质图和水文地质图	7	井下运输系统图
2	井上、下对照图	8	安全监控布置图和断电控制图、人员位置监测系统图
3	巷道布置图		
4	采掘工程平面图	9	井下通信系统图
5	通风系统图	10	井上、下配电系统图和井下电气设备布置图
6	压风、排水、防尘、防火注浆、抽采瓦斯等管路系统图		
		11	井下避灾路线图

（二）《关于印发淘汰落后安全技术工艺、设备目录（2016年）的通知》（安监总科技〔2016〕137号）

（1）高瓦斯、煤与瓦斯突出和有粉尘爆炸危险矿井的煤巷、半煤巷和石门揭煤工作面禁止使用钢丝绳牵引耙装机。

（2）煤与瓦斯突出矿井禁止使用煤矿井下用煤电钻。

（3）禁止使用井下活塞式移动空压机。

（4）禁止使用皮带机皮带钉扣人力夯砸工艺、老虎口式主井箕斗装载设备。

(三)《禁止井工煤矿使用的设备及工艺目录(第四批)》(煤安监技装〔2018〕39 号)

(1) 自 2019 年 12 月 28 日起,禁止使用 JDB 电动机综合保护器。

(2) 煤与瓦斯突出矿井立即禁止使用防爆特殊型矿灯。

(3) 禁止新选用、采购电阻调速的防爆特殊型电机车,在用电阻调速的防爆特殊型电机车自 2020 年 12 月 28 日禁止使用。

(4) 禁止新选用、采购电阻调速的架线式工矿电机车,自 2020 年 12 月 28 日在用电阻调速的架线式工矿电机车禁止使用。

(5) 禁止新选用、采购排气标准在国Ⅱ及以下的防爆柴油机,自 2020 年 12 月 28 日在用排气标准在国Ⅱ及以下的防爆柴油机禁止使用。

(6) 禁止新选用、采购 2 缸及以下防爆柴油机无轨胶轮车,自 2019 年 12 月 28 日在用 2 缸及以下防爆柴油机无轨胶轮车禁止使用。

(7) 无轨胶轮车工作制动禁止使用的干式制动器。

(8) 运输距离超过 1000 m 或驱动功率大于 55 kW 的新架空乘人装置禁止使用蜗轮蜗杆减速器,自 2019 年 12 月 28 日在用架空乘人装置禁止使用蜗轮蜗杆减速器。

(9) 自 2019 年 12 月 28 日架空乘人装置禁止使用铸造抱索器。

(10) 禁止使用带式制动矿用提升绞车。

(11) 煤矿井下瓦斯抽放管路禁止采用玻璃钢管。

(12) 井下严禁安设辅助通风机。

(13) 轨道线路禁止使用 15 kg/m 的钢轨。

(四)《国家矿山安全监察局关于印发〈煤矿单班入井(坑)作业人数限员规定〉的通知》(矿安〔2023〕129 号)

1. 煤矿类型及采掘工作面范围的界定

(1) 灾害严重矿井是指高瓦斯矿井、煤(岩)与瓦斯(二氧化碳)突出矿井、水文地质类型复杂极复杂矿井、冲击地压矿井。

(2) 采煤工作面是指包括工作面及工作面进、回风巷在内的区域;掘进工作面是指从掘进迎头至工作面回风流与全风压风流汇合处的区域。

采掘工作面限员人数不包括临时性进出的煤矿安全监管监察等执法人员、煤矿上级公司检查人员、煤矿矿级领导及职能部门巡检人员、巡回瓦斯检查员(当班专职瓦斯检查员除外)等,上述人员进入采掘工作面时,区别管理人员定位卡,严格控制时长,不得影响煤矿正常生产活动。

2. 井工煤矿单班入井作业人数要求(表 1-5-2)

表1-5-2 井工煤矿单班入井作业人数要求

生产能力 K/(万 $t \cdot a^{-1}$)	灾害严重矿井/人	其他矿井/人
$K \leqslant 30$	$\leqslant 100$	$\leqslant 80$
$30 < K \leqslant 60$	$\leqslant 200$	$\leqslant 100$
$60 < K < 120$	$\leqslant 300$	$\leqslant 180$
$120 \leqslant K < 180$	$\leqslant 400$	$\leqslant 200$
$180 \leqslant K < 300$	$\leqslant 600$	$\leqslant 280$
$300 \leqslant K < 500$	$\leqslant 800$	$\leqslant 400$
$K \geqslant 500$	$\leqslant 850$	$\leqslant 450$

3. 井工采煤工作面单班作业人数要求（表1-5-3）

表1-5-3 井工采煤工作面单班作业人数要求

矿井类型	机械化采煤工作面/人		炮采工作面/人
	检修班	生产班	
灾害严重矿井	$\leqslant 40$	$\leqslant 25$	$\leqslant 25$
其他矿井	$\leqslant 30$	$\leqslant 20$	$\leqslant 25$

4. 井工掘进工作面单班作业人数要求（表1-5-4）

表1-5-4 井工掘进工作面单班作业人数要求

矿井类型	综掘工作面/人	炮掘工作面/人
灾害严重矿井	$\leqslant 18$	$\leqslant 15$
其他矿井	$\leqslant 16$	$\leqslant 12$

5. 交接班期间人数要求

煤矿交接班期间井下瞬时总人数（不包含采掘工作面）不受限员规定限制，应尽量缩短交接班时间，时间不得超过2 h，瞬时总人数不得超1000人。交接班期间井下停止爆破、排放瓦斯、启封密闭、动火等危险作业，强化劳动组织，合理划分交接区域，防止人员过度集中。

6. 限员牌板及人员位置监测要求

井工煤矿采掘工作面入口悬挂限员牌板，按照《煤矿安全规程》要求布置人员位置监测系统读卡分站。煤矿要制定减人计划，明确减人目标，确保达到限员要求。

7. 增加作业人员相关要求

灾害严重矿井采掘工作面确需增加灾害治理人员的,"三软煤层"矿井确需增加巷修人员的,新水平开拓延深、掘进工作面走向距离超过 1000 m 确需增加人员的,采用充填开采、沿空留巷、盾构机掘进工艺确需增加施工人员的,必须经省级煤矿安全监管部门现场审查同意,并报告国家矿山安全监察局省级局。

二、煤矿安全生产规章制度制定

(一)《煤矿安全规程》(应急管理部令第 8 号)

(1) 煤矿企业应当设立地质测量部门,配备所需的相关专业技术人员和仪器设备,及时编绘反映煤矿实际的地质资料和图件,建立健全煤矿地测工作规章制度。

(2) 矿井必须建立测风制度,每 10 天至少进行 1 次全面测风。

(3) 矿井必须建立甲烷、二氧化碳和其他有害气体检查制度。

(4) 开采容易自燃和自燃煤层时,必须开展自然发火监测工作,建立自然发火监测系统,确定煤层自然发火标志气体及临界值,健全自然发火预测预报及管理制度。

(5) 采用氮气防灭火时,应当有专人定期进行检测、分析和整理有关记录、发现问题及时报告处理等规章制度。

(6) 煤矿企业必须建立爆炸物品领退制度和爆炸物品丢失处理办法。

(7) 爆破作业必须执行"一炮三检"和"三人连锁爆破"制度。

(二)《国家煤矿安全监察局关于印发〈煤矿防治水细则〉的通知》(煤安监调查〔2018〕14 号)

煤矿企业、煤矿应当结合本单位实际情况建立健全水害防治岗位责任制、水害防治技术管理制度、水害预测预报制度、水害隐患排查治理制度、探放水制度、重大水患停产撤人制度以及应急处置制度等。

(三)《国家煤矿安全监察局关于印发〈煤矿安全生产标准化管理体系考核定级办法(试行)〉和〈煤矿安全生产标准化管理体系基本要求及评分方法(试行)〉的通知》(煤安监行管〔2020〕16 号)

(1) 煤矿企业应建立下述制度:

①矿、专业管理部门制度(规程)。岗位安全生产责任制,操作规程,停送电管理、设备定期检修、电气试验检测、干部上岗检查、设备管理、机电事故统计分析、防爆设备入井安装验收、电缆管理、小型设备管理、油脂管理、配件管理、阻燃胶带管理、杂散电流管理以及钢丝绳管理等制度。

②地质部门制度。地质灾害防治技术管理、预测预报、地质安全办公会议制度；地测资料、技术报告审批制度；图纸的审批、发放、回收和销毁制度；资料收集、整理、定期分析、保管、提供制度；隐蔽致灾地质因素普查制度；应急处置制度。

③机房、硐室制度。操作规程、岗位责任、设备包机、交接班、巡回检查、保护试验、设备检修以及要害场所管理等制度。

④运输管理制度。岗位安全生产责任制度；运输设备运行、检修、检测等管理规定；运输安全设施检查、试验等管理规定；轨道线路检查、维修等管理规定；辅助运输安全事故汇报管理规定等。

⑤调度管理制度。制定并严格执行岗位安全生产责任制、调度值班制度、交接班制度、汇报制度、信息汇总分析制度、调度人员入井制度、业务学习制度、事故和突发事件信息报告与处理制度、文档管理制度等。

（2）备有《煤矿安全规程》规定的图纸、事故报告程序图（表）、矿领导值班、带班安排与统计表、生产计划表、重点工程进度图（表）、矿井灾害预防和处理计划、事故应急救援预案等，图（表）保持最新版本。

（3）掌握生产动态，协调落实生产作业计划，按规定处置生产中出现的各种问题，并准确记录；按规定及时上报安全生产信息，下达安全生产指令并跟踪落实、做好记录。

（4）值班记录整洁、清晰、完整、无涂改；有调度值班、交接班及安全生产情况统计等台账（记录）；有产、运、销、存的统计台账（运、销、存企业集中管理的除外），内容齐全，记录规范。

（5）按规定上报调度安全生产信息日报表、旬（周）、月调度安全生产信息统计表、矿领导值班带班情况统计表。

三、煤矿安全生产风险分级管控

《国家煤矿安全监察局关于印发〈煤矿安全生产标准化管理体系考核定级办法（试行）〉和〈煤矿安全生产标准化管理体系基本要求及评分方法（试行）〉的通知》（煤安监行管〔2020〕16号）规定，煤矿安全生产风险分级管控应符合如下要求：

（1）新水平、新采（盘）区、新工作面设计前，开展1次专项辨识评估。
①专项辨识评估由总工程师组织有关科室进行。
②重点辨识评估地质条件和重大灾害因素等方面存在的安全风险。
③编制专项辨识评估报告，有新增重大风险或需调整措施的补充完善《煤矿

重大安全风险管控方案》。

④辨识评估结果应用于完善设计方案，指导生产工艺选择、生产系统布置、设备选型、劳动组织确定。

（2）生产系统、生产工艺、主要设施设备、重大灾害因素（露天煤矿爆破参数、边坡参数）等发生重大变化时，开展1次专项辨识评估。

①专项辨识评估由分管负责人组织有关科室进行。

②重点辨识评估作业环境、生产过程、重大灾害因素和设施设备运行等方面存在的安全风险。

③编制专项辨识评估报告，有新增重大风险或需调整措施的补充完善《煤矿重大安全风险管控方案》。

④辨识评估结果应用于指导编制或修订完善作业规程、操作规程。

（3）启封密闭、排放瓦斯、反风演习、工作面通过空巷（采空区）、更换大型设备、采煤工作面初采和收尾、综采（放）工作面安装回撤、掘进工作面贯通前，突出矿井过构造带及石门揭煤等高危作业实施前，新技术、新工艺、新设备、新材料试验或推广应用前，连续停工停产1个月以上的煤矿复工复产前，开展1次专项辨识评估。

①专项辨识评估由分管负责人（复工复产前专项辨识评估由矿长）组织有关科室、生产组织单位（区队）进行。

②重点辨识评估作业环境、工程技术、设备设施、现场操作等方面存在的安全风险。

③编制专项辨识评估报告，有新增重大风险或需调整措施的补充完善《煤矿重大安全风险管控方案》。

④辨识评估结果应用于对安全技术措施编制提出指导意见。

（4）本矿发生死亡事故或涉险事故、出现重大事故隐患，全国煤矿发生重特大事故，或者所在省份、所属集团煤矿发生较大事故后，开展1次针对性的专项辨识评估。

①专项辨识评估由矿长组织分管负责人和科室进行。

②识别安全风险辨识评估结果及管控措施是否存在漏洞、盲区。

③编制专项辨识评估报告，有新增重大风险或需调整措施的补充完善《煤矿重大安全风险管控方案》。

④辨识评估结果应用于指导修订完善设计方案、作业规程、操作规程、安全技术措施。

（5）采用信息化管理手段，实现对安全风险记录、跟踪、统计、分析、上报等全过程的信息化管理。

（6）入井人员和地面关键岗位人员安全培训内容包括年度和专项安全风险辨识评估结果、与本岗位相关的重大安全风险管控措施。

（7）每年至少组织参与安全风险辨识评估工作的人员学习1次安全风险辨识评估技术。

四、煤矿生产安全事故隐患排查治理

（一）《国家煤矿安全监察局关于印发〈煤矿安全生产标准化管理体系考核定级办法（试行）〉和〈煤矿安全生产标准化管理体系基本要求及评分方法（试行）〉的通知》(煤安监行管〔2020〕16号)

（1）矿长每月组织分管负责人及相关科室、区（队）对重大安全风险管控措施落实情况、管控效果及覆盖生产各系统、各岗位的事故隐患至少开展1次排查；排查前制定工作方案，明确排查时间、方式、范围、内容和参加人员。

（2）矿分管采掘、机电运输、通风、地测防治水、冲击地压防治等工作的负责人每半月组织相关人员对覆盖分管范围的重大安全风险管控措施落实情况、管控效果和事故隐患至少开展1次排查。

（3）矿领导带班下井过程中跟踪带班区域重大安全风险管控措施落实情况，排查事故隐患，记录重大安全风险管控措施落实情况和事故隐患排查情况。

（4）生产期间，每天安排管理、技术和安检人员进行巡查，对作业区域开展事故隐患排查。

（5）岗位作业人员作业过程中随时排查事故隐患。

（6）对治理过程中存在危险的事故隐患治理有安全措施，并落实到位。

（7）对治理过程危险性较大的事故隐患（指可能危及治理人员及接近治理区人员安全，如爆炸、人员坠落、坠物、冒顶、电击、机械伤人等），应制定现场处置方案，治理过程中现场有专人指挥，并设置警示标识；安检员现场监督。

（8）采用信息化管理手段，实现对事故隐患排查治理记录统计、过程跟踪、逾期报警、信息上报的信息化管理。

（9）每年至少组织矿长、分管负责人、副总工程师及安全、采掘、机电运输、通风、地测防治水、冲击地压等科室相关人员和区（队）管理人员进行1次事故隐患排查治理专项培训，且不少于4学时。

（10）每年至少对入井岗位人员进行1次事故隐患排查治理基本技能培训，包括事故隐患排查方法、治理流程和要求、所在区（队）作业区域常见事故隐患的识别，且不少于2学时。

(二)《煤矿重大生产安全事故隐患判定标准》(应急管理部令第4号)

(1)"超能力、超强度或者超定员组织生产"重大事故隐患,是指有下列情形之一的:

①煤矿全年原煤产量超过核定(设计)生产能力幅度在10%以上,或者月原煤产量大于核定(设计)生产能力的10%的。

②煤矿或其上级公司超过煤矿核定(设计)生产能力下达生产计划或者经营指标的。

③煤矿开拓、准备、回采煤量可采期小于国家规定的最短时间,未主动采取限产或者停产措施,仍然组织生产的(衰老煤矿和地方人民政府计划停产关闭煤矿除外)。

④煤矿井下同时生产的水平超过2个,或者一个采(盘)区内同时作业的采煤、煤(半煤岩)巷掘进工作面个数超过《煤矿安全规程》规定的。

⑤瓦斯抽采不达标组织生产的。

⑥煤矿未制定或者未严格执行井下劳动定员制度,或者采掘作业地点单班作业人数超过国家有关限员规定20%以上的。

(2)"有严重水患,未采取有效措施"重大事故隐患,是指有下列情形之一的:

①未查明矿井水文地质条件和井田范围内采空区、废弃老窑积水等情况而组织生产建设的。

②水文地质类型复杂、极复杂的矿井未设置专门的防治水机构、未配备专门的探放水作业队伍,或者未配齐专用探放水设备的。

③在需要探放水的区域进行采掘作业未按照国家规定进行探放水的。

④未按照国家规定留设或者擅自开采(破坏)各种防隔水煤(岩)柱的。

⑤有突(透、溃)水征兆未撤出井下所有受水患威胁地点人员的。

⑥受地表水倒灌威胁的矿井在强降雨天气或其来水上游发生洪水期间未实施停产撤人的。

⑦建设矿井进入三期工程前,未按照设计建成永久排水系统,或者生产矿井延深到设计水平时,未建成防、排水系统而违规开拓掘进的。

⑧矿井主要排水系统水泵排水能力、管路和水仓容量不符合《煤矿安全规程》规定的。

⑨开采地表水体、老空水淹区域或者强含水层下急倾斜煤层,未按照国家规定消除水患威胁的。

(3)"超层越界开采"重大事故隐患,是指有下列情形之一的:

①超出采矿许可证载明的开采煤层层位或者标高进行开采的。
②超出采矿许可证载明的坐标控制范围进行开采的。
③擅自开采（破坏）安全煤柱的。

（4）"煤矿没有双回路供电系统"重大事故隐患，是指有下列情形之一的：
①单回路供电的。
②有两回路电源线路但取自一个区域变电所同一母线段的。
③进入二期工程的高瓦斯、煤与瓦斯突出、水文地质类型为复杂和极复杂的建设矿井，以及进入三期工程的其他建设矿井，未形成两回路供电的。

（5）"新建煤矿边建设边生产，煤矿改扩建期间，在改扩建的区域生产，或者在其他区域的生产超出安全设计规定的范围和规模"重大事故隐患，是指有下列情形之一的：
①建设项目安全设施设计未经审查批准，或者审查批准后作出重大变更未经再次审查批准擅自组织施工的。
②新建煤矿在建设期间组织采煤的（经批准的联合试运转除外）。
③改扩建矿井在改扩建区域生产的。
④改扩建矿井在非改扩建区域超出设计规定范围和规模生产的。

（6）"煤矿实行整体承包生产经营后，未重新取得或者及时变更安全生产许可证从事生产的，或者承包方再次转包，以及将井下采掘工作面和井巷维修作业进行劳务承包"重大事故隐患，是指有下列情形之一的：
①煤矿未采取整体承包形式进行发包，或者将煤矿整体发包给不具有法人资格或者未取得合法有效营业执照的单位或者个人的。
②实行整体承包的煤矿，未签订安全生产管理协议，或者未按照国家规定约定双方安全生产管理职责而进行生产的。
③实行整体承包的煤矿，未重新取得或者变更安全生产许可证进行生产的。
④实行整体承包的煤矿，承包方再次将煤矿转包给其他单位或者个人的。
⑤井工煤矿将井下采掘作业或者井巷维修作业（井筒及井下新水平延深的井底车场、主运输、主通风、主排水、主要机电硐室开拓工程除外）作为独立工程发包给其他企业或者个人的，以及转包井下新水平延深开拓工程的。

（7）"煤矿改制期间，未明确安全生产责任人和安全管理机构，或者在完成改制后，未重新取得或者变更采矿许可证、安全生产许可证和营业执照"重大事故隐患，是指有下列情形之一的：
①改制期间，未明确安全生产责任人进行生产建设的。
②改制期间，未健全安全生产管理机构和配备安全管理人员进行生产建

设的。

③完成改制后，未重新取得或者变更采矿许可证、安全生产许可证、营业执照而进行生产建设的。

(8)"其他重大事故隐患"，是指有下列情形之一的：

①出现瓦斯动力现象，或者相邻矿井开采的同一煤层发生了突出事故，或者被鉴定、认定为突出煤层，以及煤层瓦斯压力达到或者超过 0.74MPa 的非突出矿井，未立即按照突出煤层管理并在国家规定期限内进行突出危险性鉴定的（直接认定为突出矿井的除外）。

②矿井未安装安全监控系统、人员位置监测系统或者系统不能正常运行，以及对系统数据进行修改、删除及屏蔽，或者煤与瓦斯突出矿井存在第七条第二项情形的。

③提升（运送）人员的提升机未按照《煤矿安全规程》规定安装保护装置，或者保护装置失效，或者超员运行的。

④带式输送机的输送带入井前未经过第三方阻燃和抗静电性能试验，或者试验不合格入井，或者输送带防打滑、跑偏、堆煤等保护装置或者温度、烟雾监测装置失效的。

⑤掘进工作面后部巷道或者独头巷道维修（着火点、高温点处理）时，维修（处理）点以里继续掘进或者有人员进入，或者采掘工作面未按照国家规定安设压风、供水、通信线路及装置的。

五、煤矿安全生产标准化体系建设

(一)《国家煤矿安全监察局关于印发〈煤矿安全生产标准化管理体系考核定级办法（试行）〉和〈煤矿安全生产标准化管理体系基本要求及评分方法（试行）〉的通知》(煤安监行管〔2020〕16号)

1. 一级煤矿安全生产标准化管理体系

煤矿安全生产标准化管理体系考核加权得分及各部分得分均不低于 90 分，且不存在下列情形：

(1) 井工煤矿井下单班作业人数超过有关限员规定的。

(2) 发生生产安全死亡事故，自事故发生之日起，一般事故未满1年、较大及重大事故未满2年、特别重大事故未满3年的。

(3) 安全生产标准化管理体系一级检查考核未通过，自考核定级部门检查之日起未满1年的。

(4) 因管理滑坡或存在重大事故隐患且组织生产被降级或撤消等级未满1

年的。

(5) 露天煤矿采煤对外承包的，或将剥离工程承包给2家（不含）以上施工单位的。

(6) 被列入安全生产"黑名单"或在安全生产联合惩戒期内的。

(7) 井下违规使用劳务派遣工的。

2. 二级煤矿安全生产标准化管理体系

煤矿安全生产标准化管理体系考核加权得分及各部分得分均不低于80分，且不存在下列情形：

(1) 井工煤矿井下单班作业人数超过有关限员规定的。

(2) 发生生产安全死亡事故，自事故发生之日起，一般事故未满半年、较大及重大事故未满1年、特别重大事故未满3年的。

(3) 因存在重大事故隐患且组织生产被撤销等级未满半年的。

(4) 被列入安全生产"黑名单"或在安全生产联合惩戒期内的。

3. 三级煤矿安全生产标准化管理体系

煤矿三级安全生产标准化管理体系考核加权得分及各部分得分均不低于70分。

第二节 煤矿安全生产技术管理

一、地质保障

(一)《国家矿山安全监察局关于印发〈煤矿地质工作细则〉的通知》(矿安〔2023〕192号)

(1) 煤矿企业总工程师（或技术负责人）、煤矿总工程师具体负责煤矿地质工作的组织实施和技术管理。

(2) 煤矿企业、煤矿应配备地质副总工程师，设立地测部门并配齐所需的地质及相关专业技术人员和仪器设备，建立健全煤矿地质工作规章制度。地质副总工程师、地测部门负责人应由地质及相关专业技术人员担任。

(3) 井工煤矿地质类型分为简单、中等、复杂和极复杂4种类型。

(4) 煤矿地质类型划分报告由煤矿企业总工程师组织审批，无上级公司的煤矿应聘请专家评审。

(5) 煤矿地质类型每3年应重新确定。当煤矿发生突水（透水、溃水溃砂）、煤与瓦斯突出、冲击地压等较大以上事故或影响煤矿地质类型划分的地质条件发生较大变化时，煤矿应在 1 年内重新进行地质类型划分。

（二）《煤矿安全规程》（应急管理部令第 8 号）

（1）当煤矿地质资料不能满足设计需要时，不得进行煤矿设计。矿井建设期间，因矿井地质、水文地质等条件与原地质资料出入较大时，必须针对所存在的地质问题开展补充地质勘探工作。

（2）井巷揭煤前，应当探明煤层厚度、地质构造、瓦斯地质、水文地质及顶底板等地质条件，编制揭煤地质说明书。

（3）煤矿必须结合实际情况开展隐蔽致灾地质因素普查或探测工作，并提出报告，由矿总工程师组织审定。

二、矿井地质、水文地质

《国家矿山安全监察局关于印发〈煤矿地质工作细则〉的通知》（矿安〔2023〕192 号）规定，矿井地质、水文地质工作应当符合下列规定：

（1）当煤矿地质资料不能满足设计、建设和生产需要时，应针对存在的问题进行补充调查与勘探，收集相关地质资料，重点调查井（矿）田内或周边煤矿开采情况。

（2）煤矿地质补充勘探工作应以查明地质构造、煤层厚度及结构、瓦斯赋存规律、水文地质条件、冲击地压危险性和工程地质条件等为主要任务，满足工程设计和安全采掘（剥）要求。

（3）煤矿地质补充调查与勘探工作应由煤矿企业组织实施，由具备相应地质勘查能力的单位承担，现场工程结束后 6 个月内提交补充地质勘探报告。补充勘探设计和报告由煤矿企业总工程师组织审批。

（4）石门、立井、斜井和平硐等井巷揭煤前，应采用物探和钻探等手段综合探测煤层厚度、地质构造、瓦斯、水文地质及顶底板等地质条件，根据探查情况，编写揭煤地质说明书，提出防范措施及建议，揭煤地质说明书由煤矿总工程师审批。

（5）煤矿企业、煤矿应制定地质资料档案管理制度，建立地质资料档案室，并由专人负责管理。

（6）基建煤矿移交生产前 6 个月，煤矿建设单位应组织编写建矿地质报告，由煤矿企业总工程师组织审批。

（7）基建煤矿移交生产后，应在 3 年内编写生产地质报告，之后每 3 年修编 1 次。生产地质报告由煤矿企业总工程师组织审批，无上级公司的煤矿应聘请专家评审。基建煤矿移交生产后，应在 3 年内进行煤矿地质类型划分，编写煤矿地质类型划分报告，可与煤矿生产地质报告合并编写，煤矿地质类型划分报告由煤矿企业总工程师组织审批，无上级公司的煤矿应聘请专家评审。

三、隐蔽致灾地质因素普查或探测

（一）《国家矿山安全监察局关于印发〈煤矿地质工作细则〉的通知》（矿安〔2023〕192号）

（1）建设煤矿、生产煤矿、资源整合煤矿等应结合未来3~5年采掘接续规划，开展隐蔽致灾地质因素普查。

（2）煤矿隐蔽致灾地质因素主要包括：井（矿）田内及周边采空区，废弃老窑（井筒）、封闭不良钻孔、断层、裂隙、褶曲、陷落柱、瓦斯富集区、导水裂隙带、离层空间、地下含水体、地表水体、井下火区、油气及油气井、煤层气井、冲击地压危险性、古河床冲刷带、岩浆岩侵入体、煤（岩）层风氧化带、火烧区、古隆起、天窗、暗河、溶洞等不良地质体，边坡稳定性等。

（3）煤矿隐蔽致灾地质因素普查每3年开展1次。因地质条件发生变化导致较大以上事故发生的煤矿，应加大普查频次。煤矿应当根据隐蔽致灾地质因素普查情况编写报告。

（二）《国家煤矿安全监察局关于印发〈煤矿安全生产标准化管理体系考核定级办法（试行）〉和〈煤矿安全生产标准化管理体系基本要求及评分方法（试行）〉的通知》（煤安监行管〔2020〕16号）

煤矿地质类型按"就高不就低"原则进行划分，出现影响煤矿地质类型划分的突水和煤与瓦斯突出等地质条件变化时，在1年内重新进行地质类型划分。

（三）《煤矿安全规程》（应急管理部令第8号）

煤矿必须结合实际情况开展隐蔽致灾地质因素普查或探测工作，并提出报告，由矿总工程师组织审定。

井工开采形成的老空区威胁露天煤矿安全时，煤矿应当制定安全措施。

四、矿井建设

（一）《煤矿安全规程》（应急管理部令第8号）

（1）有突出危险煤层的新建矿井必须先抽后建。矿井建设开工前，应当对首采区突出煤层进行地面钻井预抽瓦斯，且预抽率应当达到30%以上。

（2）煤矿建设、施工单位必须设置项目管理机构，配备满足工程需要的安全人员、技术人员和特种作业人员。

（3）单项工程、单位工程开工前，必须编制施工组织设计和作业规程，并组织相关人员学习。

（4）施工岩（煤）平巷（硐）时，应当遵守下列规定：

①临时和永久支护距掘进工作面的距离，必须根据地质、水文地质条件和施工工艺在作业规程中明确，并制定防止冒顶、片帮的安全措施；

②距掘进工作面 10 m 内的架棚支护，在爆破前必须加固。对爆破崩倒、崩坏的支架必须先行修复，之后方可进入工作面作业。修复支架时必须先检查顶、帮，并由外向里逐架进行；

③在松软的煤（岩）层、流砂性地层或者破碎带中掘进巷道时，必须采取超前支护或者其他措施。

（5）高瓦斯、煤与瓦斯突出和有煤尘爆炸危险矿井的煤巷、半煤岩巷掘进工作面和石门揭煤工作面，严禁使用钢丝绳牵引的耙装机。

（6）建井期间应当尽早形成永久的供电、提升运输、供排水、通风等系统。未形成上述永久系统前，必须建设临时系统。

（7）高瓦斯、煤与瓦斯突出、水文地质类型复杂和极复杂的矿井进入巷道和硐室施工前，其他矿井进入采区巷道施工前，必须形成两回路供电。

（8）井筒开凿到底后，应当先施工永久排水系统，并在进入采区施工前完成。永久排水系统完成前，在井底附近必须设置临时排水系统。

（二）《煤矿建设安全规范》(AQ 1083—2011)

（1）煤与瓦斯突出矿井必须在揭露突出煤层前形成瓦斯抽放系统，高瓦斯矿井必须在进入三期工程前形成瓦斯抽放系统。

（2）所有矿井进入二期工程后必须安装矿井安全监控系统。

（三）《防治煤与瓦斯突出细则》(煤安监技装〔2019〕28号)

突出矿井和按突出矿井设计的矿井，巷道布置设计应当符合下列要求：

（1）斜井和平硐，运输和轨道大巷、主要进（回）风巷等主要巷道应当布置在岩层或者无突出危险煤层中。采区上下山布置在突出煤层中时，必须布置在评估为无突出危险区或者采用区域防突措施（顺层钻孔预抽煤巷条带煤层瓦斯除外）有效的区域。

（2）减少井巷揭开（穿）突出煤层的次数，揭开（穿）突出煤层的地点应当合理避开地质构造带。

（3）突出煤层的巷道优先布置在被保护区域、其他有效卸压区域或者无突出危险区域。

五、开采

(一)《煤矿安全规程》(应急管理部令第 8 号)

(1) 新建非突出大中型矿井开采深度(第一水平)不应超过 1000 m,改扩建大中型矿井开采深度不应超过 1200 m,新建、改扩建小型矿井开采深度不应超过 600 m。

矿井同时生产的水平不得超过 2 个。

(2) 每个生产矿井必须至少有 2 个能行人的通达地面的安全出口,各出口间距不得小于 30 m。

采用中央式通风的新建和改扩建矿井,设计中应当规定井田边界的安全出口。

新建、扩建矿井的回风井严禁兼作提升和行人通道,紧急情况下可作为安全出口。

(3) 井下每一个水平到上一个水平和各个采(盘)区都必须至少有 2 个便于行人的安全出口,并与通达地面的安全出口相连。未建成 2 个安全出口的水平或者采(盘)区严禁回采。

(4) 巷道净断面必须满足行人、运输、通风和安全设施及设备安装、检修、施工的需要,并符合下列要求:

①采用轨道机车运输的巷道净高,自轨面起不得低于 2 m。架线电机车运输巷道的净高,在井底车场内、从井底到乘车场,不小于 2.4 m;其他地点,行人的不小于 2.2 m,不行人的不小于 2.1 m。

②采(盘)区内的上山、下山和平巷的净高不得低于 2 m,薄煤层内的不得低于 1.8 m。

(二)《煤矿建设项目安全设施设计审查和竣工验收规范》(AQ 1055—2018)

矿井同时生产的采煤工作面个数不得超过 2 个,其中煤与瓦斯突出、冲击地压、水文条件极复杂,以及 60 万 t/a 以下高瓦斯矿井,矿井采煤工作面个数不得超过 1 个(开采保护层的工作面以及各煤层厚度变化较大的煤层群开采或煤质相差较大需进行配采的工作面除外,但最多不能超过 2 个)。

六、井巷掘进、支护

《煤矿安全规程》(应急管理部令第 8 号)规定,井巷掘进、支护应当符合下列规定:

(1) 掘进工作面严禁空顶作业。对爆破崩倒、崩坏的支架必须先行修复,之后方可进入工作面作业。

（2）掘进巷道在揭露老空区前，必须制定探查老空区的安全措施，包括接近老空区时必须预留的煤（岩）柱厚度和探明水、火、瓦斯等内容。必须根据探明的情况采取措施，进行处理。

在揭露老空区时，必须将人员撤至安全地点。只有经过检查，证明老空区内的水、瓦斯和其他有害气体等无危险后，方可恢复工作。

（3）采（盘）区开采前必须按照生产布局和资源回收合理的要求编制采（盘）区设计，并严格按照采（盘）区设计组织施工，情况发生变化时及时修改设计。

一个采（盘）区内同一煤层的一翼最多只能布置1个采煤工作面和2个煤（半煤岩）巷掘进工作面同时作业。一个采（盘）区内同一煤层双翼开采或者多煤层开采的，该采（盘）区最多只能布置2个采煤工作面和4个煤（半煤岩）巷掘进工作面同时作业。

采掘过程中严禁任意扩大和缩小设计确定的煤柱。采空区内不得遗留未经设计确定的煤柱。

严禁任意变更设计确定的工业场地、矿界、防水和井巷等的安全煤柱。

严禁在高速铁路下开采安全煤柱。

下山采区未形成完整的通风、排水等生产系统前，严禁掘进回采巷道。

七、采煤方法及回采工艺

（一）《煤矿安全规程》（应急管理部令第8号）

（1）采煤工作面回采前必须编制作业规程。情况发生变化时，必须及时修改作业规程或者补充安全措施。

（2）采煤工作面必须保持至少2个畅通的安全出口，一个通到进风巷道，另一个通到回风巷道。

采煤工作面所有安全出口与巷道连接处超前压力影响范围内必须加强支护，且加强支护的巷道长度不得小于20 m；综合机械化采煤工作面，此范围内的巷道高度不得低于1.8 m，其他采煤工作面，此范围内的巷道高度不得低于1.6 m。安全出口和与之相连接的巷道必须设专人维护，发生支架断梁折柱、巷道底鼓变形时，必须及时更换、清挖。

采煤工作面必须正规开采，严禁采用国家明令禁止的采煤方法。

高瓦斯、突出、有容易自燃或者自燃煤层的矿井，不得采用前进式采煤方法。

(3) 采煤工作面必须存有一定数量的备用支护材料。严禁使用折损的坑木、损坏的金属顶梁、失效的单体液压支柱。

在同一采煤工作面中，不得使用不同类型和不同性能的支柱。在地质条件复杂的采煤工作面中使用不同类型的支柱时，必须制定安全措施。

单体液压支柱入井前必须逐根进行压力试验。

对金属顶梁和单体液压支柱，在采煤工作面回采结束后或者使用时间超过8个月后，必须进行检修。检修好的支柱，还必须进行压力试验，合格后方可使用。

采煤工作面严禁使用木支柱（极薄煤层除外）和金属摩擦支柱支护。

(4) 采煤工作面遇顶底板松软或者破碎、过断层、过老空区、过煤柱或者冒顶区，以及托伪顶开采时，必须制定安全措施。

(5) 采用锚杆、锚索、锚喷、锚网喷等支护形式时，应当遵守下列规定：

①锚杆（索）的形式、规格、安设角度、混凝土强度等级、喷体厚度，挂网规格、搭接方式，以及围岩涌水的处理等，必须在施工组织设计或者作业规程中明确；

②锚杆拉拔力、锚索预紧力必须符合设计。煤巷、半煤岩巷支护必须进行顶板离层监测，并将监测结果记录在牌板上。对喷体必须做厚度和强度检查并形成检查记录。在井下做锚固力试验时，必须有安全措施；

③遇顶板破碎、淋水，过断层、老空区、高应力区等情况时，应加强支护。

(6) 巷道架棚时，支架腿应当落在实底上；支架与顶、帮之间的空隙必须塞紧、背实。支架间应当设牢固的撑杆或者拉杆，可缩性金属支架应当采用金属支拉杆，并用机械或者力矩扳手拧紧卡缆。

(7) 采煤工作面必须及时支护，严禁空顶作业。所有支架必须架设牢固，并有防倒措施。严禁在浮煤或者浮矸上架设支架。

(8) 严格执行敲帮问顶及围岩观测制度。

(9) 采煤工作面用垮落法管理顶板时，必须及时放顶。顶板不垮落、悬顶距离超过作业规程规定的，必须停止采煤，采取人工强制放顶或者其他措施进行处理。

(10) 采用分层垮落法开采时，必须向采空区注浆或者注水。注浆或者注水的具体要求，应当在作业规程中明确规定。

(11) 近距离煤层群开采下一煤层时，必须制定控制顶板的安全措施。

(12) 采用分层垮落法回采时，下一分层的采煤工作面必须在上一分层顶板垮落的稳定区域内进行回采。

(13) 采用综合机械化采煤时，必须遵守下列规定：

①必须根据矿井各个生产环节、煤层地质条件、厚度、倾角、瓦斯涌出量、自然发火倾向和矿山压力等因素，编制工作面设计。

②采煤工作面必须进行矿压监测。

(14) 采用放顶煤开采时，必须遵守下列规定：

①矿井第一次采用放顶煤开采，或者在煤层（瓦斯）赋存条件变化较大的区域采用放顶煤开采时，必须根据顶板、煤层、瓦斯、自然发火、水文地质、煤尘爆炸性、冲击地压等地质特征和灾害危险性进行可行性论证和设计，并由煤矿企业组织行业专家论证。

②放顶煤工作面初采期间应当根据需要采取强制放顶措施，使顶煤和直接顶充分垮落。

③采用预裂爆破处理坚硬顶板或者坚硬顶煤时，应当在工作面未采动区进行，并制定专门的安全技术措施。严禁在工作面内采用炸药爆破方法处理未冒落顶煤、顶板及大块煤（矸）。

④高瓦斯、突出矿井的容易自燃煤层，应当采取以预抽方式为主的综合抽采瓦斯措施和综合防灭火措施，保证本煤层瓦斯含量不大于 $6 \text{ m}^3/\text{t}$，并采取综合防灭火措施。

(15) 建（构）筑物下、水体下、铁路下，以及主要井巷煤柱开采，必须经过试采。试采前，必须按其重要程度以及可能受到的影响，采取相应技术措施并编制开采设计。

(二)《国家煤矿安全监察局关于印发〈煤矿安全生产标准化管理体系考核定级办法（试行）〉和〈煤矿安全生产标准化管理体系基本要求及评分方法（试行）〉的通知》(煤安监行管〔2020〕16 号)

(1) 采掘工程平面图每月填绘 1 次，井上下对照图每季度填绘 1 次，图面表达和注记无矛盾。

(2) 煤矿掘进巷道规格质量要求：锚网背（索）、锚喷巷道有腰线的净高误差 0～100 mm。

(3) 工序、中间、竣工验收选择检查点及测点的规定：梯形断面和矩形断面巷道每一个检查点上应设 8 个测点。

(4) 采煤工作面顶板管理要求：

①支架垂直顶底板，歪斜角不大于 5°。

②局部悬顶和冒落不充分的，悬顶面积小于 10 m^2 时应采取措施，悬顶面积大于 10 m^2 时应进行强制放顶。

③工作面控顶范围内顶底板移近量按采高不大于 100 mm/m。

八、通风

(一)《煤矿安全规程》(应急管理部令第 8 号)

(1) 采掘工作面的进风流中,氧气浓度不低于 20%,二氧化碳浓度不超过 0.5%,一氧化碳浓度不超过 0.0024%,硫化氢浓度不超过 0.00066%。

(2) 采煤工作面、掘进中的煤巷和半煤岩巷的风速不得低于 0.25 m/s,不得超过 4 m/s;掘进中的岩巷的风速不得低于 0.15 m/s,不得超过 4 m/s;其他通风人行巷道风速不得低于 0.15 m/s。

(3) 进风井口以下的空气温度(干球温度)必须在 2 ℃以上。

(4) 矿井每年安排采掘作业计划时必须核定矿井生产和通风能力,必须按实际供风量核定矿井产量,严禁超通风能力生产。

(5) 矿井必须有完整的独立通风系统。改变全矿井通风系统时,必须编制通风设计及安全措施,由企业技术负责人审批。

(6) 贯通巷道必须遵守下列规定:

①巷道贯通前应当制定贯通专项措施。综合机械化掘进巷道在相距 50 m 前、其他巷道在相距 20 m 前,必须停止一个工作面作业,做好调整通风系统的准备工作。

停掘的工作面必须保持正常通风,设置栅栏及警标,每班必须检查风筒的完好状况和工作面及其回风流中的瓦斯浓度,瓦斯浓度超限时,必须立即处理。

掘进的工作面每次爆破前,必须派专人和瓦斯检查工共同到停掘的工作面检查工作面及其回风流中的瓦斯浓度,瓦斯浓度超限时,必须先停止在掘工作面的工作,然后处理瓦斯,只有在 2 个工作面及其回风流中的甲烷浓度都在 1.0% 以下时,掘进的工作面方可爆破。每次爆破前,2 个工作面入口必须有专人警戒。

②贯通时,必须由专人在现场统一指挥。

③贯通后,必须停止采区内的一切工作,立即调整通风系统,风流稳定后,方可恢复工作。

(7) 进、回风井之间和主要进、回风巷之间的每条联络巷中,必须砌筑永久性风墙;需要使用的联络巷,必须安设 2 道联锁的正向风门和 2 道反向风门。

(8) 新建高瓦斯矿井、突出矿井、煤层容易自燃矿井及有热害的矿井应当采用分区式通风或者对角式通风;初期采用中央并列式通风的只能布置一个采区生产。

(9) 生产水平和采(盘)区必须实行分区通风。

准备采区，必须在采区构成通风系统后，方可开掘其他巷道；采用倾斜长壁布置的，大巷必须至少超前 2 个区段，并构成通风系统后，方可开掘其他巷道。采煤工作面必须在采（盘）区构成完整的通风、排水系统后，方可回采。

高瓦斯、突出矿井的每个采（盘）区和开采容易自燃煤层的采（盘）区，必须设置至少 1 条专用回风巷；低瓦斯矿井开采煤层群和分层开采采用联合布置的采（盘）区，必须设置 1 条专用回风巷。

采区进、回风巷必须贯穿整个采区，严禁一段为进风巷、一段为回风巷。

（10）采、掘工作面应当实行独立通风，严禁 2 个采煤工作面之间串联通风。

同一采区内 1 个采煤工作面与其相连接的 1 个掘进工作面、相邻的 2 个掘进工作面，布置独立通风有困难时，在制定措施后，可采用串联通风，但串联通风的次数不得超过 1 次。

采区内为构成新区段通风系统的掘进巷道或者采煤工作面遇地质构造而重新掘进的巷道，布置独立通风有困难时，其回风可以串入采煤工作面，但必须制定安全措施，且串联通风的次数不得超过 1 次；构成独立通风系统后，必须立即改为独立通风。

对于《煤矿安全规程》规定的串联通风，必须在进入被串联工作面的巷道中装设甲烷传感器，且甲烷和二氧化碳浓度都不得超过 0.5%。

开采有瓦斯喷出、有突出危险的煤层或者在距离突出煤层垂距小于 10 m 的区域掘进施工时，严禁任何 2 个工作面之间串联通风。

（11）采煤工作面必须采用矿井全风压通风，禁止采用局部通风机稀释瓦斯。

采掘工作面的进风和回风不得经过采空区或者冒顶区。

无煤柱开采沿空送巷和沿空留巷时，应当采取防止从巷道的两帮和顶部向采空区漏风的措施。

矿井在同一煤层、同翼、同一采区相邻正在开采的采煤工作面沿空送巷时，采掘工作面严禁同时作业。

（12）采空区必须及时封闭。必须随采煤工作面的推进逐个封闭通至采空区的连通巷道。采区开采结束后 45 天内，必须在所有与已采区相连通的巷道中设置密闭墙，全部封闭采区。

（13）矿井必须采用机械通风。主要通风机的安装和使用应当符合下列要求：

①必须保证主要通风机连续运转。

②必须安装 2 套同等能力的主要通风机装置，其中 1 套作备用，备用通风机必须能在 10 min 内开动。

③装有主要通风机的出风井口应当安装防爆门，防爆门每 6 个月检查维修

1次。

④井下严禁安设辅助通风机。

(14) 生产矿井主要通风机必须装有反风设施,并能在10 min内改变巷道中的风流方向。

每季度应当至少检查1次反风设施,每年应当进行1次反风演习;矿井通风系统有较大变化时,应当进行1次反风演习。

(15) 主要通风机停止运转时,必须立即停止工作、切断电源,工作人员先撤到进风巷道中,由值班矿领导组织全矿井工作人员全部撤出。

(16) 安装和使用局部通风机和风筒时,必须遵守下列规定:

①压入式局部通风机和启动装置安装在进风巷道中,距掘进巷道回风口不得小于10 m。

②高瓦斯、突出矿井的煤巷、半煤岩巷和有瓦斯涌出的岩巷掘进工作面正常工作的局部通风机必须配备安装同等能力的备用局部通风机,并能自动切换。正常工作的局部通风机必须采用三专(专用开关、专用电缆、专用变压器)供电,专用变压器最多可向4个不同掘进工作面的局部通风机供电;备用局部通风机电源必须取自同时带电的另一电源,当正常工作的局部通风机故障时,备用局部通风机能自动启动,保持掘进工作面正常通风。

③使用局部通风机供风的地点必须实行风电闭锁和甲烷电闭锁,使用2台局部通风机同时供风的,2台局部通风机都必须同时实现风电闭锁和甲烷电闭锁。

④严禁使用3台及以上局部通风机同时向1个掘进工作面供风。不得使用1台局部通风机同时向2个及以上作业的掘进工作面供风。

(17) 使用局部通风机通风的掘进工作面,不得停风;因检修、停电、故障等原因停风时,必须将人员全部撤至全风压进风流处,切断电源,设置栅栏、警示标志,禁止人员入内。

(18) 井下机电设备硐室必须设在进风风流中;采用扩散通风的硐室,其深度不得超过6 m、入口宽度不得小于1.5 m,并且无瓦斯涌出。

采区变电所及实现采区变电所功能的中央变电所必须有独立的通风系统。

(二)《国家煤矿安全监察局关于印发〈煤矿安全生产标准化管理体系考核定级办法(试行)〉和〈煤矿安全生产标准化管理体系基本要求及评分方法(试行)〉的通知》(煤安监行管〔2020〕16号)

(1) 采区专用回风巷不用于运输、安设电气设备,突出区不行人;专用回风巷道维修时制定专项措施,经矿总工程师审批。

(2) 矿井有效风量率不低于85%。

采煤工作面进、回风巷实际断面不小于设计断面的2/3。

（3）瓦斯检查做到井下记录牌、瓦斯检查手册、瓦斯检查班报（台账）"三对口"。

（4）分站、传感器等在井下连续使用6~12个月升井全面检修。

（5）主通风机系统每月倒机、检查1次。

九、瓦斯防治

（一）《煤矿安全规程》（应急管理部令第8号）

（1）一个矿井中只要有一个煤（岩）层发现瓦斯，该矿井即为瓦斯矿井。瓦斯矿井必须依照矿井瓦斯等级进行管理。

（2）根据矿井相对瓦斯涌出量、矿井绝对瓦斯涌出量、工作面绝对瓦斯涌出量和瓦斯涌出形式，矿井瓦斯等级分为低瓦斯矿井、高瓦斯矿井和煤与瓦斯突出矿井。

①低瓦斯矿井应同时满足下列条件：
(a) 矿井相对瓦斯涌出量不大于10 m^3/t。
(b) 矿井绝对瓦斯涌出量不大于40 m^3/min。
(c) 矿井任一掘进工作面绝对瓦斯涌出量不大于3 m^3/min。
(d) 矿井任一采煤工作面绝对瓦斯涌出量不大于5 m^3/min。

②高瓦斯矿井应具备下列条件之一：
(a) 矿井相对瓦斯涌出量大于10 m^3/t。
(b) 矿井绝对瓦斯涌出量大于40 m^3/min。
(c) 矿井任一掘进工作面绝对瓦斯涌出量大于3 m^3/min。
(d) 矿井任一采煤工作面绝对瓦斯涌出量大于5 m^3/min。

③突出矿井。

（3）每2年必须对低瓦斯矿井进行瓦斯等级和二氧化碳涌出量的鉴定工作，鉴定结果报省级煤炭行业管理部门和省级煤矿安全监察机构。高瓦斯、突出矿井不再进行周期性瓦斯等级鉴定工作，但应当每年测定和计算矿井、采区、工作面瓦斯和二氧化碳涌出量，并报省级煤炭行业管理部门和煤矿安全监察机构。

（4）矿井总回风巷或者一翼回风巷中甲烷或者二氧化碳浓度超过0.75%时，必须立即查明原因，进行处理。

（5）采区回风巷、采掘工作面回风巷风流中甲烷浓度超过1.0%或者二氧化碳浓度超过1.5%时，必须停止工作，撤出人员，采取措施，进行处理。

（6）采掘工作面及其他作业地点风流中甲烷浓度达到1.0%时，必须停止用电钻打眼；爆破地点附近20 m以内风流中甲烷浓度达到1.0%时，严禁爆破。

采掘工作面及其他作业地点风流中、电动机或者其开关安设地点附近20 m以内风流中的甲烷浓度达到1.5%时，必须停止工作，切断电源，撤出人员，进行处理。

采掘工作面及其他巷道内，体积大于$0.5 m^3$的空间内积聚的甲烷浓度达到2.0%时，附近20 m内必须停止工作，撤出人员，切断电源，进行处理。

对因甲烷浓度超过规定被切断电源的电气设备，必须在甲烷浓度降到1.0%以下时，方可通电开动。

（7）当瓦斯超限达到断电浓度时，班组长、瓦斯检查工、矿调度员有权责令现场作业人员停止作业，停电撤人。

矿井必须有因停电和检修主要通风机停止运转或者通风系统遭到破坏以后恢复通风、排除瓦斯和送电的安全措施。恢复正常通风后，所有受到停风影响的地点，都必须经过通风、瓦斯检查人员检查，证实无危险后，方可恢复工作。所有安装电动机及其开关的地点附近20 m的巷道内，都必须检查瓦斯，只有甲烷浓度符合规定时，方可开启。

临时停工的地点，不得停风；否则必须切断电源，设置栅栏、警标，禁止人员进入，并向矿调度室报告。停工区内甲烷或者二氧化碳浓度达到3.0%或者其他有害气体浓度超过《煤矿安全规程》规定不能立即处理时，必须在24 h内封闭完毕。

严禁在停风或者瓦斯超限的区域内作业。

（8）停风区中甲烷浓度或者二氧化碳浓度超过3.0%时，必须制定安全排放瓦斯措施，报矿总工程师批准。

（9）井筒施工以及开拓新水平的井巷第一次接近各开采煤层时，必须按掘进工作面距煤层的准确位置，在距煤层垂距10 m以外开始打探煤钻孔，钻孔超前工作面的距离不得小于5 m，并有专职瓦斯检查工经常检查瓦斯。

（10）矿井必须建立甲烷、二氧化碳和其他有害气体检查制度，并遵守下列规定：

①矿长、矿总工程师、爆破工、采掘区队长、通风区队长、工程技术人员、班长、流动电钳工等下井时，必须携带便携式甲烷检测报警仪。瓦斯检查工必须携带便携式光学甲烷检测仪和便携式甲烷检测报警仪。安全监测工必须携带便携式甲烷检测报警仪。

②所有采掘工作面、硐室、使用中的机电设备的设置地点、有人员作业的地点都应当纳入检查范围。

③采掘工作面的甲烷浓度检查次数符合低瓦斯矿井,每班至少 2 次;高瓦斯矿井,每班至少 3 次;突出煤层、有瓦斯喷出危险或者瓦斯涌出较大、变化异常的采掘工作面,必须有专人经常检查。

④通风值班人员必须审阅瓦斯班报,掌握瓦斯变化情况,发现问题,及时处理,并向矿调度室汇报。

通风瓦斯日报必须送矿长、矿总工程师审阅,一矿多井的矿必须同时送井长、井技术负责人审阅。对重大的通风、瓦斯问题,应当制定措施,进行处理。

(11) 突出矿井必须建立地面永久抽采瓦斯系统。

有下列情况之一的矿井,必须建立地面永久抽采瓦斯系统或者井下临时抽采瓦斯系统:

①任一采煤工作面的瓦斯涌出量大于 5 m^3/min 或者任一掘进工作面瓦斯涌出量大于 3 m^3/min,用通风方法解决瓦斯问题不合理的。

②矿井绝对瓦斯涌出量达到下列条件的:

(a) 大于或者等于 40 m^3/min。

(b) 年产量 1.0~1.5 Mt 的矿井,大于 30 m^3/min。

(c) 年产量 0.6~1.0 Mt 的矿井,大于 25 m^3/min。

(d) 年产量 0.4~0.6 Mt 的矿井,大于 20 m^3/min。

(e) 年产量小于或者等于 0.4 Mt 的矿井,大于 15 m^3/min。

(二)《国务院办公厅转发发展改革委　安全监管总局关于进一步加强煤矿瓦斯防治工作若干意见的通知》(国办发〔2011〕26 号)

(1) 落实煤矿企业瓦斯防治主体责任。各煤矿企业要不断完善瓦斯防治责任制,细化落实企业负责人及相关人员的瓦斯防治责任。要健全以总工程师为首的瓦斯防治技术管理体系,配齐通风、抽采、防突、地质测量等专业机构和人员。

(2) 落实煤矿瓦斯区域性防突治理措施。煤矿企业应编制煤与瓦斯突出矿井区域性防突治理技术方案,并报煤炭行业管理部门和煤矿安全监管部门备案后实施。

(3) 规范矿井瓦斯等级鉴定管理。高瓦斯和煤与瓦斯突出矿井一律不得降低瓦斯等级。所开采煤层瓦斯压力超过规定限值、相邻矿井同一煤层发生突出事故或鉴定为突出煤层,以及发生瓦斯动力现象等情况的矿井,都要及时进行瓦斯等级鉴定,鉴定完成前,应按煤与瓦斯突出矿井进行管理。要严格鉴定标准和程序,煤矿企业对所提供的鉴定资料真实性负责,鉴定单位对鉴定结果负责,对违法违规、弄虚作假的,要依法依规从严追究责任。

(4) 加强矿井揭露煤层管理。煤与瓦斯突出矿井的突出煤层、邻近矿井同一煤层曾出现瓦斯动力现象等矿井煤层揭露设计，应按有关规定认真编制，由煤矿企业技术负责人严格审批后实施。凡未经批准擅自揭露突出煤层，或误揭露突出煤层的，要严肃追究有关责任人责任。

(5) 高瓦斯和煤与瓦斯突出矿井的监测监控系统，必须与煤炭行业管理部门或煤矿安全监管部门联网。

(6) 加强煤矿瓦斯超限管理。煤矿发生瓦斯超限，要立即停产撤人，并比照事故处理查明瓦斯超限原因，落实防范措施。1个月内发生2次瓦斯超限的矿井必须停产整顿，1个月内发生3次以上瓦斯超限未追查处理，或因瓦斯超限被责令停产整顿期间仍组织生产的矿井，煤炭行业管理部门、煤矿安全监管部门应提请地方政府予以关闭。

(三)《国家煤矿安监局办公室关于深入贯彻落实〈煤矿瓦斯等级鉴定办法〉的通知》(煤安监技装〔2018〕9号)

(1) 低瓦斯矿井每2年应当进行一次高瓦斯矿井等级鉴定，高瓦斯、突出矿井应当每年测定和计算矿井、采区、工作面瓦斯（二氧化碳）涌出量，并报省级煤炭行业管理部门和煤矿安全监察机构。

经鉴定或者认定为突出矿井的，不得改定为非突出矿井。

(2) 低瓦斯矿井应当在以下时间前进行并完成高瓦斯矿井等级鉴定工作：
①新建矿井投产验收。
②矿井生产能力核定完成。
③改扩建矿井改扩建工程竣工。
④新水平、新采区或开采新煤层的首采面回采满半年。
⑤资源整合矿井整合完成。

(3) 原低瓦斯矿井经突出鉴定为非突出矿井的，还应当立即进行高瓦斯矿井等级鉴定。

开采同一煤层达到相邻矿井始突深度的不得定为非突出煤层。

十、煤尘爆炸防治

《煤矿安全规程》(应急管理部令第8号)

(1) 新建矿井或者生产矿井每延深一个新水平，应当进行1次煤尘爆炸性鉴定工作，鉴定结果必须报省级煤炭行业管理部门和煤矿安全监察机构。

(2) 开采有煤尘爆炸危险煤层的矿井，必须有预防和隔绝煤尘爆炸的措施。必须及时清除巷道中的浮煤，清扫、冲洗沉积煤尘或者定期撒布岩粉；应当定期对主要大巷刷浆。

(3) 矿井应当每年制定综合防尘措施、预防和隔绝煤尘爆炸措施及管理制度，并组织实施。

(4) 高瓦斯矿井、突出矿井和有煤尘爆炸危险的矿井，煤巷和半煤岩巷掘进工作面应当安设隔爆设施。

十一、煤（岩）与瓦斯（二氧化碳）突出防治

(一)《煤矿安全规程》(应急管理部令第 8 号)

(1) 在矿井井田范围内发生过煤（岩）与瓦斯（二氧化碳）突出的煤（岩）层或者经鉴定、认定为有突出危险的煤（岩）层为突出煤（岩）层。在矿井的开拓、生产范围内有突出煤（岩）层的矿井为突出矿井。

煤矿发生生产安全事故，经事故调查认定为突出事故的，发生事故的煤层直接认定为突出煤层，该矿井为突出矿井。

有下列情况之一的煤层，应当立即进行煤层突出危险性鉴定，否则直接认定为突出煤层；鉴定未完成前，应当按照突出煤层管理：

①有瓦斯动力现象的。

②瓦斯压力达到或者超过 0.74 MPa 的。

③相邻矿井开采的同一煤层发生突出事故或者被鉴定、认定为突出煤层的。

煤矿企业应当将突出矿井及突出煤层的鉴定结果报省级煤炭行业管理部门和煤矿安全监察机构。

新建矿井应当对井田范围内采掘工程可能揭露的所有平均厚度在 0.3 m 以上的煤层进行突出危险性评估，评估结论作为矿井初步设计和建井期间井巷揭煤作业的依据。评估为有突出危险时，建井期间应当对开采煤层及其他可能对采掘活动造成威胁的煤层进行突出危险性鉴定或者认定。

(2) 新建突出矿井设计生产能力不得低于 0.9 Mt/a，第一生产水平开采深度不得超过 800 m；生产矿井延深水平开采深度不得超过 1200 m。

(3) 在同一突出煤层的集中应力影响范围内，不得布置 2 个工作面相向回采或者掘进。

(4) 突出矿井的防突工作必须坚持区域综合防突措施先行、局部综合防突措施补充的原则。

区域综合防突措施包括区域突出危险性预测、区域防突措施、区域防突措施效果检验和区域验证等内容。

局部综合防突措施包括工作面突出危险性预测、工作面防突措施、工作面防

突措施效果检验和安全防护措施等内容。

施工中发现有突出预兆或者发生突出的区域，必须采取区域综合防突措施。经区域验证有突出危险，则该区域必须采取区域或者局部综合防突措施。按突出煤层管理的煤层，必须采取区域或者局部综合防突措施。

（5）有突出危险煤层的新建矿井及突出矿井的新水平、新采区的设计，必须有防突设计篇章。

非突出矿井升级为突出矿井时，必须编制防突专项设计。

（6）突出矿井应当对突出煤层进行区域突出危险性预测，未进行区域预测的区域视为突出危险区。

突出煤层采掘工作面经工作面预测后划分为突出危险工作面和无突出危险工作面。未进行突出预测的采掘工作面视为突出危险工作面。

（7）具备开采保护层条件的突出危险区，必须开采保护层。选择保护层应当遵循的原则：

①优先选择无突出危险的煤层作为保护层。矿井中所有煤层都有突出危险时，应当选择突出危险程度较小的煤层作保护层。

②应当优先选择上保护层；选择下保护层开采时，不得破坏被保护层的开采条件。

开采保护层后，在有效保护范围内的被保护层区域为无突出危险区，超出有效保护范围的区域仍然为突出危险区。

（8）开采保护层时，应当不留设煤（岩）柱。特殊情况需留煤（岩）柱时，必须将煤（岩）柱的位置和尺寸准确标注在采掘工程平面图和瓦斯地质图上，在瓦斯地质图上还应当标出煤（岩）柱的影响范围。

（9）开采保护层时，应当同时抽采被保护层和邻近层的瓦斯。

（10）突出煤层的石门揭煤、煤巷和半煤岩巷掘进工作面进风侧必须设置至少2道反向风门。

（11）井巷揭穿（开）突出煤层时，必须从工作面距煤层法向距离大于5m处开始，直至揭穿煤层全过程都应当采取局部综合防突措施。

（12）采煤工作面可以选用超前钻孔预抽瓦斯、超前钻孔排放瓦斯、注水湿润煤体、松动爆破或者其他经试验证实有效的防突措施。

（13）井巷揭穿突出煤层和在突出煤层中进行采掘作业时，必须采取避难硐室、反向风门、压风自救装置、隔离式自救器、远距离爆破等安全防护措施。

（二）《防治煤与瓦斯突出细则》（煤安监技装〔2019〕28号）

（1）有突出矿井（煤层）的煤矿企业、煤矿应当建立防突技术管理制度，煤矿企业技术负责人、煤矿总工程师对防突工作负技术责任，负责组织编制、审批、检查防突工作规划、计划和措施。

煤矿企业、煤矿的分管负责人负责落实所分管范围内的防突工作。

煤矿企业、煤矿的各职能部门负责人对职责范围内的防突工作负责；区（队）长、班组长对管辖范围内防突工作负直接责任；瓦斯防突工对所在岗位的防突工作负责。

煤矿企业、煤矿的安全生产管理部门负责对防突工作的监督检查。

（2）防突工作必须坚持"区域综合防突措施先行、局部综合防突措施补充"的原则，按照"一矿一策、一面一策"的要求，实现"先抽后建、先抽后掘、先抽后采、预抽达标"。突出煤层必须采取两个"四位一体"综合防突措施，做到多措并举、可保必保、应抽尽抽、效果达标，否则严禁采掘活动。

在采掘生产和综合防突措施实施过程中，发现有喷孔、顶钻等明显突出预兆或者发生突出的区域，必须采取或者继续执行区域防突措施。

（3）突出矿井发生突出的必须立即停产，并分析查找原因；在强化实施综合防突措施、消除突出隐患后，方可恢复生产。

非突出矿井首次发生突出的必须立即停产，按本细则的要求建立防突机构和管理制度，完善安全设施和安全生产系统，配备安全装备，实施两个"四位一体"综合防突措施并达到效果后，方可恢复生产。

（4）突出矿井开采的非突出煤层和高瓦斯矿井的开采煤层，在延深达到或者超过50 m或者开拓新采区时，必须测定煤层瓦斯压力、瓦斯含量及其他与突出危险性相关的参数。

（5）突出矿井的通风系统应当符合下列要求：

①井巷揭穿突出煤层前，具有独立的、可靠的通风系统。

②突出矿井、有突出煤层的采区应当有独立的回风系统，并实行分区通风，采区回风巷和区段回风石门是专用回风巷。突出煤层采掘工作面回风应当直接进入专用回风巷。准备采区时，突出煤层掘进巷道的回风不得经过有人作业的其他采区回风巷。

③开采有瓦斯喷出、有突出危险的煤层，或者在距离突出煤层最小法向距离小于10 m的区域掘进施工时，严禁2个工作面之间串联通风。

④突出煤层双巷掘进工作面不得同时作业，其他突出煤层区域预测为危险区域的采掘工作面，其进入专用回风巷前的回风严禁切断其他采掘作业地点唯一安全出口。

⑤突出矿井采煤工作面的进、回风巷内，以及煤巷、半煤岩巷和有瓦斯涌出

的岩巷掘进工作面回风流中，采区回风巷及总回风巷，应当安设全量程或者高低浓度甲烷传感器；突出矿井采煤工作面的进风巷内甲烷传感器应当安设在距工作面 10 m 以内的位置。

⑥开采突出煤层时，工作面回风侧不得设置调节风量的设施。

⑦严禁在井下安设辅助通风机。

⑧突出煤层采用局部通风机通风时，必须采用压入式。

（6）有突出煤层的煤矿企业、煤矿在编制年度、季度、月度生产建设计划时，必须同时编制年度、季度、月度防突措施计划，保证抽、掘、采平衡。

防突措施计划及所需的人力、物力、财力保障安排由煤矿企业技术负责人和煤矿总工程师组织编制，煤矿企业主要负责人、矿长审批，分管负责人组织实施。

十二、冲击地压防治

（一）《煤矿安全规程》（应急管理部令第 8 号）

（1）开采具有冲击倾向性的煤层，必须进行冲击危险性评价。

（2）新建矿井和冲击地压矿井的新水平、新采区、新煤层有冲击地压危险的，必须编制防冲设计。

（3）冲击地压矿井巷道布置与采掘作业应当遵守下列规定：

①开采冲击地压煤层时，在应力集中区内不得布置 2 个工作面同时进行采掘作业。2 个掘进工作面之间的距离小于 150 m 时，采煤工作面与掘进工作面之间的距离小于 350 m 时，2 个采煤工作面之间的距离小于 500 m 时，必须停止其中一个工作面。

相邻矿井、相邻采区之间应当避免开采相互影响。

②开拓巷道不得布置在严重冲击地压煤层中，永久硐室不得布置在冲击地压煤层中。煤层巷道与硐室布置不应留底煤，如果留有底煤必须采取底板预卸压措施。

③严重冲击地压厚煤层中的巷道应当布置在应力集中区外。双巷掘进时 2 条平行巷道在时间、空间上应当避免相互影响。

④冲击地压煤层应当严格按顺序开采，不得留孤岛煤柱。在采空区内不得留有煤柱，如果必须在采空区内留煤柱时，应当进行论证，报企业技术负责人审批，并将煤柱的位置、尺寸以及影响范围标在采掘工程平面图上。开采孤岛煤柱的，应当进行防冲安全开采论证；严重冲击地压矿井不得开采孤岛煤柱。

⑤对冲击地压煤层，应当根据顶底板岩性适当加大掘进巷道宽度。应当优先

选择无煤柱护巷工艺，采用大煤柱护巷时应当避开应力集中区，严禁留大煤柱影响邻近层开采。巷道严禁采用刚性支护。

⑥采用垮落法管理顶板时，支架（柱）应当有足够的支护强度，采空区中所有支柱必须回净。

⑦冲击地压煤层掘进工作面临近大型地质构造、采空区、其他应力集中区时，必须制定专项措施。

⑧应当在作业规程中明确规定初次来压、周期来压、采空区"见方"等期间的防冲措施。

⑨在无冲击地压煤层中的三面或者四面被采空区所包围的区域开采和回收煤柱时，必须制定专项防冲措施。

⑩采动影响区域内严禁巷道扩修与回采平行作业，严禁同一区域两点及以上同时扩修。

（二）《国家煤矿安监局关于印发〈防治煤矿冲击地压细则〉的通知》（煤安监技装〔2018〕8号）

（1）煤矿企业（煤矿）的主要负责人对防治工作全面负责；煤矿企业其他负责人对分管范围内冲击地压防治工作负责。煤矿企业（煤矿）总工程师是冲击地压防治的技术负责人，对防治技术工作负责。

（2）有下列情况之一的，应当进行煤层（岩层）冲击倾向性鉴定：

①有强烈震动、瞬间底（帮）鼓、煤岩弹射等动力现象的。

②相邻矿井开采的同一煤层发生过冲击地压或经鉴定为冲击地压煤层的。

③冲击地压矿井开采新水平、新煤层。

（3）有冲击地压矿井的煤矿企业必须明确分管冲击地压防治工作的负责人及业务主管部门，配备相关的业务管理人员。冲击地压矿井必须明确分管冲击地压防治工作的负责人，设立专门的防冲机构，并配备专业防冲技术人员与施工队伍，防冲队伍人数必须满足矿井防冲工作的需要，建立防冲监测系统，配备防冲装备，完善安全设施和管理制度，加强现场管理。

（4）冲击地压防治应当坚持"区域先行、局部跟进、分区管理、分类防治"的原则。

（5）冲击地压矿井必须编制中长期防冲规划和年度防冲计划。中长期防冲规划每3至5年编制一次，执行期内有较大变化时，应当在年度计划中补充说明。中长期防冲规划与年度防冲计划由煤矿组织编制，经煤矿企业审批后实施。

（6）冲击地压矿井必须建立区域与局部相结合的冲击危险性监测制度。

（7）缓倾斜、倾斜厚及特厚煤层采用综采放顶煤工艺开采时，直接顶不能随采随冒的,应当预先对顶板进行弱化处理。

(8)人员进入冲击地压危险区域时必须严格执行"人员准入制度"。准入制度必须明确规定人员进入的时间、区域和人数,井下现场设立管理站。

十三、防灭火

(一)《煤矿安全规程》(应急管理部令第8号)

(1)煤矿必须制定井上、下防火措施。

(2)木料场、矸石山等堆放场距离进风井口不得小于80 m。木料场距离矸石山不得小于50 m。

(3)矿井必须设地面消防水池和井下消防管路系统。井下消防管路系统应当敷设到采掘工作面,每隔100 m设置支管和阀门,但在带式输送机巷道中应当每隔50 m设置支管和阀门。地面的消防水池必须经常保持不少于200 m^3 的水量。消防用水同生产、生活用水共用同一水池时,应当有确保消防用水的措施。

(4)井口房和通风机房附近20 m内,不得有烟火或者用火炉取暖。

在井下和井口房,严禁采用可燃性材料搭设临时操作间、休息间。

井下严禁使用灯泡取暖和使用电炉。

(5)井下和井口房内不得进行电焊、气焊和喷灯焊接等作业。如果必须在井下主要硐室、主要进风井巷和井口房内进行电焊、气焊和喷灯焊接等工作,每次必须制定安全措施,由矿长批准并遵守下列规定:

①指定专人在场检查和监督。

②电焊、气焊和喷灯焊接等工作地点的前后两端各10 m的井巷范围内,应当是不燃性材料支护,并有供水管路,有专人负责喷水,焊接前应当清理或者隔离焊渣飞溅区域内的可燃物。上述工作地点应当至少备有2个灭火器。

③在井口房、井筒和倾斜巷道内进行电焊、气焊和喷灯焊接等工作时,必须在工作地点的下方用不燃性材料设施接受火星。

④电焊、气焊和喷灯焊接等工作地点的风流中,甲烷浓度不得超过0.5%,只有在检查证明作业地点附近20 m范围内巷道顶部和支护背板后无瓦斯积存时,方可进行作业。

⑤电焊、气焊和喷灯焊接等作业完毕后,作业地点应当再次用水喷洒,并有专人在作业地点检查1 h,发现异常,立即处理。

⑥突出矿井井下进行电焊、气焊和喷灯焊接时,必须停止突出煤层的掘进、回采、钻孔、支护以及其他所有扰动突出煤层的作业。

煤层中未采用砌碹或者喷浆封闭的主要硐室和主要进风大巷中,不得进行电焊、气焊和喷灯焊接等工作。

（6）井下爆炸物品库、机电设备硐室、检修硐室、材料库、井底车场、使用带式输送机或者液力偶合器的巷道以及采掘工作面附近的巷道中，必须备有灭火器材。

（7）煤的自燃倾向性分为容易自燃、自燃、不易自燃3类。

生产矿井延深新水平时，必须对所有煤层的自燃倾向性进行鉴定。

开采容易自燃和自燃煤层的矿井，必须编制矿井防灭火专项设计，采取综合预防煤层自然发火的措施。

（8）开采容易自燃和自燃煤层时，必须开展自然发火监测工作，建立自然发火监测系统，确定煤层自然发火标志气体及临界值，健全自然发火预测预报及管理制度。

（9）开采容易自燃和自燃煤层时，采煤工作面必须采用后退式开采，并根据采取防火措施后的煤层自然发火期确定采（盘）区开采期限。

（10）当井下发现自然发火征兆时，必须停止作业，立即采取有效措施处理。在发火征兆不能得到有效控制时，必须撤出人员，封闭危险区域。进行封闭施工作业时，其他区域所有人员必须全部撤出。

（11）开采容易自燃和自燃煤层时，在采（盘）区开采设计中，必须预先选定构筑防火门的位置。当采煤工作面通风系统形成后，必须按设计构筑防火门墙，并储备足够数量的封闭防火门的材料。

（12）矿井必须制定防止采空区自然发火的封闭及管理专项措施。采煤工作面回采结束后，必须在45天内进行永久性封闭，每周1次抽取封闭采空区气样进行分析，并建立台账。

与封闭采空区连通的各类废弃钻孔必须永久封闭。

（13）任何人发现井下火灾时，应当视火灾性质、灾区通风和瓦斯情况，立即采取一切可能的方法直接灭火，控制火势，并迅速报告矿调度室。

矿值班调度和在现场的区、队、班组长应当依照灾害预防和处理计划的规定，将所有可能受火灾威胁区域中的人员撤离，并组织人员灭火。电气设备着火时，应当首先切断其电源；在切断电源前，必须使用不导电的灭火器材进行灭火。

抢救人员和灭火过程中，必须指定专人检查甲烷、一氧化碳、煤尘、其他有害气体浓度和风向、风量的变化，并采取防止瓦斯、煤尘爆炸和人员中毒的安全措施。

（14）封闭火区时，应当合理确定封闭范围，必须指定专人检查甲烷、氧气、一氧化碳、煤尘以及其他有害气体浓度和风向、风量的变化，并采取防止瓦斯、煤尘爆炸和人员中毒的安全措施。

（15）启封已熄灭的火区前，必须制定安全措施。

启封火区和恢复火区初期通风等工作，必须由矿山救护队负责进行，火区回风风流所经过巷道中的人员必须全部撤出。

（16）不得在火区的同一煤层的周围进行采掘工作。

十四、防治水

（一）《煤矿安全规程》(应急管理部令第 8 号)

（1）采掘工作面或者其他地点发现有煤层变湿、挂红、挂汗、空气变冷、出现雾气、水叫、顶板来压、片帮、淋水加大、底板鼓起或者裂隙渗水、钻孔喷水、煤壁溃水、水色发浑、有臭味等透水征兆时，应当立即停止作业，撤出所有受水患威胁地点的人员，报告矿调度室，并发出警报。在原因未查清、隐患未排除之前，不得进行任何采掘活动。

（2）降大到暴雨时和降雨后，应当有专业人员观测地面积水与洪水情况、井下涌水量等有关水文变化情况和井田范围及附近地面有无裂缝、采空塌陷、井上下连通的钻孔和岩溶塌陷等现象，及时向矿调度室及有关负责人报告，并将上述情况记录在案，存档备查。

情况危急时，矿调度室及有关负责人应当立即组织井下撤人。

（3）当矿井井口附近或者开采塌陷波及区域的地表出现滑坡或者泥石流等地质灾害威胁煤矿安全时，应当及时撤出受威胁区域的人员，并采取防治措施。

（4）排水系统集中控制的主要泵房可不设专人值守，但必须实现图像监视和专人巡检。

（二）《国家煤矿安全监察局关于印发〈煤矿防治水细则〉的通知》(煤安监调查〔2018〕14 号)

（1）煤矿防治水工作应当坚持预测预报、有疑必探、先探后掘、先治后采的原则，根据不同水文地质条件，采取探、防、堵、疏、排、截、监等综合防治措施。

煤矿必须落实防治水的主体责任，推进防治水工作由过程治理向源头预防、局部治理向区域治理、井下治理向井上下结合治理、措施防范向工程治理、治水为主向治保结合的转变，构建理念先进、基础扎实、勘探清楚、科技攻关、综合治理、效果评价、应急处置的防治水工作体系。

（2）煤矿企业、煤矿的总工程师（技术负责人）负责防治水的技术管理工作。

（3）水文地质类型复杂、极复杂的煤矿，还应当设立专门的防治水机构、配备防治水副总工程师。

（4）煤矿主要负责人必须赋予调度员、安检员、井下带班人员、班组长等相关人员紧急撤人的权力，发现突水（透水、溃水）征兆、极端天气可能导致淹井等重大险情，立即撤出所有受水患威胁地点的人员，在原因未查清、隐患未排除之前，不得进行任何采掘活动。

（5）煤矿企业、煤矿应当编制本单位防治水中长期规划（5年）和年度计划，并组织实施。煤矿防治水应当做到"一矿一策、一面一策"，确保安全技术措施的科学性、针对性和有效性。

（6）水文地质类型复杂、极复杂矿井应当每月至少开展1次水害隐患排查，其他矿井应当每季度至少开展1次。

（7）在地面无法查明水文地质条件时，应当在采掘前采用物探、钻探或者化探等方法查清采掘工作面及其周围的水文地质条件。

采掘工作面遇有下列情况之一的，必须进行探放水：
①接近水淹或者可能积水的井巷、老空或者相邻煤矿时。
②接近含水层、导水断层、溶洞或者导水陷落柱时。
③打开隔离煤柱放水时。
④接近可能与河流、湖泊、水库、蓄水池、水井等相通的导水通道时。
⑤接近有出水可能的钻孔时。
⑥接近水文地质条件不清的区域时。
⑦接近有积水的灌浆区时。
⑧接近其他可能突水的地区时。

（8）严格执行井下探放水"三专"要求。由专业技术人员编制探放水设计，采用专用钻机进行探放水，由专职探放水队伍施工。严禁使用非专用钻机探放水。

严格执行井下探放水"两探"要求。采掘工作面超前探放水应当同时采用钻探、物探两种方法，做到相互验证，查清采掘工作面及周边老空水、含水层富水性以及地质构造等情况。

（9）煤矿应当查清矿区、井田及其周边对矿井开采有影响的河流、湖泊、水库等地表水系和有关水利工程的汇水、疏水、渗漏情况，掌握当地历年降水量和历史最高洪水位资料，建立疏水、防水和排水系统。

煤矿应当查明采矿塌陷区、地裂缝区分布情况及其地表汇水情况。

(10) 矿井井口和工业场地内建筑物的地面标高，应当高于当地历史最高洪水位。

(11) 每年雨季前，必须对煤矿防治水工作进行全面检查，制定雨季防治水措施，建立雨季巡视制度，组织抢险队伍并进行演练，储备足够的防洪抢险物资。对检查出的事故隐患，应当制定措施，落实资金，责任到人，并限定在汛期前完成整改。需要施工防治水工程的应当有专门设计，工程竣工后由煤矿总工程师组织验收。

(12) 煤矿应当与当地气象、水利、防汛等部门进行联系，建立灾害性天气预警和预防机制。应当密切关注灾害性天气的预报预警信息，及时掌握可能危及煤矿安全生产的暴雨洪水灾害信息，采取安全防范措施；加强与周边相邻矿井信息沟通，发现矿井水害可能影响相邻矿井时，立即向周边相邻矿井发出预警。

(13) 煤矿应当建立暴雨洪水可能引发淹井等事故灾害紧急情况下及时撤出井下人员的制度，当暴雨威胁矿井安全时，必须立即停产撤出井下全部人员，只有在确认暴雨洪水隐患消除后方可恢复生产。

(14) 煤矿应当建立重点部位巡视检查制度。当接到暴雨灾害预警信息和警报后，对井田范围内废弃老窑、地面塌陷坑、采动裂隙以及可能影响矿井安全生产的河流、湖泊、水库、涵闸、堤防工程等实施 24 h 不间断巡查。

(15) 底板水防治应当遵循井上与井下治理相结合、区域与局部治理相结合的原则。

(16) 严禁开采地表水体、老空水淹区域、强含水层下且水患威胁未消除的急倾斜煤层。

(17) 相邻矿井的分界处，应当留设防隔水煤（岩）柱。矿井以断层分界的，应当在断层两侧留设防隔水煤（岩）柱。

(18) 有下列情况之一的，应当留设防隔水煤（岩）柱：
①煤层露头风化带。
②在地表水体、含水冲积层下或者水淹区域邻近地带。
③与富水性强的含水层间存在水力联系的断层、裂隙带或者强导水断层接触的煤层。
④有大量积水的老空。
⑤导水、充水的陷落柱、岩溶洞穴或者地下暗河。
⑥分区隔离开采边界。
⑦受保护的观测孔、注浆孔和电缆孔等。

(19) 矿井防隔水煤（岩）柱一经确定，不得随意变动。严禁在各类防隔水煤（岩）柱中进行采掘活动。

（20）有突水危险的采区，应当在其附近设置防水闸门；不具备设置防水闸门条件的，应当制定防突水措施，由煤矿企业主要负责人审批。

（21）矿井应当配备与矿井涌水量相匹配的水泵、排水管路、配电设备和水仓等，并满足矿井排水的需要。除正在检修的水泵外，应当有工作水泵和备用水泵。工作水泵的能力，应当能在20 h内排出矿井24 h的正常涌水量（包括充填水及其他用水）。备用水泵的能力，应当不小于工作水泵能力的70%。检修水泵的能力，应当不小于工作水泵的25%。工作和备用水泵的总能力，应当能在20 h内排出矿井24 h的最大涌水量。

水文地质类型复杂、极复杂的矿井，除符合《煤矿安全规程》规定外，可以在主泵房内预留一定数量的水泵安装位置，或者增加相应的排水能力。

排水管路应当有工作管路和备用管路。工作管路的能力，应当满足工作水泵在20 h内排出矿井24 h的正常涌水量。工作和备用管路的总能力，应当满足工作和备用水泵在20 h内排出矿井24 h的最大涌水量。

配电设备的能力应当与工作、备用和检修水泵的能力相匹配，能保证全部水泵同时运转。

（22）矿井主要泵房至少有2个出口，一个出口用斜巷通到井筒，并高出泵房底板7 m以上；另一个出口通到井底车场，在此出口通路内，应当设置易于关闭的既能防水又能防火的密闭门。泵房和水仓的连接通道，应当设置控制闸门。

（23）矿井主要水仓应当有主仓和副仓，当一个水仓清理时，另一个水仓能够正常使用。

新建、改扩建矿井或者生产矿井的新水平，正常涌水量在1000 m^3/h以下时，主要水仓的有效容量应当能容纳所承担排水区域8 h的正常涌水量。

（24）水泵、水管、闸阀、配电设备和线路，必须经常检查和维护。在每年雨季之前，应当全面检修1次，并对全部工作水泵、备用水泵及潜水泵进行1次联合排水试验，提交联合排水试验报告。

水仓、沉淀池和水沟中的淤泥，应当及时清理；每年雨季前必须清理1次。

（25）生产矿井延深水平，只有在建成新水平的防、排水系统后，方可开拓掘进。

（26）煤矿企业、煤矿应当开展水害风险评估和应急资源调查工作，根据风险评估结论及应急资源状况，制定水害应急预案，并组织评审，形成书面评审纪要，由本单位主要负责人批准后实施。

（27）当发生突水时，矿井应当立即做好关闭防水闸门的准备，在确认人员全部撤离后，方可关闭防水闸门。

（28）矿井恢复时，应当设有专人跟班定时测定涌水量和下降水面高程，并做好记录；观察记录恢复后井巷的冒顶、片帮和淋水等情况；观察记录突水点的具体位置、涌水量和水温等，并作突水点素描；定时对地面观测孔、井、泉等水文地质点进行动态观测，并观察地面有无塌陷、裂缝现象等。

（29）排除井筒和下山的积水及恢复被淹井巷前，应当制定防止被水封闭的有害气体突然涌出的安全措施。排水过程中，矿山救护队应当现场监护，并检查水面上的空气成分；发现有害气体，及时处理。

十五、井下爆破

《煤矿安全规程》（应急管理部令第 8 号）规定，井下爆破时应当符合下列规定：

（1）任何人员不得携带矿灯进入井下爆炸物品库房内。

（2）煤矿企业必须建立爆炸物品领退制度和爆炸物品丢失处理办法。

（3）在井筒内运送爆炸物品时，在交接班、人员上下井的时间内，严禁运送爆炸物品。

（4）煤矿必须指定部门对爆破工作专门管理，配备专业管理人员。

（5）井下爆破工作必须由专职爆破工担任。突出煤层采掘工作面爆破工作必须由固定的专职爆破工担任。爆破作业必须执行"一炮三检"和"三人连锁爆破"制度，并在起爆前检查起爆地点的甲烷浓度。

（6）井下爆破作业，必须使用煤矿许用炸药和煤矿许用电雷管。

（7）严禁在 1 个采煤工作面使用 2 台发爆器同时进行爆破。

（8）无封泥、封泥不足或者不实的炮眼，严禁爆破。

严禁裸露爆破。

（9）在采掘工作面，必须使用煤矿许用瞬发电雷管、煤矿许用毫秒延期电雷管或者煤矿许用数码电雷管。使用煤矿许用毫秒延期电雷管时，最后一段的延期时间不得超过 130 ms。使用煤矿许用数码电雷管时，一次起爆总时间差不得超过 130 ms，并应当与专用起爆器配套使用。

（10）爆破前，脚线的连接工作可由经过专门训练的班组长协助爆破工进行。爆破母线连接脚线、检查线路和通电工作，只准爆破工一人操作。

爆破前，班组长必须清点人数，确认无误后，方准下达起爆命令。

爆破工接到起爆命令后，必须先发出爆破警号，至少再等 5 s 后方可起爆。

（11）爆破后，待工作面的炮烟被吹散，爆破工、瓦斯检查工和班组长必须首先巡视爆破地点，检查通风、瓦斯、煤尘、顶板、支架、拒爆、残爆等情况。发现危险情况，必须立即处理。

（12）处理拒爆、残爆时，应当在班组长指导下进行，并在当班处理完毕。如果当班未能完成处理工作，当班爆破工必须在现场向下一班爆破工交接清楚。

处理拒爆时，必须遵守下列规定：

①由于连线不良造成的拒爆，可重新连线起爆。

②在距拒爆炮眼 0.3 m 以外另打与拒爆炮眼平行的新炮眼，重新装药起爆。

③严禁用镐刨或者从炮眼中取出原放置的起爆药卷，或者从起爆药卷中拉出电雷管。不论有无残余炸药，严禁将炮眼残底继续加深；严禁使用打孔的方法往外掏药；严禁使用压风吹拒爆、残爆炮眼。

④处理拒爆的炮眼爆炸后，爆破工必须详细检查炸落的煤、矸，收集未爆的电雷管。

⑤在拒爆处理完毕以前，严禁在该地点进行与处理拒爆无关的工作。

十六、运输、提升和电气设备

（一）《煤矿安全规程》（应急管理部部令第 8 号）

（1）长度超过 1.5 km 的主要运输平巷或者高差超过 50 m 的人员上下的主要倾斜井巷，应当采用机械方式运送人员。

运送人员的车辆必须为专用车辆，严禁使用非乘人装置运送人员。严禁人、物料混运。

（2）新建、扩建矿井严禁采用普通轨斜井人车运输。

（3）倾斜井巷内使用串车提升时，必须遵守下列规定：

①在倾斜井巷内安设能够将运行中断绳、脱钩的车辆阻止住的跑车防护装置。

②在各车场安设能够防止带绳车辆误入非运行车场或者区段的阻车器。

③在上部平车场入口安设能够控制车辆进入摘挂钩地点的阻车器。

④在上部平车场接近变坡点处，安设能够阻止未连挂的车辆滑入斜巷的阻车器。

⑤在变坡点下方略大于 1 列车长度的地点，设置能够防止未连挂的车辆继续往下跑车的挡车栏。

（4）采用平巷人车运送人员时，应当设跟车工。

（5）倾斜井巷使用提升机或者绞车提升时，串车提升的各车场设有信号硐室及躲避硐；运人斜井各车场设有信号和候车硐室，候车硐室具有足够的空间。

第一篇　通　用　知　识

(6) 专为升降人员和升降人员与物料的罐笼，必须符合下列要求：

①乘人层顶部应当设置可以打开的铁盖或者铁门，两侧装设扶手。

②严禁在罐笼同一层内人员和物料混合提升。升降无轨胶轮车时，仅限司机一人留在车内，且按提升人员要求运行。

(7) 升降人员时，严禁使用罐座。

(8) 应当每年检查1次金属井架、井筒罐道梁和其他装备的固定和锈蚀情况，发现松动及时加固，发现防腐层剥落及时补刷防腐剂。

(9) 提升系统各部分每天必须由专职人员至少检查1次，每月还必须组织有关人员至少进行1次全面检查。

(10) 用多层罐笼升降人员或者物料时，井上、下各层出车平台都必须设有信号工。

(11) 倾斜井巷运输用的矿车连接装置，必须至少每年进行1次2倍于其最大静荷重的拉力试验。

(12) 矿井应当在地面集中设置空气压缩机站。

在井下设置空气压缩设备时，应当遵守下列规定：

①应当采用螺杆式空气压缩机，严禁使用滑片式空气压缩机。

②应当设自动灭火装置。

③运行时必须有人值守。

(13) 矿井应当有两回路电源线路，即来自两个不同变电站或者来自不同电源进线的同一变电站的两段母线。当任一回路发生故障停止供电时，另一回路应当担负矿井全部用电负荷。区域内不具备两回路供电条件的矿井采用单回路供电时，应当报安全生产许可证的发放部门审查。

矿井的两回路电源线路上都不得分接任何负荷。

(14) 对井下各水平中央变（配）电所和采（盘）区变（配）电所、主排水泵房和下山开采的采区排水泵房供电线路，不得少于两回路。当任一回路停止供电时，其余回路应当承担全部用电负荷。向局部通风机供电的井下变（配）电所应当采用分列运行方式。

主要通风机、提升人员的提升机、抽采瓦斯泵、地面安全监控中心等主要设备房，应当各有两回路直接由变（配）电所馈出的供电线路；受条件限制时，其中的一回路可引自上述设备房的配电装置。

(15) 采区变电所应当设专人值班。无人值班的变电所必须关门加锁，并有巡检人员巡回检查。

实现地面集中监控并有图像监视的变电所可以不设专人值班，硐室必须关门加锁，并有巡检人员巡回检查。

（16）非专职人员或者非值班电气人员不得操作电气设备。

（17）容易碰到的、裸露的带电体及机械外露的转动和传动部分必须加装护罩或者遮拦等防护设施。

（18）矿井必须备有井上、下配电系统图，井下电气设备布置示意图和供电线路平面敷设示意图，并随着情况变化定期填绘。

（19）井上、下必须装设防雷电装置，经由地面架空线路引入井下的供电线路和电机车架线，必须在入井处装设防雷电装置。

（20）变电硐室长度超过 6 m 时，必须在硐室的两端各设 1 个出口。

（21）硐室入口处必须悬挂"非工作人员禁止入内"警示牌。硐室内必须悬挂与实际相符的供电系统图。硐室内有高压电气设备时，入口处和硐室内必须醒目悬挂"高压危险"警示牌。

（22）溜放煤、矸、材料的溜道中严禁敷设电缆。

（23）电缆不应悬挂在管道上，不得遭受淋水。电缆上严禁悬挂任何物件。

（24）下列地点必须有足够照明：

①井底车场及其附近。

②机电设备硐室、调度室、机车库、爆炸物品库、候车室、信号站、瓦斯抽采泵站等。

③使用机车的主要运输巷道、兼作人行道的集中带式输送机巷道、升降人员的绞车道以及升降物料和人行交替使用的绞车道。

④主要进风巷的交岔点和采区车场。

⑤从地面到井下的专用人行道。

⑥综合机械化采煤工作面（照明灯间距不得大于 15 m）。

地面的通风机房、绞车房、压风机房、变电所、矿调度室等必须设有应急照明设施。

（二）《国家煤矿安全监察局关于印发〈煤矿安全生产标准化管理体系考核定级办法（试行）〉和〈煤矿安全生产标准化管理体系基本要求及评分方法（试行）〉的通知》(煤安监行管〔2020〕16 号)

（1）排水能力满足矿井、采区安全生产需要；有可靠的引水装置；设有高、低水位声光报警装置；采用集中远程监控，实现无人值守。

（2）动力电缆和各种信号、监控监测电缆使用煤矿用电缆；电缆接头及接线方式和工艺符合要求，无"羊尾巴""鸡爪子"和明接头；各种电缆按规定敷设（吊挂），合格率不低于 95%；各种电气设备接线工艺符合要求。

(3) 架空乘人装置正常运行。每日至少对整个装置进行1次检查。

十七、安全监控系统、人员位置监测系统、有线调度通信系统

《煤矿安全规程》(应急管理部令第8号) 规定，煤矿安全监控系统、人员位置监测系统、有线调度通信系统应当符合下列规定：

(1) 所有矿井必须装备安全监控系统、人员位置监测系统、有线调度通信系统。

(2) 编制采区设计、采掘作业规程时，必须对安全监控、人员位置监测、有线调度通信设备的种类、数量和位置，信号、通信、电源线缆的敷设，安全监控系统的断电区域等做出明确规定，绘制安全监控布置图和断电控制图、人员位置监测系统图、井下通信系统图，并及时更新。

每3个月对安全监控、人员位置监测等数据进行备份，备份的数据介质保存时间应当不少于2年。图纸、技术资料的保存时间应当不少于2年。录音应当保存3个月以上。

(3) 矿用有线调度通信电缆必须专用。严禁安全监控系统与图像监视系统共用同一芯光纤。

当系统显示井下某一区域瓦斯超限并有可能波及其他区域时，矿井有关人员应当按瓦斯事故应急救援预案切断瓦斯可能波及区域的电源。

安全监控和人员位置监测系统显示和控制终端、有线调度通信系统调度台必须设置在矿调度室，全面反映监控信息。矿调度室必须24 h有监控人员值班。

(4) 安全监控系统必须具备甲烷电闭锁和风电闭锁功能。当主机或者系统线缆发生故障时，必须保证实现甲烷电闭锁和风电闭锁的全部功能。

(5) 改接或者拆除与安全监控设备关联的电气设备、电源线和控制线时，必须与安全监控管理部门共同处理。检修与安全监控设备关联的电气设备，需要监控设备停止运行时，必须制定安全措施，并报矿总工程师审批。

(6) 安全监控设备必须定期调校、测试，每月至少1次。

(7) 必须每天检查安全监控设备及线缆是否正常，使用便携式光学甲烷检测仪或者便携式甲烷检测报警仪与甲烷传感器进行对照，并将记录和检查结果报矿值班员。

(8) 矿调度室值班人员应当监视监控信息，填写运行日志，打印安全监控日报表，并报矿总工程师和矿长审阅。系统发出报警、断电、馈电异常等信息时，应当采取措施，及时处理，并立即向值班矿领导汇报；处理过程和结果应当记录备案。

（9）安全监控系统必须具备实时上传监控数据的功能。

（10）井下下列地点必须设置甲烷传感器：

①采煤工作面及其回风巷和回风隅角，高瓦斯和突出矿井采煤工作面回风巷长度大于1000 m时回风巷中部。

②煤巷、半煤岩巷和有瓦斯涌出的岩巷掘进工作面及其回风流中，高瓦斯和突出矿井的掘进巷道长度大于1000 m时掘进巷道中部。

③突出矿井采煤工作面进风巷。

④采用串联通风时，被串采煤工作面的进风巷；被串掘进工作面的局部通风机前。

⑤采区回风巷、一翼回风巷、总回风巷。

（11）井下下列设备必须设置甲烷断电仪或者便携式甲烷检测报警仪：

①采煤机、掘进机、掘锚一体机、连续采煤机。

②梭车、锚杆钻车。

③采用防爆蓄电池或者防爆柴油机为动力装置的运输设备。

④其他需要安装的移动设备。

（12）下井人员必须携带标识卡。各个人员出入井口、重点区域出入口、限制区域等地点应当设置读卡分站。

第三节 应 急 救 援

一、安全避险

1.《煤矿安全规程》(应急管理部令第8号)

（1）井下所有工作地点必须设置灾害事故避灾路线。

巷道交叉口必须设置避灾路线标识。巷道内设置标识的间隔距离：采区巷道不大于200 m，矿井主要巷道不大于300 m。

（2）入井人员必须随身携带额定防护时间不低于30 min的隔绝式自救器。

矿井应当根据需要在避灾路线上设置自救器补给站。补给站应当有清晰、醒目的标识。

（3）采区避灾路线上应当设置压风管路，主管路直径不小于100 mm，采掘工作面管路直径不小于50 mm，压风管路上设置的供气阀门间隔不大于200 m。水文地质条件复杂和极复杂的矿井，应当在各水平、采区和上山巷道最高处敷设压风管路，并设置供气阀门。

(4) 突出与冲击地压煤层,应当在距采掘工作面 25~40 m 的巷道内、爆破地点、撤离人员与警戒人员所在位置、回风巷有人作业处等地点,至少设置 1 组压风自救装置。

2.《防治煤与瓦斯突出细则》(煤安监技装〔2019〕28 号)

有突出煤层的采区必须设置采区避难所。

二、灾变处理

《煤矿安全规程》(应急管理部令第 8 号)规定,煤矿灾变处理时,应当撤出灾区所有人员,准确统计井下人数,严格控制入井人数。对于不同灾变应当遵守下列规定:

(一)矿井火灾事故处理

(1) 处理进风井井口、井筒、井底车场、主要进风巷和硐室火灾时,应当进行全矿井反风,反风前,必须将火源进风侧的人员撤出,并采取阻止火灾蔓延的措施。

(2) 处理掘进工作面火灾时,应当保持原有的通风状态,进行侦察后再采取措施。

(3) 处理绞车房火灾时,应当将火源下方的矿车固定,防止烧断钢丝绳造成跑车伤人。

(4) 处理蓄电池电机车库火灾时,应当切断电源,采取措施,防止氢气爆炸。

(二)封闭具有爆炸危险的火区

(1) 先采取注入惰性气体等抑爆措施,然后在安全位置构筑进、回风密闭。

(2) 检查或者加固密闭墙等工作,应当在火区封闭完成 24 h 后实施。发现已封闭火区发生爆炸造成密闭墙破坏时,严禁调派救护队侦察或者恢复密闭墙;应当采取安全措施,实施远距离封闭。

(三)瓦斯(煤尘)爆炸事故处理

(1) 立即切断灾区电源。

(2) 检查灾区内有害气体的浓度、温度及通风设施破坏情况,发现有再次爆炸危险时,必须立即撤离至安全地点。

(四)煤(岩)与瓦斯突出事故处理

发生煤(岩)与瓦斯突出事故,不得停风和反风,防止风流紊乱扩大灾情。通风系统及设施被破坏时,应当设置风障、临时风门及安装局部通风机恢复通风。恢复突出区通风时,应当以最短的路线将瓦斯引入回风巷。回风井口 50 m 范围内不得有火源,并设专人监视。

处理煤(岩)与二氧化碳突出事故时,还必须加大灾区风量,迅速抢救遇险人员。

(五) 矿井水灾事故处理

(1) 尽快恢复灾区通风，加强灾区气体检测，防止发生瓦斯爆炸和有害气体中毒、窒息事故。

(2) 根据情况综合采取排水、堵水和向井下人员被困位置打钻等措施。

(3) 排水后进行侦察抢险时，注意防止冒顶和二次突水事故的发生。

(六) 顶板事故处理

(1) 迅速恢复冒顶区的通风，如不能恢复，应当利用压风管、水管或者打钻向被困人员供给新鲜空气、饮料和食物。

(2) 指定专人检查甲烷浓度、观察顶板和周围支护情况，发现异常，立即撤出人员。

(3) 加强巷道支护，防止发生二次冒顶、片帮，保证退路安全畅通。

(七) 冲击地压事故处理

(1) 分析再次发生冲击地压灾害的可能性，确定合理的救援方案和路线。

(2) 迅速恢复灾区的通风。恢复独头巷道通风时，应当按照排放瓦斯的要求进行。

(3) 加强巷道支护，保证安全作业空间。

(4) 设专人观察顶板及周围支护情况，检查通风、瓦斯、煤尘，防止发生次生事故。

第六章 安全生产管理人员（露天煤矿）专题部分

第一节 煤矿安全生产管理

一、煤矿安全生产准入

（一）《煤矿安全规程》（应急管理部令第 8 号）

露天煤矿必须按规定填绘反映实际情况的图纸，见表 1-6-1。

表 1-6-1 露天煤矿必须填绘反映实际情况的图纸明细

序号	图纸名称	序号	图纸名称
1	地形地质图	6	通信系统图
2	工程地质平面图、断面图	7	防排水系统图
3	综合水文地质图	8	边坡监测系统平面图
4	供配电系统图	9	井工采空区与露天矿平面对照图
5	采剥、排土工程平面图和运输系统图		

（二）《国家矿山安全监察局关于印发〈煤矿单班入井（坑）作业人数限员规定〉的通知》（矿安〔2023〕129 号）

1. 露天煤矿单班入坑作业人数（表 1-6-2）

表 1-6-2 露天煤矿单班入坑作业人数

生产能力 $K/(万 t \cdot a^{-1})$	剥采比 $R/(m^3 \cdot t^{-1})$	单班入坑作业人数/人
$K \leqslant 100$	$R < 6$	$\leqslant 80$
	$R \geqslant 6$	$\leqslant 120$
$100 < K \leqslant 400$	$R < 6$	$\leqslant 200$
	$R \geqslant 6$	$\leqslant 250$

第六章 安全生产管理人员（露天煤矿）专题部分

表1-6-2（续）

生产能力 K/(万 $t \cdot a^{-1}$)	剥采比 R/($m^3 \cdot t^{-1}$)	单班入坑作业人数/人
$400 < K < 1000$	$R < 6$	≤300
	$R \geq 6$	≤400
$1000 \leq K < 2000$	$R < 6$	≤550
	$R \geq 6$	≤650
$2000 \leq K < 3000$		≤750
$K \geq 3000$		≤850

2. 入坑通勤车乘坐人数要求

露天煤矿入坑通勤车最大乘坐人数不得超过29人，一个爆破区域（100 m范围内）作业人数不得超过9人，采剥设备之间安全距离、运输设备行驶前后安全距离，严格执行《煤矿安全规程》有关规定。

3. 交接班期间人数规定

露天煤矿除坑下固定设备操作人员外，原则上在坑上交接班，不具备条件的应选择在稳定边坡区域交接班。

4. 人员位置监测要求

露天煤矿在入坑口处安装读卡基站，实时监测入井（坑）人员数量，并接入监测预警系统。煤矿要制定减人计划，明确减人目标，确保达到限员要求

5. 增加作业人员相关要求

露天煤矿地质条件复杂、运距过大、受地下水等灾害影响大确需增加入坑人员的，必须经省级煤矿安全监管部门现场审查同意，并报告国家矿山安全监察局省级局。

二、煤矿安全生产规章制度制定

（一）《国家煤矿安全监察局关于印发〈煤矿防治水细则〉的通知》（煤安监调查〔2018〕14号）

煤矿企业、煤矿应当结合本单位实际情况建立健全水害防治岗位责任制、水害防治技术管理制度、水害预测预报制度、水害隐患排查治理制度、探放水制度、重大水患停产撤人制度以及应急处置制度等。

（二）《国家煤矿安全监察局关于印发〈煤矿安全生产标准化管理体系考核定级办法（试行）〉和〈煤矿安全生产标准化管理体系基本要求及评分方法（试行）〉的通知》（煤安监行管〔2020〕16号）

（1）调度管理制度。制定并严格执行岗位安全生产责任制、调度值班制度、

交接班制度、汇报制度、信息汇总分析制度、调度人员入坑制度、业务学习制度、事故和突发事件信息报告与处理制度、文档管理制度等。

（2）应急管理制度。建立健全事故监测与预警制度、应急值守制度、安全避险设施管理和使用制度、应急资料档案管理制度。

三、煤矿安全生产风险分级管控

《国家煤矿安全监察局关于印发〈煤矿安全生产标准化管理体系考核定级办法（试行）〉和〈煤矿安全生产标准化管理体系基本要求及评分方法（试行）〉的通知》(煤安监行管〔2020〕16号)规定，煤矿安全生产风险分级管控应符合以下要求：

（1）新水平、新采（盘）区、新工作面设计前，开展1次专项辨识评估。

①专项辨识评估由总工程师组织有关科室进行。

②重点辨识评估地质条件和重大灾害因素等方面存在的安全风险。

③编制专项辨识评估报告，有新增重大风险或需调整措施的补充完善《煤矿重大安全风险管控方案》。

④辨识评估结果应用于完善设计方案，指导生产工艺选择、生产系统布置、设备选型、劳动组织确定。

（2）生产系统、生产工艺、主要设施设备、重大灾害因素（露天煤矿爆破参数、边坡参数）等发生重大变化时，开展1次专项辨识评估。

①专项辨识评估由分管负责人组织有关科室进行。

②重点辨识评估作业环境、生产过程、重大灾害因素和设施设备运行等方面存在的安全风险。

③编制专项辨识评估报告，有新增重大风险或需调整措施的补充完善《煤矿重大安全风险管控方案》。

④辨识评估结果应用于指导编制或修订完善作业规程、操作规程。

（3）露天煤矿抛掷爆破前；新技术、新工艺、新设备、新材料试验或推广应用前，连续停工停产1个月以上的煤矿复工复产前，开展1次专项辨识评估。

①专项辨识评估由分管负责人（复工复产前专项辨识评估由矿长）组织有关科室、生产组织单位（区队）进行。

②重点辨识评估作业环境、工程技术、设备设施、现场操作等方面存在的安全风险。

③编制专项辨识评估报告，有新增重大风险或需调整措施的补充完善《煤矿重大安全风险管控方案》。

④辨识评估结果应用于对安全技术措施编制提出指导意见。

(4) 本矿发生死亡事故或涉险事故、出现重大事故隐患，全国煤矿发生重特大事故，或者所在省份、所属集团煤矿发生较大事故后，开展 1 次针对性的专项辨识评估。

①专项辨识评估由矿长组织分管负责人和科室进行。

②识别安全风险辨识评估结果及管控措施是否存在漏洞、盲区。

③编制专项辨识评估报告，有新增重大风险或需调整措施的补充完善《煤矿重大安全风险管控方案》。

④辨识评估结果应用于指导修订完善设计方案、作业规程、操作规程、安全技术措施。

(5) 采用信息化管理手段，实现对安全风险记录、跟踪、统计、分析、上报等全过程的信息化管理。

(6) 入井人员和地面关键岗位人员安全培训内容包括年度和专项安全风险辨识评估结果、与本岗位相关的重大安全风险管控措施。

(7) 每年至少组织参与安全风险辨识评估工作的人员学习 1 次安全风险辨识评估技术。

四、煤矿生产安全事故隐患排查治理

(一)《国家煤矿安全监察局关于印发〈煤矿安全生产标准化管理体系考核定级办法（试行）〉和〈煤矿安全生产标准化管理体系基本要求及评分方法（试行）〉的通知》(煤安监行管〔2020〕16 号)

(1) 矿长每月组织分管负责人及相关科室、区（队）对重大安全风险管控措施落实情况、管控效果及覆盖生产各系统、各岗位的事故隐患至少开展 1 次排查；排查前制定工作方案，明确排查时间、方式、范围、内容和参加人员。

(2) 矿分管采掘、机电运输、通风、地测防治水、冲击地压防治等工作的负责人每半月组织相关人员对覆盖分管范围的重大安全风险管控措施落实情况、管控效果和事故隐患至少开展 1 次排查。

(3) 矿领导带班下井（坑）过程中跟踪带班区域重大安全风险管控措施落实情况，排查事故隐患，记录重大安全风险管控措施落实情况和事故隐患排查情况。

(4) 生产期间，每天安排管理、技术和安检人员进行巡查，对作业区域开展事故隐患排查。

(5) 岗位作业人员作业过程中随时排查事故隐患。

(6) 对治理过程中存在危险的事故隐患治理有安全措施，并落实到位。

(7) 对治理过程危险性较大的事故隐患（指可能危及治理人员及接近治理区人员安全，如爆炸、人员坠落、坠物、冒顶、电击、机械伤人等），应制定现场处置方案，治理过程中现场有专人指挥，并设置警示标识；安检员现场监督。

(8) 采用信息化管理手段，实现对事故隐患排查治理记录统计、过程跟踪、逾期报警、信息上报的信息化管理。

(9) 每年至少组织矿长、分管负责人、副总工程师及安全、采掘、机电运输、通风、地测防治水、冲击地压等科室相关人员和区（队）管理人员进行1次事故隐患排查治理专项培训，且不少于4学时。

(10) 每年至少对入井（坑）岗位人员进行1次事故隐患排查治理基本技能培训，包括事故隐患排查方法、治理流程和要求、所在区（队）作业区域常见事故隐患的识别，且不少于2学时。

(二)《煤矿重大生产安全事故隐患判定标准》(应急管理部令第4号)

露天煤矿边坡角大于设计最大值，或者边坡发生严重变形未及时采取措施进行治理的，属于煤矿重大事故隐患。

(三)《国家矿山安全监察局关于认定露天煤矿重大事故隐患情形的通知》(矿安〔2023〕125号)

根据《煤矿重大事故隐患判定标准》(应急管理部令第4号) 第十八条第十一项"国家矿山安全监察机构认定的其他重大事故隐患"规定，国家矿山安全监察局在《煤矿重大事故隐患判定标准》基础上，认定下列情形为露天煤矿重大事故隐患：

(1) 边坡变形量出现异常变化，未采取措施进行治理，或者出现滑坡征兆，未及时停止作业并撤离人员的。

"边坡变形量出现异常变化"包括边坡明显沉降、严重变形、变形加速等情形。"明显沉降"是指硬岩（岩石饱和单轴抗压强度大于30 MPa）沉降大于或等于10 cm、软岩（岩石饱和单轴抗压强度为5～30 MPa）沉降大于或等于25 cm、极软岩（岩石饱和单轴抗压强度小于或等于5 MPa）沉降大于或等于40 cm等情形。"严重变形"是指边坡出现较大裂缝（30 cm以上），平盘大面积滑落、垮塌或者平盘明显底鼓等情形。"变形加速"是指边坡监测资料显示的边坡位移量在72小时内连续出现加速变化的趋势。"滑坡征兆"包括边坡出现大面积滚石滑落或者裂缝增大、贯通等现象。"裂缝增大、贯通"是指采场边坡裂缝长度达到200 m及以上且高度超过3个台阶，排土场边坡裂缝长度达到500 m及以上且高度超过3个台阶的情形。

（2）边坡角大于设计最大值，或者台阶高度严重超高、平盘宽度严重不足的。

"台阶高度严重超高"是指采场、排土场单个台阶高度大于设计值的2倍及以上。"平盘宽度严重不足"是指正常工作的平盘宽度不足设计值1/2的，不包括临时到界平盘和已到界平盘。

（3）边坡监测系统不能正常运行，监测内容不全面，监测范围未做到全覆盖的，或者关闭、破坏边坡监测系统，隐瞒、篡改、销毁边坡监测数据、信息的。

"边坡监测系统不能正常运行"是指边坡监测系统因故障不能发挥应有监控、监测作用，且未采用人工监测等补救措施的。"监测内容不全面"是指缺少表面变形、裂缝、隆起其中任何一项的。"监测范围未做到全覆盖"是指未覆盖采场、排土场全部区域（包括采场端帮和工作帮边坡、排土场到界边坡和工作帮边坡）。

（4）在高温区和自然发火区爆破时未采取措施的。"未采取措施"是指未采取下列措施中任何一项的：测试孔内温度；有明火的炮孔或者孔内温度在80℃以上的高温炮孔采取有效灭火、降温措施；高温孔降温处理合格后方可装药起爆；高温孔应当采用热感度低的炸药，或者将炸药、雷管作隔热包装。

（5）井工转露天开采的煤矿，未探明老空区情况，或者已探明未制定安全措施的。

（6）将采煤工程作为独立工程发包给其他单位或者个人的，或者将剥离工程发包给2家以上单位或者个人的。

"采煤工程"包括坑下煤炭采装、运输全过程，不得作为独立工程对外承包，不得使用劳务派遣工，承包单位完全实现无人驾驶运输的除外。"剥离工程"包括坑下土岩采装、运输、排弃全过程。认定本情形的过渡期至2024年12月31日。

（7）将剥离工程转包或者违法分包的，或者未对剥离工程承包单位的安全生产工作统一协调、管理的，或者未定期进行安全检查的。

"违法分包"是指承包单位将土岩采装、运输、排弃中的任一过程分包给其他单位或个人施工的行为。"未对剥离工程承包单位的安全生产工作统一协调、管理的"，是指未与承包单位签订专门的安全生产管理协议，或者未在承包合同中约定各自的安全生产管理职责，或者与承包单位签订的安全生产管理协议、承包合同中，免除或者转嫁企业安全生产工作统一协调、管理义务的。"未定期进行安全检查"是指未按照安全生产规章制度或者协议、合同中的要求，定期对承包单位进行安全检查，或者发现安全生产问题未督促整改。

第二节 煤矿安全生产技术管理

一、地质保障

(一)《国家矿山安全监察局关于印发〈煤矿地质工作细则〉的通知》(矿安〔2023〕192号)

(1) 煤矿企业总工程师（或技术负责人）、煤矿总工程师具体负责煤矿地质工作的组织实施和技术管理。

(2) 露天煤矿地质类型分为简单、中等、复杂3种类型。

(3) 地质预报应包括露天煤矿滑落层（面）的赋存状态及边坡滑落规律，影响边坡稳定的各种因素及影响程度等，预测边坡稳定性。

(4) 露天煤矿基建过程中应及时开展边坡研究工作，测定与边坡稳定性有关的岩石力学参数，按相关规定对边坡进行动态观测，评价边坡稳定性，开展滑坡、泥石流地质灾害的预测预报及其防治等工作。

(5) 煤矿地质类型每3年应重新确定。

(二)《煤矿安全规程》(应急管理部令第8号)

(1) 当煤矿地质资料不能满足设计需要时，不得进行煤矿设计。

(2) 煤矿必须结合实际情况开展隐蔽致灾地质因素普查或探测工作，并提出报告，由矿总工程师组织审定。

二、矿井地质、水文地质

《国家矿山安全监察局关于印发〈煤矿地质工作细则〉的通知》(矿安〔2023〕192号)

(1) 煤矿地质补充勘探工作应以查明地质构造、煤层厚度及结构、瓦斯赋存规律、水文地质条件、冲击地压危险性和工程地质条件等为主要任务，满足工程设计和安全采掘（剥）要求。

(2) 煤矿地质补充调查与勘探工作应由煤矿企业组织实施，由具有相应地质勘查能力的单位承担，现场工程结束后6个月内提交补充地质勘探报告。补充勘探设计和报告由煤矿企业总工程师组织审批。

(3) 基建煤矿移交生产前6个月，煤矿建设单位应组织编写建矿地质报告，由煤矿企业总工程师组织审批。

（4）基建煤矿移交生产后，应在 3 年内编写生产地质报告，之后每 5 年修编 1 次。生产地质报告由煤矿企业总工程师组织审定。

三、隐蔽致灾地质因素普查或探测

（一）《国家矿山安全监察局关于印发〈煤矿地质工作细则〉的通知》（矿安〔2023〕192 号）

（1）建设煤矿、生产煤矿、资源整合煤矿等应结合未来 3～5 年采掘接续规划，开展隐蔽致灾地质因素普查。

（2）煤矿隐蔽致灾地质因素主要包括：井（矿）田内及周边采空区，废弃老窑（井筒）、封闭不良钻孔、断层、裂隙、褶曲、陷落柱、瓦斯富集区，导水裂隙带、离层空间，地下含水体、地表水体，井下火区，油气及油气井、煤层气井，冲击地压危险性，古河床冲刷带、岩浆岩侵入体、煤（岩）层风氧化带、火烧区、古隆起、天窗、暗河、溶洞等不良地质体，边坡稳定性等。

（3）边坡稳定性普查，应查明露天矿边坡各岩层的岩性、厚度、物理力学性质、水理性质，软弱夹层的层位、厚度、分布及其物理力学特征，软弱结构面与边坡结构面的组合关系等；评价边（护）坡、排（矸）土场及其基底稳定性。煤矿应查明工业广场（露天矿坑）、生活区是否受滑坡、泥石流等地质灾害影响。煤矿应查明井（矿）田内因采矿引起的滑坡、泥石流等次生地质灾害。

（4）煤矿隐蔽致灾地质因素普查每 3 年开展 1 次。因地质条件发生变化导致较大以上事故发生的煤矿，应加大普查频次。煤矿应当根据隐蔽致灾地质因素普查情况编写报告。

（二）《国家煤矿安全监察局关于印发〈煤矿安全生产标准化管理体系考核定级办法（试行）〉和〈煤矿安全生产标准化管理体系基本要求及评分方法（试行）〉的通知》（煤安监行管〔2020〕16 号）

煤矿地质类型按"就高不就低"原则进行划分，出现影响煤矿地质类型划分的突水和煤与瓦斯突出等地质条件变化时，在 1 年内重新进行地质类型划分。

（三）《煤矿安全规程》（应急管理部令第 8 号）

煤矿必须结合实际情况开展隐蔽致灾地质因素普查或探测工作，并提出报告，由矿总工程师组织审定。

井工开采形成的老空区威胁露天煤矿安全时，煤矿应当制定安全措施。

当露天煤矿地质资料不能满足建设及生产需要时，必须针对所存在的地质问题开展补充地质勘探工作。

四、安全生产一般规定

(一)《煤矿安全规程》(应急管理部令第 8 号)

(1) 多工种、多设备联合作业时,必须制定安全措施,并符合相关技术标准。

(2) 采用铁路运输的露天采场主要区段的上下平盘之间应当设人行通路或者梯子,并按有关规定在梯子两侧设置安全护栏。

(3) 在露天煤矿内行走的人员必须走人行通路或者梯子。

(4) 严禁非作业人员和车辆未经批准进入作业区。

(5) 采场内有危险的火区、老空区、滑坡区等地点,应当充填或者设置栅栏,并设置警示标志;地面、采场及排土场内临时设置变压器时应当设围栏,配电柜、箱、盘应当加锁,并设置明显的防触电标志;设备停放场、炸药厂、爆炸物品库、油库、加油站和物资仓库等易燃易爆场所,必须设置防爆、防火和危险警示标志;矿山道路必须设置限速、道口等路标,特殊路段设警示标志;汽车运输为左侧通行的,在过渡区段内必须设置醒目的换向标志。

(6) 在下列区域不得建永久性建 (构) 筑物:

①距采场最终境界的安全距离以内。

②爆炸物品库爆炸危险区内。

③不稳定的排土场内。

④爆破、岩体变形、塌陷、滑坡危险区域内。

(7) 机械设备内必须备有完好的绝缘防护用品和工具,并定期进行电气绝缘性能试验,不合格的及时更换。

(8) 采掘、运输、排土等机械设备作业时,严禁检修和维护,严禁人员上下设备。

移动设备应当在平盘安全区内走行或者停留,否则必须采取安全措施。

(9) 设备走行道路和作业场地坡度不得大于设备允许的最大坡度,转弯半径不得小于设备允许的最小转弯半径。

(10) 遇到特殊天气状况时,必须遵守下列规定:

①在大雾、雨雪等能见度低的情况下作业时,必须制定安全技术措施。

②暴雨期间,处在有水淹或者片帮危险区域的设备,必须撤离到安全地带。

③遇有 6 级及以上大风时禁止露天起重和高处作业。

④遇有 8 级及以上大风时禁止轮斗挖掘机、排土机和转载机作业。

(11) 作业人员在 2m 及以上的高处作业时,必须系安全带或者设置安全网。

(二)《煤炭工业露天矿设计规范》(GB 50197—2015)

(1) 露天煤矿年设计生产能力应划分为特大型、大型、中型和小型,类型划分标准应符合下列规定:

①特大型露天煤矿设计生产能力应等于或大于 20 Mt/a。

②大型露天煤矿设计生产能力应等于或大于 4 Mt/a 至小于 20 Mt/a。

③中型露天煤矿设计生产能力应等于或大于 1 Mt/a 至小于 4 Mt/a。

④小型露天煤矿设计生产能力应小于 1 Mt/a。

(2) 对剥离量大、煤岩流向分散或分区开采的露天煤矿宜采用多出入沟开拓运输方式。

露天煤矿采区过渡方式,应根据地质地形条件、开采工艺和工业场地位置等因素,经多方案比较确定,宜采用重新拉沟过渡、缓帮过渡或扇形过渡。

(3) 采掘场最终边坡服务年限大于 20 年时,稳定系数范围为 1.3~1.5。

五、钻孔爆破

(一)《煤矿安全规程》(应急管理部令第 8 号)

(1) 露天煤矿钻孔、爆破作业必须编制钻孔、爆破设计及安全技术措施,并经矿总工程师批准。钻孔、爆破作业必须按设计进行。爆破前应当绘制爆破警戒范围图,并实地标出警戒点的位置。

(2) 钻凿坡顶线第一排孔时,钻孔设备应当垂直于台阶坡顶线或者调角布置(夹角应当不小于 45°);有顺层滑坡危险区的,必须压碴钻孔;钻凿坡底线第一排孔时,应当有专人监护。

(3) 钻孔设备在有采空区的工作面钻孔时,必须制定安全技术措施,并在专业人员指挥下进行。

(4) 爆破后剩余的爆炸物品,必须当天退回爆炸物品库,严禁私自存放和销毁。

(5) 爆炸物品车到达爆破地点后,爆破区域负责人应当对爆炸物品进行检查验收,无误后双方签字。

在爆破区域内放置和使用爆炸物品的地点,20 m 以内严禁烟火,10 m 以内严禁非工作人员进入。

(6) 炮孔装药和充填必须遵守下列规定:

①装药前在爆破区边界设置明显标志,严禁与工作无关的人员和车辆进入爆破区。

②装药时,每个炮孔同时操作的人员不得超过 3 人。

③机械化装药时由专人现场指挥。

④装药完成撤出人员后方可连接起爆网络。

（7）爆破安全警戒必须遵守下列规定：

①必须有安全警戒负责人，并向爆破区周围派出警戒人员。

②爆破区域负责人与警戒人员之间实行"三联系制"。

③因爆破中断生产时，立即报告矿调度室，采取措施后方可解除警戒。

（8）起爆前，必须将所有人员撤至安全地点。接触爆炸物品的人员必须穿戴抗静电保护用品。

（9）爆破作业必须在白天进行，严禁在雷雨时进行；严禁裸露爆破。

（二）《国家煤矿安全监察局关于印发〈煤矿安全生产标准化管理体系考核定级办法（试行）〉和〈煤矿安全生产标准化管理体系基本要求及评分方法（试行）〉的通知》(煤安监行管〔2020〕16号)

（1）露天煤矿钻孔标准化技术管理要求钻孔位置有明显标志，1个钻孔区留设的出入口不得多于2个。

（2）露天煤矿钻孔标准化钻机安全管理要求钻机在钻孔时钻机应稳固并调平后方可作业，钻孔时无扬尘，有扬尘时应配备除尘设施。

（三）《爆破安全规程》(GB 6722—2014)

（1）露天爆破装药前，应与当地气象、水文部门联系，及时掌握气象、水文资料。

（2）雷雨天禁止任何露天起爆网路连接作业，正在实施的起爆网路连接作业应立即停止，人员迅速撤至安全地点。

（3）敷设起爆网路应由有经验的爆破员或爆破技术人员实施，并实行双人作业制。

（4）同一起爆网路，应使用同厂、同批、同型号的电雷管。

（5）炸药运入警戒区后，应迅速分发到各装药孔口或装药硐口，不应在警戒区临时集中堆放大量炸药，不得将起爆器材、起爆药包和炸药混合堆放。

（6）爆破装药现场不得用明火照明。

（7）各种爆破作业都应按设计药量装药并做好装药原始记录。

（8）深孔和浅孔爆破装药后都应进行填塞，禁止使用无填塞爆破。

六、采装

（一）《煤矿安全规程》(应急管理部令第8号)

（1）最小工作平盘宽度，必须保证采掘、运输设备的安全运行和供电通信线路、供排水系统、安全挡墙等的正常布置。

(2) 单斗挖掘机行走和升降段应当符合下列要求：
①行走前检查行走机构及制动系统。
②挖掘机升降段或者行走距离超过300 m时，必须设专人指挥；行走时，主动轴应当在后，悬臂对正行走中心，及时调整方向，严禁原地大角度扭车。
③挖掘机升降段之前应当预先采取防止下滑的措施。爬坡时，不得超过挖掘机规定的最大允许坡度。
(3) 轮斗挖掘机作业和行走线路处于饱和台阶上时，必须有疏排水措施，否则严禁作业和行走。
(4) 挖掘机采装的台阶高度应当符合下列要求：
①不需要爆破的岩土台阶高度不得大于最大挖掘高度。
②需爆破的煤、岩台阶，爆破后爆堆高度不得大于最大挖掘高度的1.1~1.2倍，台阶顶部不得有悬浮大块。
③上装车台阶高度不得大于最大卸载高度与运输容器高度及卸载安全高度之和的差。
(5) 单斗挖掘机向列车装载时，必须遵守下列规定：
①列车驶入工作面100 m内，驶出工作面20 m内，挖掘机必须停止作业。
②物料最大块度不得超过3 m³。
(6) 单斗挖掘机向矿用卡车装载时，应当遵守下列规定：
①勺斗容积和物料块度与卡车载重相适应。
②单面装车作业时，只有在挖掘机司机发出进车信号，卡车开到装车位置停稳并发出装车信号后，方可装车。双面装车作业时，正面装车卡车可提前进入装车位置；反面装车应当由勺斗引导卡车进入装车位置。
③挖掘机不得跨电缆装车。
④装载第一勺斗时，不得装大块；卸料时尽量放低勺斗，其插销距车厢底板不得超过0.5 m。严禁高吊勺斗装车。
⑤装入卡车里的物料超出车厢外部、影响安全时，必须妥善处理后，才准发出车信号。
⑥装车时严禁勺斗从卡车驾驶室上方越过。
⑦装入车内的物料要均匀，严禁单侧偏装、超装。
(7) 单斗挖掘机向自移式破碎机装载时，应当遵守下列规定：
①卸载时，勺斗底板下缘距受料斗不得超过0.8 m。严禁高吊铲斗卸载。
②自移式破碎机突出部位距单斗挖掘机机尾回转范围距离不得小于1.0 m。
(8) 操作单斗挖掘机或者反铲时，必须遵守下列规定：

①严禁用勺斗载人、砸大块和起吊重物。

②勺斗回转时,必须离开采掘工作面,严禁跨越接触网。

③在回转或者挖掘过程中,严禁勺斗突然变换方向。

④遇坚硬岩体时,严禁强行挖掘。

⑤反铲上挖作业时,应当采取安全技术措施。下挖作业时,履带不得平行于采掘面。

⑥严禁装载铁器等异物和拒爆的火药、雷管等。

(9) 公路运输时,2台以上单斗挖掘机在同一台阶或者相邻上、下台阶作业,两者间距不得小于最大挖掘半径的2.5倍,并制定安全措施。

(10) 挖掘机在挖掘过程中有下列情况之一时,必须停止作业,撤到安全地点,并报告调度室检查处理:

①发现台阶崩落或者有滑动迹象。

②工作面有伞檐或者大块物料。

③暴露出未爆炸药包或者雷管。

④遇塌陷危险的采空区或者自然发火区。

⑤遇有松软岩层,可能造成挖掘机下沉或者掘沟遇水被淹。

⑥发现不明地下管线或者其他不明障碍物。

(11) 单斗挖掘机雨天作业电缆发生故障时,应当及时向矿调度室报告。故障排除后,确认柱上开关无电时,方可停送电。

(12) 破碎站设置应当遵守下列规定:

①避开沉降、塌陷、滑坡危险的不良地段。

②卸车平台应当便于卸载、调车。

③卸车平台应当设矿用卡车卸料的安全限位车挡及防止物料滚落的安全防护挡墙。

④卸车平台应当有良好的照明系统,并有卸料指示信号安全装置。

(13) 清理破碎机堵料时,必须采取防止系统突然启动的安全保护措施。

(14) 自移式破碎机必须设置卸料臂防撞检测、过负荷保护和各旋转部件防护装置。

(二)《国家煤矿安全监察局关于印发〈煤矿安全生产标准化管理体系考核定级办法(试行)〉和〈煤矿安全生产标准化管理体系基本要求及评分方法(试行)〉的通知》(煤安监行管〔2020〕16号)

(1) 露天煤矿单斗挖掘机采装标准化采装平盘工作面要求帮面齐整,在30 m之内误差不超过2.0 m。

露天煤矿单斗挖掘机采装标准化采装平盘工作面要求底面平整,在 30 m 之内,需爆破的岩石平盘误差不超过 1.0 m。

露天煤矿单斗挖掘机采装标准化采装平盘工作面要求工作面坡顶不出现 0.5 m 及以上的伞檐。

(2) 露天煤矿单斗挖掘机采装标准化采装设备操作管理要求装车质量以月末测量验收为准,装车统计量与验收量之间的误差在 5% 以内。

(3) 露天煤矿机电标准化挖掘机电气部分要求电缆尾杆长度应适当,以防转向和倒车时压伤电缆。

(4) 露天煤矿带式输送机/破碎站运输标准化安全管理要求带式输送机运输设备准备运转前,司机检查设备并确认无危险及设备和人身安全的情况,向集控调度汇报后方可启动设备。

带式输送机运输设备 2 次启动间隔时间不少于 5 min。

(三)《煤炭工业露天矿设计规范》(GB 50197—2015)

采掘场运输平盘或安全平盘的宽度,应根据风化岩石在平盘上的堆积宽度及运输设备要求和岩石风化后的自然安息角确定。对坚硬岩石尚应根据大块岩石在平盘上的滚落距离确定平盘宽度。安全平盘的宽度不应小于 3 m,且应每隔 2~3 个安全平盘设一个清扫平盘,清扫平盘的宽度应按清扫方式及运输设备要求确定。

七、运输

(一)《煤矿安全规程》(应急管理部令第 8 号)

(1) 最小工作平盘宽度,必须保证采掘、运输设备的安全运行和供电通信线路、供排水系统、安全挡墙等的正常布置。

(2) 单斗挖掘机行走和升降段应当符合下列要求:

①行走前检查行走机构及制动系统。

②挖掘机升降段或者行走距离超过 300 m 时,必须设专人指挥;行走时,主动轴应当在后,悬臂对正行走中心,及时调整方向,严禁原地大角度扭车。

③挖掘机升降段之前应当预先采取防止下滑的措施。爬坡时,不得超过挖掘机规定的最大允许坡度。

(3) 挖掘机采装的台阶高度应当符合下列要求:

①不需爆破的岩土台阶高度不得大于最大挖掘高度。

②需爆破的煤、岩台阶,爆破后爆堆高度不得大于最大挖掘高度的 1.1~1.2 倍,台阶顶部不得有悬浮大块。

(4) 上装车台阶高度不得大于最大卸载高度与运输容器高度及卸载安全高度之和的差。

(5) 单斗挖掘机尾部与台阶坡面、运输设备之间的距离不得小于1m。停止作业时,上下设备梯子应当背离台阶。

(6) 单斗挖掘机向列车装载时,必须遵守下列规定:

①列车驶入工作面100 m内,驶出工作面20 m内,挖掘机必须停止作业。

②物料最大块度不得超过3 m^3。

(7) 单斗挖掘机向矿用卡车装载时,应当遵守下列规定:

①勺斗容积和物料块度与卡车载重相适应。

②单面装车作业时,只有在挖掘机司机发出进车信号,卡车开到装车位置停稳并发出装车信号后,方可装车。双面装车作业时,正面装车卡车可提前进入装车位置;反面装车应当由勺斗引导卡车进入装车位置。

③挖掘机不得跨电缆装车。

④装载第一勺斗时,不得装大块;卸料时尽量放低勺斗,其插销距车厢底板不得超过0.5 m。严禁高吊勺斗装车。

⑤装入卡车里的物料超出车厢外部、影响安全时,必须妥善处理后,才准发出车信号。

⑥装车时严禁勺斗从卡车驾驶室上方越过。

⑦装入车内的物料要均匀,严禁单侧偏装、超装。

(8) 单斗挖掘机向自移式破碎机装载时,应当遵守下列规定:

①卸载时,勺斗底板下缘距受料斗不得超过0.8 m。严禁高吊铲斗卸载。

②自移式破碎机突出部位距单斗挖掘机机尾回转范围距离不得小于1.0 m。

(9) 操作单斗挖掘机或者反铲时,必须遵守下列规定:

①严禁用勺斗载人、砸大块和起吊重物。

②勺斗回转时,必须离开采掘工作面,严禁跨越接触网。

③在回转或者挖掘过程中,严禁勺斗突然变换方向。

④遇坚硬岩体时,严禁强行挖掘。

⑤反铲上挖作业时,应当采取安全技术措施。下挖作业时,履带不得平行于采掘面。

⑥严禁装载铁器等异物和拒爆的火药、雷管等。

(10) 公路运输时,2台以上单斗挖掘机在同一台阶或者相邻上、下台阶作业,两者间距不得小于最大挖掘半径的2.5倍,并制定安全措施。

(11) 挖掘机在挖掘过程中有下列情况之一时,必须停止作业,撤到安全地点，并报告调度室检查处理：

①发现台阶崩落或者有滑动迹象。

②工作面有伞檐或者大块物料。

③暴露出未爆炸药包或者雷管。

④遇塌陷危险的采空区或者自然发火区。

⑤遇有松软岩层，可能造成挖掘机下沉或者掘沟遇水被淹。

⑥发现不明地下管线或者其他不明障碍物。

（12）单斗挖掘机雨天作业电缆发生故障时，应当及时向矿调度室报告。故障排除后，确认柱上开关无电时，方可停送电。

（13）破碎站设置应当遵守下列规定：

①避开沉降、塌陷、滑坡危险的不良地段。

②卸车平台应当便于卸载、调车。

③卸车平台应当设矿用卡车卸料的安全限位车挡及防止物料滚落的安全防护挡墙。

④卸车平台应当有良好的照明系统，并有卸料指示信号安全装置。

（14）清理破碎机堵料时，必须采取防止系统突然启动的安全保护措施。

（15）自移式破碎机必须设置卸料臂防撞检测、过负荷保护和各旋转部件防护装置。

（二）《国家煤矿安全监察局关于印发〈煤矿安全生产标准化管理体系考核定级办法（试行）〉和〈煤矿安全生产标准化管理体系基本要求及评分方法（试行）〉的通知》(煤安监行管〔2020〕16号)

（1）露天煤矿单斗挖掘机采装标准化采装平盘工作面要求帮面齐整，在30 m之内误差不超过2.0 m。

露天煤矿单斗挖掘机采装标准化采装平盘工作面要求底面平整，在30 m之内，需爆破的岩石平盘误差不超过1.0 m。

露天煤矿单斗挖掘机采装标准化采装平盘工作面要求工作面坡顶不出现0.5m及以上的伞檐。

（2）露天煤矿单斗挖掘机采装标准化采装设备操作管理要求装车质量以月末测量验收为准，装车统计量与验收量之间的误差在5%以内。

（3）露天煤矿机电标准化挖掘机电气部分要求电缆尾杆长度应适当，以防转向和倒车时压伤电缆。

八、排土

(一)《煤矿安全规程》(应急管理部令第8号)

(1) 排土场位置选定后,应当进行地质测绘和工程、水文地质勘探,以确定排土参数。

(2) 当出现滑坡征兆或者其他危险时,必须停止排土作业,采取安全措施。

(3) 单斗挖掘机排土应当遵守下列规定:

①受土坑的坡面角不得大于70°,严禁超挖。

②挖掘机至站立台阶坡顶线的安全距离:

(a) 台阶高度 10 m 以下为 6 m。

(b) 台阶高度 11～15 m 为 8 m。

(c) 台阶高度 16～20 m 为 11 m。

(d) 台阶高度超过 20 m 时必须制定安全措施。

(4) 矿用卡车排土场及排弃作业应当遵守下列规定:

①排土场卸载区,必须有连续的安全挡墙,车型小于 240 t 时安全挡墙高度不得低于轮胎直径的 0.4 倍,车型大于 240 t 时安全挡墙高度不得低于轮胎直径的 0.35 倍。不同车型在同一地点排土时,必须按最大车型的要求修筑安全挡墙,特殊情况下必须制定安全措施。

②排土工作面向坡顶线方向应当保持 3%～5% 的反坡。

③卸载物料时,矿用卡车应当垂直排土工作线;严禁高速倒车、冲撞安全挡墙。

(5) 推土机、装载机排土严禁以高速冲击的方式铲推物料。

(6) 排土场卸载区应当有通信设施或者联络信号,夜间应当有照明。

(二)《国家煤矿安全监察局关于印发〈煤矿安全生产标准化管理体系考核定级办法(试行)〉和〈煤矿安全生产标准化管理体系基本要求及评分方法(试行)〉的通知》(煤安监行管〔2020〕16号)

(1) 露天煤矿矿用卡车/铁路排土场标准化排土工作面规格参数管理要求作业平盘平整,50 m 范围内误差不超过 0.5 m。

矿用卡车排土场排土时,排土线顶部边缘整齐,50 m 范围内误差不超过 2.0 m。

铁路排土场排土工作面线路中心至受土坑坡顶距离雨季不小于 1.9 m。

(2) 露天煤矿矿用卡车/铁路排土场标准化排土作业管理要求矿用卡车排土工作线至少保证 2 台卡车能同时排土作业。

(3) 露天煤矿矿用卡车/铁路排土场标准化安全管理要求最终边界的坡底沿征用土地的界限至少修筑 1 道安全挡墙。

最终边界到界前 100 m，应采取措施提高边坡的稳定性。

(三)《煤炭工业露天矿设计规范》(GB 50197—2015)

排土场总容量应留有 10% 的备用量。

九、边坡

《煤矿安全规程》(应急管理部令第 8 号) 规定，露天煤矿边坡应当符合下列规定：

(1) 露天煤矿应当进行专门的边坡工程、地质勘探工程和稳定性分析评价。

应当定期巡视采场及排土场边坡，发现有滑坡征兆时，必须设明显标志牌。对设有运输道路、采运机械和重要设施的边坡，必须及时采取安全措施。

发生滑坡后，应当立即对滑坡区采取安全措施，并进行专门的勘查、评价与治理工程设计。

(2) 非工作帮形成一定范围的到界台阶后，应当定期进行边坡稳定分析和评价，对影响生产安全的不稳定边坡必须采取安全措施。

(3) 工作帮边坡在临近最终设计的边坡之前，必须对其进行稳定性分析和评价。当原设计的最终边坡达不到稳定的安全系数时，应当修改设计或者采取治理措施。

(4) 露天煤矿的长远和年度采矿工程设计，必须进行边坡稳定性验算。达不到边坡稳定要求时，应当修改采矿设计或者制定安全措施。

(5) 采场最终边坡管理应当遵守下列规定：

①采掘作业必须按设计进行，坡底线严禁超挖。

②临近到界台阶时，应当采用控制爆破。

③最终煤台阶必须采取防止煤风化、自然发火及沿煤层底板滑坡的措施。

(6) 排土场边坡管理必须遵守下列规定：

①定期对排土场边坡进行稳定性分析，必要时采取防治措施。

②内排土场建设前，查明基底形态、岩层的赋存状态及岩石物理力学性质，测定排弃物料的力学参数，进行排土场设计和边坡稳定计算，清除基底上不利于边坡稳定的松软土岩。

③内排土场最下部台阶的坡底与采掘台阶坡底之间必须留有足够的安全距离。

④排土场必须采取有效的防排水措施，防止或者减少水流入排土场。

十、防治水和防灭火

(一)《煤矿安全规程》(应急管理部令第 8 号)

(1) 露天煤矿内的采掘、运输、排土等主要设备,必须配备灭火器材,并定期检查和更换。

(2) 开采有自然发火倾向的煤层或者开采范围内存在火区时,必须制定防灭火措施。

(二)《国家煤矿安全监察局关于印发〈煤矿防治水细则〉的通知》(煤安监调查〔2018〕14 号)

(1) 煤矿防治水工作应当坚持预测预报、有疑必探、先探后掘、先治后采的原则,根据不同水文地质条件,采取探、防、堵、疏、排、截、监等综合防治措施。

(2) 煤矿企业、煤矿的总工程师(技术负责人)负责防治水的技术管理工作。

(3) 煤矿防治水应当做到"一矿一策、一面一策"。

(4) 露天煤矿应当制定防治水中长期规划,对地下水、地表水和降水可能对排土场、工业广场、采场等区域造成的危害进行风险评估;应当在每年年初制定防排水计划和措施,由煤矿企业负责人审批。雨季前必须对防排水设施作全面检查,并完成防排水设施检修。新建的重要防排水工程必须在雨季前完工。

(5) 露天煤矿各种设施要充分考虑当地历史最高洪水位的影响,对低于当地历史最高洪水位的设施,必须按规定采取修筑堤坝沟渠、疏通水沟等防洪措施,矿坑内必须形成可靠排水系统。

(6) 露天煤矿地表及边坡上的防排水设施,应当避开有滑坡危险的地段;当采场内有滑坡区时,应当在滑坡区周围采取设置截水沟等措施。排水沟应当经常检查、清淤,不应渗漏、倒灌或者漫流;当水沟经过有变形、裂缝的边坡地段时,应当采取防渗措施。排土场应当保持平整,不得有积水,周围应当修筑可靠的截泥、防洪或者排水设施。

(7) 用露天采场深部做储水池排水时,必须采取安全措施,备用水泵的能力不得小于工作水泵能力的 50%。

(8) 地层含水影响采矿工程正常进行时,应当进行疏干,当疏干不可行,可以采取帷幕注浆截流等措施,疏干、帷幕注浆截流等工程应当超前于采矿工程。在矿床疏干漏斗范围内,如果地面出现裂缝、塌陷时,应当圈定范围加以防护、设置警示标志,并采取安全措施;(半)地下疏干泵房应当设通风装置。

(9) 受地下水影响较大和已进行疏干排水工程的边坡,应当施工水文观测孔,进行地下水位、水压及矿坑涌水量的观测,分析地下水对边坡稳定的影响程度及疏干的效果，并制定地下水治理措施。

（10）排土场进行排弃时，底部应当排弃易透水的大块岩石，确保排土场正常渗流。对含有泉眼、冲沟等水文地质条件复杂的排土场，应当采用引水隧道、暗涵、盲沟等工程措施，确保排土场排水畅通。因地下水水位升高，可能造成排土场或者采场滑坡时，必须进行地下水疏干。

（11）露天煤矿采排场周围存在地表河流、水库或者地下水体，且水体难以疏干，应当进行专门的水文地质勘探，确定含水区域准确边界，进行专门设计，确定防隔水煤（岩）柱尺寸，并定期对水位水情进行观测，分析防隔水煤（岩）柱稳定情况。

（三）《国家煤矿安全监察局关于印发〈煤矿安全生产标准化管理体系考核定级办法（试行）〉和〈煤矿安全生产标准化管理体系基本要求及评分方法（试行）〉的通知》（煤安监行管〔2020〕16号）

露天煤矿疏干排水标准化疏干排水系统要求排水泵电源控制柜设置在储水池上部台阶，加高基础，远离低洼处，避免洪水淹没和冲刷。

（四）《煤炭工业露天矿设计规范》（GB 50197—2015）

（1）地下水对采掘、运输、排土有安全影响和地下水对边坡或煤层底板稳定有安全影响时，应采取疏干或堵截等控制措施。

（2）当采用疏干方式降低地下水位时，应根据采掘进度采取超前降低水位的措施。

（3）含水层原始流场水位应根据观测资料确定，连续观测时间不应少于一个水文年。

（4）降水孔排水泵的排水能力，应按一昼夜运转24 h计算。降水孔的数量应为排水量计算的降水孔数量的1.2倍。降水孔排水泵的备用及检修台数，应为工作台数的40%~50%；当工作台数小于10台时，不应小于工作台数的50%。

（5）为防止采掘场受洪水威胁，应根据地形条件设置地面防洪系统。自流排水方式安全可靠，施工、管理和维护较方便，应优先选用。

排水泵站随采掘平盘降深移动的排水方式为半固定站排水方式。

采掘场排水计算的暴雨重现期，中型露天煤矿不应低于20a。

（6）在采掘场、排土场范围内，应对自然纵坡较大的冲沟修筑临时拦水坝。其标准可按预计的剥离、排土计划确定。在积水不能自然蒸发的情况下，可采用移动泵站分散疏导。

（7）采掘场排水应采用防、排、储及其组合的方式。当有地形高差时，应采用自流排水方式。

十一、电气

(一)《煤矿安全规程》(应急管理部令第 8 号)

(1) 采场内的主排水泵站必须设置备用电源,当供电线路发生故障时,备用电源必须能担负最大排水负荷。

(2) 变(配)电设施、油库、爆炸物品库、高大或者易受雷击的建筑,必须装设防雷电装置,每年雨季前检验 1 次。

(3) 采场必须选用户外型电气设备,所有高、低压电气设备裸露导电体必须有安全防护。

(4) 在同一地点安装不同照明电压等级的电源插座时,应当有明显区别标志。

(5) 必须配置能够覆盖整个开采范围的无线对讲系统,有基站的必须配备不间断电源,同时配置其他的有线或者无线应急通信系统;调度室与附近急救中心、消防机构、上级生产指挥中心的通信联系必须装设有线电话。

(6) 吊装作业必须遵守下列规定:

①吊装作业区四周设置明显标志,夜间作业有足够的照明。

②严禁超载吊装和起吊重量不明的物体;严禁使用一根绳索挂 2 个吊点;严禁绳索与棱角直接接触。

③2 台及以上起重机起吊同一物体时,负载分配应当合理,单机载荷不得超过额定起重量的 80%。

(7) 高处作业必须遵守下列规定:

①使用登高工具和安全用具。

②使用梯子时,支承必须牢固,并有防滑措施,严禁垫高使用。

③采取可靠的防止人员坠落措施,有条件时应当设置防护网或者防护围栏。

④人员站立位置及扶手采取防滑措施。

⑤防止物体坠落,严禁抛掷工具和器材。

⑥在有坠落危险的下方严禁其他人员停留或者作业。

(二)《国家煤矿安全监察局关于印发〈煤矿安全生产标准化管理体系考核定级办法(试行)〉和〈煤矿安全生产标准化管理体系基本要求及评分方法(试行)〉的通知》(煤安监行管〔2020〕16 号)

(1) 煤矿调度和地面设施标准化调度信息化要求调度工作台电话录音保存时间不少于 3 个月。

(2) 露天煤矿机电标准化供电管理要求变电站应设有供电监控系统。

第三节 应 急 救 援

《煤矿安全规程》(应急管理部令第8号)规定,露天煤矿应急救援时应遵守下列规定。

(1) 处理灾变事故时,应当撤出灾区所有人员,准确统计坑下人数,严格控制入坑人数;组织人力、调配装备和物资参加抢险救援,做好后勤保障工作。

(2) 露天煤矿应当向矿山救护队提供采剥、排土工程平面图和运输系统图、防排水系统图及排水设备布置图、井工老空区与露天矿平面对照图,以及应急救援预案。提供的上述图纸和资料应当真实、准确,且至少每季度为救队更新一次。

(3) 处理露天矿边坡和排土场滑坡事故时,应当遵守下列规定:

①在事故现场设置警戒区域和警示牌,禁止人员进入警戒区域。

②救援人员和抢险设备必须从滑体两侧安全区域实施救援。

③应当对滑体进行观测,发现有威胁救援人员安全的情况时立即撤离。

第二篇 专业知识

第一章 井工煤矿各级负责人专业知识

第一节 董事长（党总支书记）安全生产责任制

生产经营单位主要负责人是本单位安全生产第一责任人，对本单位的安全生产工作全面负责。履行下列职责：

(1) 建立健全并落实本单位全员安全生产责任制。

(2) 组织制定并实施安全生产管理制度和安全操作规程。

(3) 研究确定分管安全生产的负责人、技术负责人，依法设置安全生产管理机构或者配备安全生产管理人员，落实本单位业务管理机构和部门的安全职能并配备相应人员。

(4) 每月研究安全生产工作，每年向职工代表大会或者职工大会、股东大会报告安全生产情况。

(5) 保证安全生产投入的有效实施。

(6) 组织建立并落实安全风险分级管控和隐患排查治理双重预防工作机制。

(7) 组织制定并实施本单位安全生产教育和培训计划。

(8) 组织开展安全生产标准化建设，加强安全文化建设和班组安全建设。

(9) 组织制定并实施生产安全事故应急救援预案。

(10) 按规定报告生产安全事故。

(11) 法律、法规、规章规定的其他职责。

第二节　总经理安全生产责任制

（1）负责党和国家的安全生产方针、政策、法律、法规以及上级有关安全方面的指令、决议、通知、规定的贯彻落实，建立健全公司安全生产管理体系。

（2）建立健全并落实本单位全员安全生产责任制，协助董事长推进本单位安全生产标准化建设工作。

（3）组织落实公司安全生产方针，编制本单位安全规章制度，组织编制和实施中长期安全发展规划和年度安全生产工作计划。

（4）建立健全和完善公司各项安全生产管理制度及奖惩办法。

（5）组织制定并落实本单位安全生产教育和培训计划，强化安全教育培训，增强员工的安全生产意识及安全操作技能。

（6）深入现场，掌握安全动态，定期主持召开公司安委会会议，对安全方面存在的重大问题及时研究处理解决。

（7）执行上级有关安全技措资金提取和管理办法，切实保障安全投入，不断改善劳动条件。

（8）负责制定并监督实施生产安全事故应急救援预案，按规定提取安全专项资金，保证安全生产投入的有效实施。

（9）按照国家有关规定，及时如实向上级主管部门报告生产安全事故，对事故报告的及时性、准确性、完整性负领导责任。

（10）建立健全安全风险分级管控和事故隐患排查治理双重预防工作机制，督促、检查本单位安全生产工作，及时消除生产安全事故隐患。

（11）按照《煤矿领导带班下井及安全监督检查规定》，执行煤矿领导带班制度，跟踪重大安全风险管控措施落实情况，发现问题及时整改。

（12）定期向员工报告安全生产工作，接受员工对安全生产工作的监督。

（13）对本单位职业卫生工作负全面责任，加强公司职业危害治理工作。

（14）保证安全资金投入，根据需要推广和应用安全生产新技术、新装备、新工艺。

（15）依法依规组织生产或建设，杜绝超层越界开采和超能力、超强度、超定员组织生产行为；负责按照矿井核定生产能力组织生产。

（16）组织各类事故的内部调查；指挥事故抢险救援，发生事故和灾害时，负责启动事故应急预案。

（17）配合董事长安排部署和监督落实职业病危害防治工作。

(18) 履行法律法规规定的其他安全生产职责。

第三节　总工程师安全生产责任制

(1) 总工程师全面负责技术管理工作，是矿井安全生产技术管理的第一责任者，负责本矿采掘生产技术、地测防治水等工作。

(2) 协助董事长认真贯彻执行党和国家有关技术方针政策，遵守国家法律法规。

(3) 负责组织制定和审查矿井事故应急救援预案和灾害预防与处理计划，协助董事长组织事故的抢险救灾工作。

(4) 组织编写、审批作业规程，各工种操作规程、有关各项安全措施，编制矿井的安全生产规划、年度生产计划。

(5) 每年对矿井安全避险系统开展有效性评估，对井下紧急避险设施的布局、类型、技术性能制定设计并审批。

(6) 组织学习引进先进技术，组织科技交流和技术攻关，推广应用先进科技成果，不断提高安全生产的管理水平。

(7) 协助董事长开展分管范围内的安全生产标准化工作，负责分管范围内的安全风险分级管控与隐患排查治理工作以及职业病危害防治工作。

(8) 按照《煤矿领导带班下井及安全监督检查规定》要求，严格执行煤矿领导带班制度。

(9) 组织编制矿井隐蔽致灾地质因素普查或探测工作报告并组织审定，编制矿井地质报告、矿井地质类型和水文地质类型划分报告、地质或水文地质补勘报告；组织编制并实施瓦斯防治和防治水"一矿一策、一面一策"；组织编制并实施矿井采区设计。

(10) 参加安全生产办公会议，每月组织召开生产技术例会，研究解决技术上存在的难题。

(11) 负责督促副总工程师及分管职能部门做好分管范围内的安全技术管理工作。

(12) 负责分管范围内职业病危害防治工作并监督作业现场职业病危害防治措施落实情况。

(13) 履行法律法规规定的其他安全生产职责。

第四节　安全副总经理安全生产责任制

（1）安全副总经理负责全矿安全生产监督管理工作，是安全管理、监督、检查、教育培训、职业病危害防治的主要负责人。

（2）积极配合董事长开展安全管理工作，在安全管理、监督、检查过程中认真贯彻执行党和国家的安全生产方针、政策和有关安全工作的指令。

（3）组织制定安全生产规章制度、安全操作规程、安全生产责任制、安全事故应急救援预案和灾害预防与处理计划。

（4）按照《煤矿领导带班下井及安全监督检查规定》要求，严格执行煤矿领导带班制度。

（5）组织开展安全生产标准化达标建设工作，并按照职责分工做好分管范围内事故隐患治理方案制定和落实工作。

（6）负责建立健全安全风险分级管控制度，按照安全风险等级制定相应的管控措施，并监督落实情况。

（7）建立健全并落实本单位生产安全事故隐患排查治理制度，采取技术、管理措施，及时发现并消除事故隐患。

（8）组织开展安全生产大检查、安全生产标准化检查，监督检查安全生产责任制落实情况。

（9）全面负责职业病危害防治工作，参与编制本公司职业病的管理制度、管理人员和职业病危害防治责任制，并监督实施。

（10）参加安全生产办公会议，定期召开安全专业会议，研究解决重大安全问题。

（11）监督落实安全费用提取和使用情况。

（12）参与事故抢险救援和事故现场调查。

（13）负责落实安全生产监管监察指令，并及时反馈，受理、查处安全生产举报事项。

（14）履行法律法规规定的其他安全生产职责。

第五节　生产副总经理安全生产责任制

（1）生产副总经理在董事长的领导下负责采掘安全生产工作。

（2）在日常生产过程中，必须遵守国家有关安全生产的法律、法规、规章、标准。

(3) 参与审定矿安全生产责任制和安全管理规章制度。

(4) 杜绝矿井超层越界开采和超能力、超强度、超定员组织生产。

(5) 负责组织采煤工作面准入验收工作。

(6) 按照《煤矿领导带班下井及安全监督检查规定》要求，严格执行煤矿领导带班制度。

(7) 组织开展采掘系统、调度安全生产标准化工作，落实安全生产标准化中安全风险分级管控和事故隐患排查治理分管业务范围内的相关工作要求。

(8) 监督检查日常安全生产调度工作。

(9) 参与审查安全生产规划、年度生产建设计划等中长期规划，合理组织生产。

(10) 定期组织召开生产例会，掌握安全生产动态并积极组织处理生产中存在的问题。

(11) 参与制定生产安全事故应急救援预案和灾害预防与处理计划，参与事故抢险救援。

(12) 组织制定分管业务范围内职业病危害防治责任制，负责分管范围内职业病危害防治工作并监督作业现场职业病危害防治措施落实情况。

(13) 履行法律法规规定的其他安全生产职责。

第六节　机电副总经理安全生产责任制

(1) 机电副总经理负责矿井机电、运输安全管理工作，在董事长的领导下履行安全生产监督管理职责。

(2) 认真贯彻执行党的安全生产方针、政策和煤矿安全法律法规及上级有关安全生产指令指示，对分管范围内的安全工作负责。

(3) 协助董事长参与审定矿安全生产与职业病危害防治责任制和机电、运输系统安全管理规章制度及职业病危害教育、培训计划及职业病危害防治责任制，负责分管范围内职业病危害防治工作并监督作业现场职业病危害防治措施落实情况。

(4) 负责编制机电运输生产安全事故应急救援预案；参与编制矿井灾害预防与处理计划，参与事故抢险救援。

(5) 按照《煤矿领导带班下井及安全监督检查规定》要求，严格执行煤矿领导带班制度。

(6) 组织开展机电、运输专业安全生产标准化工作，负责分管范围内的安全风险分级管控与安全隐患排查治理双重预防机制工作。

(7) 负责矿井特种设备、大型设备和矿井供电系统的安全可靠。

(8) 参加安全生产办公会议，每月召开一次机电安全例会，研究解决机电、运输方面存在的安全隐患。

(9) 负责组织开展冬季和雨季"三防"工作，开展矿井联合排水试验。

(10) 参与机电设备的选型、设计，组织制定矿井机电设备、供电、运输等日常检查维修、定期检修、大修计划和更新计划。

(11) 履行法律法规规定的其他安全生产职责。

第七节　通风区长安全生产责任制

(1) 在董事长的领导下，对公司"一通三防"安全管理工作全面负责。

(2) 认真贯彻执行党的安全生产方针、政策和上级有关安全生产的规定、命令、通知，对分管业务范围内的技术工作全面负责。

(3) 参与编制安全生产规划、年度生产建设计划；组织编制瓦斯治理中长期规划。

(4) 组织开展矿井通风阻力测定、矿井瓦斯等级鉴定、煤层突出危险性鉴定和煤层突出区域划分、煤层瓦斯参数测定、煤层自燃倾向性鉴定及煤尘爆炸性鉴定、防尘等基础参数测定等工作。

(5) 组织开展通风专业安全生产标准化工作，落实分管业务范围内安全风险分级管控和事故隐患排查治理的相关工作要求。

(6) 按照《煤矿领导带班下井及安全监督检查规定》要求，严格执行煤矿领导带班制度。

(7) 负责制定"一通三防"各项管理制度，编审"一通三防"方面的各种安全措施以及瓦斯、煤尘专项治理工作和综合防灭火措施的制定。

(8) 参加安全生产办公会议，每月组织召开"一通三防"技术例会，研究和解决"一通三防"工作中存在的问题。

(9) 组织开展"一通三防"隐患排查治理工作，督促分管部门做好分管范围内的技术管理工作。

(10) 参与制定矿井年度灾害预防与处理计划。负责编制矿井"一通三防"应急救援预案；组织"一通三防"事故应急救援演练，参与事故抢险救援。

(11) 组织制定"一通三防"职业病危害防治责任制，参与审定职业病危害防治责任制，负责分管范围内职业病危害防治工作并监督作业现场职业病危害防治措施落实情况。

(12) 履行法律法规规定的其他安全生产职责。

第八节　经营副总经理安全生产责任制

(1) 经营副总经理在董事长的领导下负责全公司的财务、经营工作,是财务、经营管理的第一责任人。

(2) 参与审定公司安全生产责任制和规章制度。

(3) 协助董事长开展安全生产标准化工作,落实分管业务范围内安全生产标准化中安全风险分级管控和事故隐患排查治理相关工作要求。

(4) 负责分管部门、人员的安全生产有职业病危害防治责任制,监督分管范围内职业病危害防治工作并监督作业现场职业病危害防治措施落实情况。

(5) 协调好安全生产与经济效益的关系,在确保安全生产的前提下,控制成本,提高经济效益。

(6) 严格遵守资产管理制度和安全费用管理制度,按规定足额提取安全费用,拟定公司安全费用计划,并落实使用情况。

(7) 组织制定公司的财务预、决算。参加生产经营管理会议,参与经营决策。

(8) 随时检查各项制度的执行情况,发现违反财经纪律、财务制度的业务要及时制止和纠正,重大问题应及时向领导报告。

(9) 经常深入现场调查研究,了解安全状况,帮助解决安全生产的重大问题。

(10) 负责落实设备、材料等采购、安全投入、职业危害防治、培训等专项资金,负责落实事故隐患治理专项资金。

(11) 参加安全办公会议,每月召开一次经营分析会,分析研究经营方面存在的问题。

(12) 履行法律法规规定的其他安全生产职责。

第九节　运销副总经理安全生产责任制

(1) 销售副总经理是公司煤炭销售的主要负责人,负责矿井煤炭销售工作。

(2) 积极配合董事长开展工作,认真执行有关规程、标准、法律法规等规定。

(3) 协助董事长开展安全生产标准化工作,落实分管业务范围内安全生产标准化中安全风险分级管控和事故隐患排查治理相关工作要求。

（4）负责分管部门、人员的安全生产有职业病危害防治责任制，监督分管范围内职业病危害防治工作并监督作业现场职业病危害防治措施落实情况。

（5）组织编制公司年度销售计划，并加以落实实施。

（6）负责公司生产运销情况的总结分析，制定运销计划，提高经济效益。

（7）协调好纵向和横向关系，定期走访关系部门，保证煤炭销售正常。

（8）履行法律法规规定的其他安全生产职责。

第十节　工会主席安全生产责任制

（1）工会主席是公司从业人员利益的主要代表人，对所分管单位的安全工作负责。

（2）认真贯彻执行党和国家的安全生产方针、政策和上级有关安全工作的指令、规定。

（3）依法组织职工参加本单位安全生产工作的民主管理和民主监督，维护职工在安全生产方面的合法权益。

（4）协助董事长开展安全生产标准化工作，落实分管业务范围内安全生产标准化中安全风险分级管控和事故隐患排查治理相关工作要求。

（5）负责组织制定和审查矿井事故应急救援预案和灾害预防与处理计划，协助董事长组织事故的抢险救灾工作。

（6）搞好全矿性的和各专业方面的劳动竞赛，最大限度地调动员工的生产积极性。

（7）组织召开职工代表大会，对重大安技措项目、安技措经费执行、安技措工程实施情况进行讨论审议。

（8）搞好安全生产和员工的福利事业，努力为员工解决工作、生活中实际存在的问题。

（9）管好用好工会经费，同时搞好员工疗养、困难补助等工作。

（10）积极配合董事长和总经理开展分管范围内的职业病危害防治工作。

（11）履行法律法规规定的其他安全生产职责。

第十一节　安全副总工程师安全生产责任制

（1）安全副总工程师在技术方面对总工程师负责，安全管理方面对董事长、安全副总经理负责，做好安全生产监督管理工作。

(2) 参与编制矿井安全培训计划、安全生产与职业病危害防治责任制、安全生产规章制度和安全操作规程。

(3) 积极配合安全副总经理开展安全管理工作，在安全管理、监督、检查过程中认真贯彻执行党和国家的安全生产方针、政策和有关安全工作的指令、规定，保证矿井在生产、建设过程中遵守国家有关安全生产的法律、法规、规章、标准和技术规范。

(4) 参与审批公司事故应急救援预案和灾害预防与处理计划，以及其他有关安全技术措施。

(5) 组织开展安全生产标准化达标建设工作，落实分管业务范围内安全生产标准化中安全风险分级管控和事故隐患排查治理和职业病危害防治的相关工作要求。

(6) 按照《煤矿领导带班下井及安全监督检查规定》要求，严格执行煤矿领导带班制度。

(7) 负责组织开展重大危险源的安全评估和安全现状评价工作以及应急预案编制、评审和备案工作。

(8) 参加安全办公会议和安全例会，研究解决安全管理中存在的问题。

(9) 配合安全副总经理开展好本公司职业病危害防治工作，组织制定安监科职业病危害防治责任制，明确各岗位的责任人员、责任范围和考核标准。落实分管范围内职业病危害防治工作。

(10) 履行法律法规规定的其他安全生产职责。

第十二节　采煤副总工程师安全生产责任制

(1) 采煤副总工程师是采煤、掘进专业安全技术管理的具体负责人，在总工程师领导下履行采煤、掘进技术管理职责，负责采煤、掘进工作的技术组织、管理等工作。

(2) 组织开展采煤、掘进安全生产标准化工作，研究解决标准化工作中存在的问题。落实分管专业内安全生产标准化中安全风险分级管控和事故隐患排查治理和职业病危害防治的相关工作要求。

(3) 按照《煤矿领导带班下井及安全监督检查规定》要求，严格执行煤矿领导带班制度。

(4) 协助总工程师组织编制矿井的长远规划，参与制定矿井的采掘设计；指导编制采煤和掘进生产衔接计划。

(5) 组织有关人员编制采煤、掘进专业的规程、安全技术措施等。

(6) 协助总工程师对采掘工作面作业规程、安全技术措施进行审批。

(7) 参加采煤工作面准入验收,对采掘工作面的技术管理工作进行把关,监督检查采掘工作面工程质量和规程、措施的执行情况。

(8) 搞好初次放顶和巷道顶板管理工作,从技术上确保采掘作业期间的安全生产工作。

(9) 参加安全办公会议以及每月生产技术例会,研究、解决安全生产存在的问题。

(10) 参与审批公司事故应急救援预案和灾害预防与处理计划。

(11) 配合总工程师组织制定并实施采煤、掘进专业系统的职业病危害教育、培训计划及职业病危害防治责任制,落实分管范围内的职业病危害防治措施。

(12) 履行法律法规规定的其他安全生产职责。

第十三节 通风副总工程师安全生产责任制

(1) 通风副总工程师是矿井生产过程中"一通三防"安全技术管理的具体负责人,协助总工程师和通风区长开展技术管理工作。

(2) 落实国家有关煤矿安全的法律、法规、规章、技术规范、标准、要求,搞好"一通三防"技术管理工作。

(3) 组织制定分管部门负责人安全生产责任制,审查通风区负责人安全生产责任制和"一通三防"岗位人员操作规程。

(4) 组织开展矿井通风阻力测定、矿井瓦斯等级鉴定、煤层突出危险性鉴定和煤层突出区域划分、煤层瓦斯参数测定、煤层自燃倾向性鉴定及煤尘爆炸性鉴定、防尘等基础参数测定等工作。

(5) 组织开展通风专业安全生产标准化工作,落实分管业务范围内安全生产标准化中安全风险分级管控和事故隐患排查治理和职业病危害防治的相关工作要求。

(6) 按照《煤矿领导带班下井及安全监督检查规定》要求,严格执行煤矿领导带班制度。

(7) 审查"一通三防"安全技术措施,协助总工程师对采掘工作面作业规程进行审批。

(8) 协助总工程师、通风区长组织编制煤矿的安全技术发展规划和年度计划，对煤矿的生产部署、开拓方案及解题计划审查把关。

（9）协助总工程师和通风区长建立健全矿井"一通三防"系统，督促通防及相关部门做好分管范围内的技术管理工作。

（10）协助总工程师和通风区长进行"一通三防"隐患排查和治理措施的制定，组织有关人员编制"一通三防"专业安全技术措施。

（11）负责编制矿井"一通三防"应急救援预案；组织"一通三防"事故应急救援演练，参与编制矿井年度灾害预防与处理计划。

（12）参与编制安全生产规划、年度生产建设计划；组织编制瓦斯治理中长期规划对矿井的生产布局、开拓方案及接续计划审查把关。

（13）配合通风区长组织制定并实施"一通三防"专业系统的职业病危害教育、培训计划及职业病危害防治责任制，负责监督职业病危害防治工作开展。

（14）履行法律法规规定的其他安全生产职责。

第十四节　机电副总工程师安全生产责任制

（1）机电副总工程师是矿井机电、运输技术管理的具体负责人，在总工程师领导下履行机电运输安全技术管理职责，配合机电副总经理做好机电运输安全管理工作。

（2）严格落实国家有关煤矿安全法律、法规、规章、技术规范、标准要求，搞好机电、提升运输技术管理工作。

（3）按照《煤矿领导带班下井及安全监督检查规定》要求，严格执行煤矿领导带班制度。

（4）参与安全生产大检查，抓好机电、运输专业安全生产标准化工作，落实分管业务范围内安全生产标准化中安全风险分级管控和事故隐患排查治理和职业病危害防治的相关工作要求。

（5）组织制定矿机电运输管理制度、技术管理制度和安全操作规程。

（6）参与编制安全生产规划、年度安全生产建设计划。

（7）参与机电设备、设施日常检修、检查维护工作。

（8）参与制定矿井提升、运输、供电系统技术改造方案；参与制定大型设备安装、拆除安全技术措施。

（9）参与编制机电运输生产安全事故应急救援预案；参与编制矿井灾害预防与处理计划，并参与应急救援演练。

（10）参与制定机电运输岗位人员安全培训计划。

(11) 参加安全办公会议和每月机电安全例会。

(12) 参与"雨季三防""冬季三防"工作,开展矿井联合排水试验工作。协助机电副总经理抓好矿井提升、运输设备、矿井供电系统和主要通风机、压风机、主排水泵等设备的安全运行。

(13) 配合机电副总经理组织制定并实施机电、运输专业系统的职业病危害教育、培训计划及职业病危害防治责任制,负责落实分管范围内的职业病危害防治措施。

(14) 履行法律法规规定的其他安全生产职责。

第十五节　地质副总工程师安全生产责任制

(1) 地测副总工程师是矿井防治水技术管理的具体负责人,在总工程师领导下履行地测防治水安全生产管理职责,负责地测防治水技术管理工作。

(2) 在总工程师领导下,落实煤矿地质测量方面国家有关煤矿安全生产的法律、法规、规章、技术规范、标准等,协助总工程师做好分管业务的技术领导工作及"雨季三防"工作。

(3) 开展地质灾害防治与测量标准化工作,落实分管业务范围内安全生产标准化中安全风险分级管控和事故隐患排查治理和职业病危害防治的相关工作要求。

(4) 参与安全生产大检查,抓好地测灾害防治与测量安全生产标准化工作。

(5) 按照《煤矿领导带班下井及安全监督检查规定》要求,严格执行煤矿领导带班制度。

(6) 组织编制矿井地质报告、地质或水文地质补勘报告、矿井水文地质类型划分报告等工作。

(7) 参与编制地测防治水生产安全事故应急救援预案;参与编制矿井灾害预防与处理计划,并参与应急救援演练。

(8) 负责组织开展雨季"三防"检查工作。

(9) 参与制定矿井地测防治水、排水系统技术改造方案。

(10) 参加安全办公会议和总工程师召开的地质技术例会,研究解决地测防治水方面存在的不安全问题。

(11) 配合总工程师组织制定并实施地测专业系统的职业病危害教育、培训计划及职业病危害防治责任制,负责落实分管范围内的职业病危害防治措施。

(12) 履行法律法规规定的其他安全生产职责。

第十六节　生产技术部部长安全生产责任制

（1）在生产副总经理、总工程师的领导下，全面负责并建立健全生产技术部岗位安全生产责任制的落实工作，认真贯彻执行《安全生产法》《煤矿安全生产条例》以及国家的安全生产方针、政策，正确处理安全与生产的关系，组织实现矿下达的安全目标。

（2）建立健全技术管理体系、技术标准及操作规程和管理制度。

（3）负责本部门业务范围内煤矿生产工作中采煤、掘进、顶板管理、矿压观测。

（4）配合生产副总经理和采煤副总工程师抓好安全生产标准化中采煤、掘进、安全风险分级管控和事故隐患排查治理分管业务范围内的相关工作要求。

（5）严格按照掘进标准每月月初对上月的采掘工程、零星工程进行工程质量验收工作。

（6）开展采掘队组安全风险辨识、评价、管控和隐患排查、治理等工作。

（7）负责公司生产衔接的编制工作。制定公司中长期、年度、季度采掘衔接计划。

（8）负责组织公司采区、工作面及其他井巷工程的技术方案、设计、作业规程和措施的审批工作。

（9）负责组织编制公司安技措费用计划、公司灾害预防及处理计划，并监督执行。

（10）定期主持召开技术例会、顶板管理例会等重要会议，主持对技术管理岗等人员的技术业务考核工作。

（11）定期安排技术人员对作业区域开展事故隐患排查。

（12）负责本专业新技术推广、新工艺应用等的实施管理工作。

（13）积极参加公司组织的安全大检查，主持汇总所属业务范围内的整改意见，并督促检查其落实情况。

（14）完成领导交办的其他工作。

第十七节　生产技术部副部长安全生产责任制

（1）协助部长建立健全生产技术部岗位安全生产责任制的落实工作，认真贯彻执行《安全生产法》《煤矿安全生产条例》以及国家的安全生产方针、政策，正确处理安全与生产的关系，组织实现矿下达的安全目标。

（2）负责部门安全风险辨识、评价隐患排查及隐患治理工作的落实。

（3）组织、参与编制月度计划、总结、措施，协调各专业之间的工作。

（4）负责本部门技术档案、生产图纸、各类报表和文件的审核、管理及报送工作。

（5）负责组织公司采区、工作面及其他井巷工程的技术方案、设计、作业规程和措施的编制、初审、申报工作。

（6）统一管理企业技术创新和科技项目工作。推广应用新技术、新工艺、新设备、新经验。

（7）负责本部门煤矿生产标准化建设工作。

（8）负责井下支护材料、检验器材的入场、入库、签发、使用、管理工作。

（9）负责公司节约能用和计量工作。

（10）定期对采掘队检查，参加采掘顶板的安全检查，对隐患未整改的单位进行罚款处理。

（11）认真组织所分管的工作人员学习安全生产标准化、煤矿安全规程及业务知识，不断提高业务水平。

（12）负责地方监管部门相关工作的沟通与办理工作。

（13）严格按照借阅手续借出或者收回资料，对不符合要求的借阅者不得借阅，未经批准不得随意将电子版资料对外拷贝或者复制。

（14）负责全部各类资料的收集、整理、归档，使归档率、准确率达到要求。

第十八节　生产技术部采煤技术员安全生产责任制

（1）在部长领导下，负责全矿采煤专业技术管理工作。协助搞好采煤工作面接续计划编制，保证采煤工作面正常接续。

（2）采煤技术管理岗负责公司采煤工作面的技术管理工作。组织编制工作面作业规程及初采初放、拆除放顶、过老窑空巷、过地质构造等专项技术措施并组织实施，加强采煤工作面工艺管理、资源回收率管理，加强工作面日常安全管理，消除安全隐患。

（3）矿压技术管理岗负责顶板管理、井下采掘矿压管理工作。落实分管业务范围内的隐患排查，及时消除安全生产隐患；负责矿压安全装备计划的编制和上报；负责组织审批矿压规程措施。

（4）参与制定安全生产规章制度、作业规程、安全技措计划等。

（5）配合副部长完成综采生产标准化建设工作，实现动态达标。

（6）参与安全生产大检查、每月标准化、安全生产事故隐患排查，对检查出的问题，及时上报、处理，消除事故隐患。

（7）负责对采煤专业安全生产标准化所需资料做准备工作。

（8）负责全部采煤资料的收集、整理、归档，使归档率、准确率达到要求。

（9）采煤工作面实行顶板动态管理；有月度矿压预测预报和总结。

（10）经常深入现场，对作业区域开展事故隐患排查，及时发现和解决不安全问题，及时向科长汇报，提出处理意见。

（11）每月参与工程质量验收工作。

第十九节　生产技术部掘进技术员安全生产责任制

（1）在部长的领导下负责全矿掘进、开拓技术管理工作。协助搞好掘进接续计划编制，保证掘进施工巷道正常接续。

（2）负责公司巷道掘进及巷道技术管理工作。

（3）组织编制掘进工作面的作业规程和巷道开口、过老窑空巷、过地质构造等专项技术措施并组织实施，加强掘进和巷修工作面日常安全管理，消除安全隐患。

（4）负责掘进衔接，保证公司正常接续。

（5）负责掘进巷道开口通知单下发。

（6）收集和掌握掘进生产动态情况，汇报科长后对技术方案进行调整和技术管理工作。

（7）配合副部长完成掘进生产标准化建设工作，实现动态达标。

（8）每旬对照掘进专业安全生产标准化检查队组资料及现场工程质量。

（9）负责掘进专业安全风险辨识、评价隐患排查及隐患治理工作的落实。

（10）经常深入现场，对作业区域开展事故隐患排查，及时发现和解决不安全问题，及时向科长汇报，提出处理意见。

（11）参与制定安全生产规章制度、作业规程、安全技措计划等。

（12）参与安全生产大检查、安全生产事故隐患排查，对检查出的问题，及时上报、处理，消除事故隐患。

（13）负责对分管的安全生产标准化达标所需资料的准备工作。

（14）每月参与工程质量验收工作。

（15）配合副部长完成井下支护材料、检验器材的入场、入库、签发、使用、管理工作。

第二十节　地质勘测部部长安全生产责任制

（1）在矿总工程师和地测防治水副总工程师领导下，负责地质勘测部日常技术业务管理工作。

（2）负责落实地测防治水方面技术政策及有关标准规定。

（3）经常深入现场，掌握第一手防治水资料，及时发现问题、解决问题。

（4）在总工程师的领导下，根据上级有关规定、规范和标准等有关文件，负责制定防治水管理制度和技术操作规程，定期检查落实执行情况。

（5）组织分析矿井水文情况，掌握矿井涌水动态和变化规律。每周组织召开业务分析会，对每个头面地质及水文地质进行分析预报，尤其对老空水、小窑积水、断层水等重大安全隐患，要专门记录及时上报，对重大事故要组织分析讨论。

（6）协同机电、安监部门对矿井防排水系统、防治水安全设施进行安全检查，重点掌握系统是否可靠，能力是否满足要求，防治水安全设施是否达标，对发现的重大问题及时上报，并提出处理意见。

（7）组织开展地表水体、降雨量的调查观测工作，负责井下各种观测点的涌水量观测工作，并将观测结果建立涌水量观测台账。

（8）负责组织矿井生产地质、防治水、地表岩移、井上下导线控制系统、地质储量、四个煤量的计划编制和实施。组织矿井测绘、水文地质观测和"三下"采煤工作，按规程及其实施细则做好各项工作，按地测标准做到台账、卡片、图纸对照。

（9）开展地质测量防治水安全生产标准化和水情水害预测预报工作，负责制定月、季、年的工作计划及其工作总结，组织对生产中出现的疑难问题及瓦斯地质、有益伴生矿产等进行研究。

（10）积极推广应用新技术，加强技术培训和业务竞赛，负责防治水知识培训，组织防治水知识竞赛，积极推广先进经验，开展技术革新，不断提高职工素质。

第二十一节　地质勘测部副部长安全生产责任制

（1）认真学习贯彻执行《矿山资源法》《煤矿安全规程》及各项地质测量工作制度法规。

（2）积极协助部长工作，完成所分管的具体工作业务。

（3）认真审查地测科各项基础数据，对上报存档的图纸、资料、报表等相关数据进行核实。

（4）协助部长搞好地测防治水标准化工作。

（5）参与矿井防治水工程、防洪工程检查验收。

（6）协助部长做好地测档案资料的归档管理，做好档案的保密工作。

（7）完成部长交给的其他工作，科长不在时主持工作。

第二十二节　测量技术员安全生产责任制

（1）严格执行《测绘法》《煤矿测量规程》以及有关的规定和政策，对测量资料的精度负责。

（2）根据生产计划需要，负责井上下全部测量工作。负责井下基本控制导线测量、井下水准测量，按照设计要求，准确标定各项工程位置、方向、坡度，并负责保持标志醒目。

（3）根据《煤矿测量规程》及有关规定，做好业务保安工作，及时下达贯通通知单及其他通知单。

（4）负责各类贯通测量工作，及时测量巷道实际偏差，巷道贯通后要进行精度分析，计算各项闭合差，并做出贯通总结。

（5）负责各类保安煤柱的留设设计和计算。

（6）负责原始记录、各类计算资料的检查工作。

（7）负责采掘验收的检查，确保数据的准确性。

（8）参与测量事故的追查、测量仪器的检验与校正。

第二十三节　地质技术员安全生产责任制

（1）按照《煤矿地质工作细则》要求，及时收集、整理各种矿井地质资料，编写采区、采煤工作面、掘进工作面地质说明书以及长短期地质预报。根据生产需要向有关领导和部门提供地质资料和图纸。

（2）经常深入现场，掌握采掘工作面地质及水文地质变化情况，及时进行观测，对原始记录进行整理和填绘图纸。

（3）及时分析采掘工作中发现的地质问题，避免工作失误危及安全生产。

（4）负责地质方面的综合资料工作，为绘图员提供地质方面的原始资料及草图。

第二十四节 水文地质技术人员安全生产责任制

(1) 按照《煤矿防治水细则》的要求观测、收集整理分析有关矿井水文地质资料,按生产需要向有关领导和部门提供水文地质资料。

(2) 严格执行《煤矿安全规程》和《煤矿防治水细则》,查明影响矿井安全生产的水文地质因素,坚持"预测预报、有掘必探、先探后掘、先治后采"的原则,及时提出长短期水文地质预报,保证不因为矿井水文地质问题影响安全生产。

(3) 定期进行矿井涌水量观测,及时将观测数据整理到台账上。

(4) 负责参与采掘作业规程审批,提出水害因素及防治水措施。

(5) 认真查清井下所有积水区,为井下探放水和水害预报提供依据。

(6) 根据生产需要,及时提出防治水措施,并及时预报采掘过程中可能出现的特殊水文地质情况。

(7) 做好每年雨季"三防"工作以及井下探放水的工程设计,监督防治水工程的实施和验收,做好年度防治水工作总结。

第二十五节 防治水技术员安全生产责任制

(1) 在部长领导下,负责拟定本组的年度、季度和月度工作计划,并进行贯彻检查、落实。进行半年或全年的工作总结,并做好组内的一般行政工作。

(2) 负责编制矿井年度、季度的防治水计划,进行月度水害分析预报,及时制定防水害措施并向有关单位发放防水害通知单。

(3) 负责按时提交各类水文地质说明书及图件。

(4) 负责编制和设计井下各类防治水工程。

(5) 负责、指导、审核井上下各种水文地质原始资料的收集,整理及报表。

(6) 编制井下探放水设计,并对钻探资料负责审核、鉴定。

(7) 组织全组的业务学习,推广使用新技术新设备。

第二十六节 物探技术员安全生产责任制

(1) 物探技术员必须具有专科以上文化程度,经过物探厂家培训且考核合格。

(2) 及时对巷道进行物探,搞好瞬变电磁仪、全方位电法物探工作,依照测量结果认真分析，提高物探的准确性，为矿井安全生产打下基础。

(3) 下井前要对仪器进行仔细检查，确保仪器的防爆性能和电气性能符合设计要求，并做好采集数据前的准备工作。使用仪器前应对仪器的功能进行测试，确保仪器工作正常。

(4) 下井前检查仪器的电池电压，确保仪器使用前电量充足，以保证现场长时间使用。仪器在进入井下时，严禁取下仪器的外套使用。

(5) 仪器充电必须在地面无易燃、易爆和无腐蚀性物体的室内进行，充电期间不可加电工作，以免在线充电电压过高损坏仪器。

(6) 在进行探测前，要确保仪器发射线圈、接收线圈与接收机和发射机之间的连线正确。

(7) 物探设备连接好以后，打开接收机，将仪器中存储的数据删除，以免本次探测数据存储空间不足。使用时避免猛烈碰撞、避免淋水、避免强电干扰，避免在机电设备运行时探测。

(8) 每次探测前，要根据探测的需要重新设置仪器参数，设置参数前一定要分清小功率探测和大功率探测，确保参数设置正确。

(9) 在进行探测时，要认真观察线圈的位置及角度，并对照设计图纸，防止出现缺少测点的情况；若发现有错误或者异常的数据，要重新对该点进行探测。

(10) 当所有数据都测量完毕后，在地面办公室用专用数据线和专用软件输入电脑，然后通过专用分析处理软件进行分析、处理、出图。

(11) 仪器使用完毕后，应放置在干燥，无腐蚀气体的地方贮存。

(12) 如在工作中出现失误，首先要实事求是，查找根源，及时解决问题，并召开事故分析会，写出事故分析报告，划分责任，对责任人进行处罚。

第二十七节　调度室主任安全生产责任制

(1) 必须坚守岗位，不得擅离职守。

(2) 认真做好煤矿安全生产的调度工作，及时将有关情况向领导汇报。

(3) 负责组织制定本部门各岗位安全生产责任制和各项管理制度，并按规定进行考核。

(4) 按时主持晨会及生产协调会并做好会议记录，督促各部门落实。

(5) 配合生产副总经理抓好煤矿安全生产标准化管理体系中调度和应急管理业务范围内的相关工作要求。

(6) 随时掌握煤矿生产现场的实际情况，发现异常要及时向有关领导汇报，采取相关措施。

（7）负责煤矿各类调度信息的收集、整理工作。

（8）负责煤矿各类安全生产信息、指令的上传下达。

（9）负责事故情况的汇报和汇总工作，参与事故的调查处理。

（10）负责事故抢险的综合调度并做好应急救援的协调。

（11）负责保证煤矿生产通信系统的畅通。

（12）负责人员定位系统、产量监控系统的运行值班及各类信息的汇总、报告。

（13）负责各类生产报表的报送等工作。

（14）外出期间必须明确专人代行职权。

第二十八节　调度室副主任安全生产责任制

（1）协助主任分管采煤、掘进、机电运输工作，并负责组织有关人员共同完成所担负的任务。

（2）掌握矿的年、季、月生产和建设计划执行情况及生产工作安排。协助主任指挥实现均衡生产。及时了解安全质量情况和生产动态，发生重大问题、重大事故时，负责组织有关人员亲临现场参加处理。

（3）掌握采掘部署、综采安排及采掘衔接情况。除重点掌握采区设备和采掘设备外，还需了解公司大型固定设备运转情况，并参加固定设备的检修安排。

（4）积极执行采煤、掘进、机电范围内的业务保安和监督业务保安的贯彻执行。发现影响安全生产的重大隐患，督促有关单位采取措施，及时处理。

（5）向上级机关汇报和反映生产建设、开拓掘进等的完成情况以及存在的问题。贯彻上级机关和矿领导有关安全生产方面的通知、指示、命令，并检查各单位的贯彻执行情况。

（6）参加各种生产、开拓、机电会议，督促解决所发生的问题。对生产中的关键问题，组织人员调查研究，提出专题分析材料、供领导决策使用。

（7）负责完成领导交办的临时性工作。

第二十九节　调度员安全生产责任制

（1）负责掌握全矿当班生产作业计划完成情况，并负责当班生产数据的统计和原因分析及第二天的生产预报工作。

（2）在公司发生重大事故时，立即向领导和有关部门汇报，调动一切力量，积极组织抢救工作。

(3) 准确无误地计算各种数据,填写牌板和图表,并记录好如下资料台账:综合调度记录。详细记录产量构成与按巷道类别完成的掘进进尺、生产、准备、搬家工作面的个数,跟班干部姓名、地点、人数、非伤亡事故单项记录,各类事故的汇总次数、误时和误产情况,生产一线工人日出勤情况,采掘工人出勤人数。回采工人、掘进工人应出勤和实际出勤人数、上级指示记录、交接班记录、调度日志记录、领导的指示记录、伤亡事故记录、重大非伤亡事故记录、采掘队日计划和实际完成情况记录、有害气体超限专题记录。

(4) 掌握全矿采煤工作面循环次数和正规循环数目。

(5) 认真做好对上级的通知、指示的接收和下达工作,并做好完整记录。

(6) 掌握公司采掘方面存在的问题,及时与有关单位联系,并积极解决。

(7) 轮流深入井下了解熟悉生产情况,掌握现场生产条件和存在的问题。

(8) 认真执行业务保安责任制,搞好安全生产工作,制止违章指挥、违章作业和违反劳动记录的现象,并做好记录。

第三十节 安监科科长安全生产责任制

(1) 在安全副总经理和副总工程师的领导下,主持科内的各项工作,传达、贯彻、落实上级各项指示精神及安全生产方针、政策、法令、法规和各种安全条例。

(2) 参与编制公司安全管理制度、事故应急救援预案、灾害预防与处理计划及安全生产责任制,并适时进行修订。

(3) 负责对公司安全生产标准化各专业的达标情况,以及所有职工安全生产责任制的落实情况进行检查、考核,并在矿长安全办公会上通报考核结果,同时抓好事故隐患排查治理和安全风险分级管控"双预控"工作。

(4) 及时掌握公司安全生产动态,监督重大安全隐患整改情况。

(5) 监督检查安全费用提取和使用情况。

(6) 抓好安监队伍的业务水平提升。

(7) 参加与组织事故调查处理,对事故相关责任人进行行政及经济处罚。

第三十一节 安监科副科长安全生产责任制

(1) 积极配合分管领导和安监科长在分工范围内开展工作,监督矿井在生产、建设过程中遵守国家有关安全生产的法律、法规、规章、标准和技术规范。

（2）参与编制公司安全管理制度、事故应急救援预案、灾害预防与处理计划及安全生产责任制，并适时进行修订。

（3）经常深入现场，及时查处现场存在的安全问题，制止"三违"行为，及时掌握"三大规程"、各类安全技术措施落实等情况，及时向安监科长及有关领导汇报。

（4）参加每月组织的安全生产大检查工作。

（5）按时参加有关安全生产的会议，并提出具体建议。

（6）经常检查特殊工种的持证上岗情况和煤矿从业人员的培训情况。

（7）监督落实安全生产目标、安全生产责任制执行情况。

（8）经常参加班前会，抓好安监工的学习培训教育工作。

第三十二节　安监科技术员安全生产责任制

（1）参加矿组织的各种会议、集体活动、培训学习，认真贯彻党和国家有关政策法规，严格遵守矿内部规章制度。

（2）负责安全方面的技术管理、技术咨询及技术指导工作。

（3）组织参加每周、每旬以及月度安全生产大检查工作，对查出的各类隐患及时"三定"，并跟踪落实，安全大检查期间无特殊情况不准请假。

（4）参与安全副总经理每旬组织的安全风险辨识及隐患排查工作，做好相关记录。

（5）参与制定安全生产责任制、健全安全规章制度，并对各部门落实情况进行检查、考核。

（6）完成分管范围内的业务工作，及时上报上级部门要求上报的相关工作要求。

（7）经常深入井下了解生产中的安全状况，对井下现场管理要做到心中有数。制止"三违"行为，对"三违"人员进行批评教育或处罚，对现场存在的安全隐患及时提出整改意见，并按规定予以处罚。

（8）抓好安监工的业务学习，重点学习井下所有工作面的规程和措施，做到有记录、有签到。

（9）参加公司应急救援预案和灾害预防处理计划及各项安全技术措施的编制及审定。

（10）深入开展调查研究，不断引进先进技术、先进的管理方法，提高安全管理水平。

第三十三节 通风区科长安全生产责任制

（1）协助区长搞好全区安全工作，协助安全及职能管理部门做好通风安全管理工作。对所分管的工作负责安全责任。

（2）了解采场布置情况，熟悉通风、瓦斯、煤尘、防尘、防突工作，掌握"一通三防"的技术状况。

（3）负责组织编制本区安全工作计划，并参加矿安全计划的编审工作。

（4）配合通风区长和通风副总工程师抓好安全生产标准化中通风、安全风险分级管控和事故隐患排查治理分管业务范围内的相关工作要求。

（5）经常深入现场，及时处理各种隐患，对各种重大隐患提出技术方案，并向区长和通风副总汇报，及时采取措施进行处理，并督促落实。

（6）对重点地点，要重点检查、重点掌握，发现问题及时处理，并向矿调度和分管副总、领导汇报。

（7）协助通风区长和通风副总工程师定期和不定期检查"一通三防"工程质量情况和通风、防火和防尘等系统，对查出的安全隐患及时处理。

（8）负责新设备、新技术、新工艺在通风管理上的推广应用，并负责收集、整理资料，总结经验指导安全生产。

（9）协助区长进行各类事故追查分析。制定安全防范措施，并督促实施。

第三十四节 通风区副科长安全生产责任制

（1）在通风区长的领导下，在通风副总工程师的技术指导下，对通风区分管业务的安全工作负技术责任。

（2）了解本矿水文、地质、采掘、机运等情况，熟悉通风、瓦斯、防灭火等现状，协助通风副总工程师做好全区的技术工作。

（3）学习和掌握《煤矿安全规程》和上级有关规定，编制本区的操作规程、施工安全技术措施，参加作业规程、安全技术措施、设计的会审工作。

（4）负责组织编制全区范围内的作业规程和安全技术措施及各种计划，并贯彻实施，监督检查措施的现场落实情况。

（5）严格按《煤矿安全规程》和上级各种安全文件组织编制"一通三防"各类规程措施，负责通风、防火等报表资料的审核工作，消除违章现象。

(6) 掌握公司通风系统风量分布情况，各采掘头面的瓦斯涌出情况和公司防尘、防灭火情况。

(7) 负责各类报表、图牌板、图纸、资料收集整理、审核、保管。

(8) 按照规定组织好公司瓦斯等级鉴定、反风演习、阻力测定、通风能力核定等工作。

(9) 积极推广新技术，提高治理瓦斯、防灭火、防尘等方面行之有效的创新措施，并付诸实施。

第三十五节　通风区技术员安全生产责任制

(1) 在通风区长的领导下，在通风副总工程师的技术指导下，对分管业务的安全工作负技术责任，主管技术员对区里技术负责。

(2) 了解本矿水文、地质、采掘、机运等情况，熟悉通风、瓦斯、防灭火等现状，协助区长做好全区的技术工作。

(3) 学习和掌握《煤矿安全规程》和上级有关规定，编制本区的操作规程、施工安全技术措施，参加作业规程、安全技术措施、设计的会审工作。

(4) 将批准的与通风、爆破有关的作业规程、安全技术措施认真贯彻执行，并督促实施，及时解决存在的问题，并做好记录。

(5) 严格按《煤矿安全规程》和上级各种安全文件组织编制"一通三防"各类规程措施，负责通风、防火等报表资料的审核工作，消灭违章现象。

(6) 掌握公司通风系统风量分布情况，各采掘头面的瓦斯涌出情况和公司防尘、防灭火情况。

(7) 负责各类报表、图牌板、图纸、资料收集整理、保管，做好瓦斯鉴定工作。

(8) 积极推广新技术，提高治理瓦斯、防灭火、防尘等方面行之有效的创新措施，并付诸实施。

第三十六节　机电队队长安全生产责任制

(1) 严格执行安全生产方针，负责向本队传达、贯彻、落实党和国家的岗位方针、政策以及上级有关岗位、技术的规定，并认真组织实施。

(2) 协助矿部、机电科制定设备管理维护工作、年度计划，并负责分解实施，做到定期检查、评价考核。

(3) 每月定期开展井下防爆专项检查工作,对现场的机电设备、设施的防爆性能、完好等进行检查,及时解决现场存在的问题,保证机电设备符合有关规定要求。

(4) 结合本公司生产计划,合理安排对设备检修工作等,保证公司安全生产。

(5) 每旬配合机电副总经理、机电副总工程师开展机电系统专项检查工作,及时消除设备(设施)安全隐患。

(6) 配合机电科长参与大型固定设备的安全保护装置、提升钢丝绳等的试验、检查、探伤、测定等工作。

(7) 保证高低压供电、各类保护的可靠性,并保证各类保护齐全、完好。

(8) 配合机电副总经理、机电副总工程师开展分管范围内机电安全风险辨识、评价、管控和隐患排查、治理工作。

(9) 加强机电安全生产标准化建设,确保达到考核目标。

(10) 负责抓好各岗位作业人员安全管理和操作管理工作,确保人的安全和物的安全。

(11) 加强班组建设,确保达到标准要求。

(12) 参加矿组织的各种安全检查,及时整改存在的问题。

(13) 按时召开班前会、传达上级精神,总结安排各项工作。

(14) 加强机电队队伍建设,有计划地组织本部门人员进行学习培训,提高本部门人员的整体素质。

(15) 及时完成领导交办的各项任务。

第三十七节 探水队队长安全生产责任制

(1) 认真学习、严格执行"有掘必探,先探后掘"的原则,确保正常的探水工作。

(2) 安排探水设备日常的监督检查维护工作,保证探水设备安全正常使用。

(3) 带领探水工严格执行探放水设计方案和操作规程,对探水工要严格执行管理制度。

(4) 组织和协调全队安全生产及管理,负责贯彻落实"安全第一,预防为主"的安全生产方针,坚持生产必须安全,不安全不生产。做好安全管理工作。

(5) 制定并贯彻执行请假、考勤等各项劳动管理制度。

(6) 负责规程措施的审核,明确现场的安全管理及危险源辨识。

(7) 负责各种突发事件的应急处置。

(8) 对本单位或责任范围内发生的事故负领导责任。对因本人违章指挥、违章作业造成的事故负直接责任。

(9) 负责探放水工作现场管理，按设计要求保质保量完成钻探和探放水工作，对施工质量负责。

(10) 经常深入井下一线，加强探水现场管理，及时排除各种安全隐患，严厉查处"三违"行为，防止事故发生。

第三十八节 综采队生产班长安全生产责任制

(1) 在队长的领导下，对当班作业现场的安全生产全面负责，是当班安全生产的第一责任者。

(2) 负责组织开好班前会，做到班中检查落实，班后总结评比。督查规程、规章制度的执行情况。

(3) 严格执行安全确认法，发现隐患立即组织人员处理，确认安全后，方可作业。

(4) 负责抓好当班"一通三防"工作和安全生产标准化工作，督促作业人员严格按标准施工。对生产过程中各作业点的安全、人员操作情况进行监督检查，发现安全隐患，立即处理。消除生产中一切不安全因素。

(5) 发现重大隐患，立即停止生产，并向队长、矿调度室汇报。发现重大险情或瓦斯超限，通风不良等情况时，服从安检员、瓦检员的指挥，立即将人员按相应的避灾路线撤到安全地点。

(6) 发生事故，组织人员积极抢救，及时向队长、矿调度室汇报，配合事故调查。

(7) 尽职尽责做好分管工作，杜绝"三违"现象。

第三十九节 选煤厂厂长安全生产责任制

(1) 在运销副总经理的领导下，认真贯彻国家有关政策和法规，严格执行公司和科室规章制度，组织好原煤洗选管理工作。

(2) 选煤厂负责人为选煤厂第一责任人，全面负责选煤厂安全生产管理工作。

(3) 监督落实选煤厂煤产品洗选过程中的工艺控制，确保洗选煤质指标达标。

（4）做好煤质化验工作，建立煤质数据台账，及时将煤质信息上报。

（5）负责洗选产品的销售运输管理工作，严格按照科室下达的指令装车、计量，确保数据准确。

（6）做好安全管理工作，确保各个岗位操作人员的持证上岗，遵守操作规程，做好劳动保障。

第二章　井工煤矿采煤专业知识

第一节　采煤机司机

一、岗位制度

采煤机司机应当熟悉本单位安全生产与职业病危害防治目标管理、奖惩制度，事故隐患报告制度，事故报告与责任追究制度等；掌握本单位特种作业人员培训制度、安全风险分级管控工作制度、事故隐患排查、治理和报告制度、设备与设施检查维修制度。

二、岗位安全生产责任制

(1) 采煤机司机是本岗位作业区域范围内安全生产第一责任人，对本岗位的安全生产工作直接负责。

(2) 必须经安全生产教育和培训合格，取得岗位特种作业操作证，持证上岗。

(3) 坚守岗位，不擅离职守。严格执行煤矿安全规程、作业规程、安全操作规程和现场交接班制度，遵守本单位的安全生产规章制度，服从管理，正确佩戴和使用劳动防护用品。

(4) 熟悉采煤机的结构、性能、工作原理和生产工艺，掌握本岗位的安全操作技能，了解事故应急处理措施。

(5) 接班时，检查采煤机零部件紧固、完好状况，内外喷雾的压力、流量是否符合规定；操作按钮及甲烷断电仪（便携式甲烷检测报警仪）是否灵敏可靠。确认无误后试车，进一步检查其动作情况和声音，发现问题必须及时处理，做好作业前准备工作。

(6) 启动采煤机前，必须先巡视采煤机四周，发出预警信号，确认人员无危险后，方可接通电源。

(7) 采煤机运行时，所有人员必须避开牵引链，内外喷雾正常工作。因故暂停时，必须打开隔离开关和离合器。

运行时，把握好牵引速度，与液压支架工密切配合，时刻注意顶板变化，保持工作面"三直一平"；煤机割至上下两巷时，注意超前支护及两端头锚杆缠绕滚筒情况，发现异常必须停机处理。

（8）发现采煤机紧停失灵、转动部位被卡、温度升高、声音异常、移架跟不上或顶板破碎等紧急情况时，必须停机处理。采煤机停止工作或者检修时，必须切断采煤机前级供电开关电源并断开其隔离开关，断开采煤机隔离开关，打开截割部离合器。

（9）交班时，如实交接当班采煤机运行状况，出现的故障、存在的问题。

（10）如实、及时汇报生产安全事故，积极配合事故调查。

三、岗位作业流程标准

采煤机司机岗位流程为交接班检查巡视→采煤机的静态检查→采煤机的动态检查→启动输送机→供水→采煤机送电→启动采煤机→破煤→停机→采煤机停电、闭锁→停水→采煤机全面检查。作业流程标准见表2-2-1。

表2-2-1 采煤机司机岗位作业流程标准

作业流程	标　　准
接班	1. 检查工作面顶底板情况，支架支护状态，工作面的地质变化和两巷情况 2. 检测采煤机附近瓦斯浓度，瓦斯浓度不得超过1% 3. 采煤机滚筒附近5 m范围内无人员作业及障碍物 4. 采煤机各手把、按钮、旋转开关、遥控器、急停开关等灵活可靠、灵敏 5. 冷却系统、液压系统管路无破损，润滑系统油量足 6. 各销轴、紧固件无缺损，安装牢靠 7. 截齿、齿座完好，安装牢固，磨损率小于10% 8. 电缆夹、水管、电缆无破损
启动采煤机前	1. 解除工作面输送机的闭锁，发出开动输送机的信号 2. 打开进水截止阀门供水并开启喷雾，调节好供水流量 3. 等待输送机空运转2 min并正常后，按启动按钮启动电动机。电动机空转正常后，停止电动机 4. 发出启动信号，按启动按钮，启动采煤机，并检查滚筒旋转方向及滚筒调高动作情况，把截割滚筒调到适当位置 5. 采煤机空转2~3 min并正常后，打开牵引闭锁，发出采煤机开动信号，然后缓慢加速牵引，开始破煤作业；旋转适当的牵引速度，操作采煤机正常运行

第二章　井工煤矿采煤专业知识

表 2-2-1（续）

作业流程	标　　准
运行	1. 采煤机附近无人员及障碍物，刮板输送机齐、直 2. 调节滚筒高度，合理控制采高，割平顶底板 3. 割煤前提前收回伸缩梁 4. 随时观察采煤机运行，监听各部位运转声音，各指示灯显示是否正常，温度是否正常 5. 割煤后，伸缩梁及时打出，确保护帮护顶 6. 割煤过程中不得留伞檐，截齿无缺损，滚筒上无铁器等缠绕，拖缆装置不得出现卡绊现象
停机	1. 采煤机滚筒落地 2. 闭锁隔离开关 3. 切断电源，停止供水 4. 存放采煤机遥控器
交班	1. 清理责任区卫生 2. 与接班人员认真交接 3. 认真填写各项记录

四、岗位安全风险辨识

经过安全生产辨识，采煤机司机岗位存在以下安全风险：

（1）未经培训上岗，造成人身伤害或设备损坏。

（2）未检查瓦斯浓度，造成瓦斯超限，发生瓦斯事故。

（3）未检查采煤机电缆及各种管线，未及时发现电缆挤压，造成电缆漏电，采煤机不能启动，水管破裂造成采煤机喷雾水压力小。

（4）未检查行走齿轮、滑靴、齿轨销子，采煤机行走受阻或损坏齿轮、销轨，采煤机掉道。

（5）未检查机组内外喷雾，造成工作环境差，影响作业人员健康，引起煤尘事故。

（6）未检查滚筒截齿，截齿缺损造成采煤机滚筒磨损，负荷增大。

（7）未发出开机信号开机，造成人身伤害。

（8）进水阀开启不到位，喷雾、冷却效果差，引发煤尘事故或损坏设备。

（9）启动刮板输送机前启动采煤机，刮板输送机负荷超载，无法运行，导致电机损坏。

（10）未打开隔离开关，其他人员误操作伤人。

（11）未将采煤机停在合适位置，片帮冒顶损坏采煤机或造成人身伤害。

（12）未拉开离合器，违背停机程序，开机造成采煤机损坏。

（13）未切断电源，其他人员误操作伤人。

（14）未检查工作面闭锁开关和采煤机急停开关，出现紧急情况时，无法紧急闭锁，造成人身伤害或机械事故。

五、岗位应急处置

采煤机司机应熟悉煤矿紧急避险设施和避灾路线，掌握本书第一章中的"应急处置"的内容。

第二节　采煤带式输送机司机

一、岗位制度

带式输送机司机应当熟悉本单位安全生产与职业病危害防治目标管理、奖惩制度，事故隐患报告制度，事故报告与责任追究制度等；掌握本单位其他作业人员培训制度，安全风险分级管控工作制度，事故隐患排查、治理和报告制度，设备与设施检查维修制度。

二、岗位安全生产责任制

（1）带式输送机司机是本岗位作业区域范围内安全生产第一责任人，对本岗位的安全生产工作直接负责。

（2）必须经安全生产教育和培训合格，取得岗位培训合格证书，持证上岗。

（3）坚守岗位，不擅离职守。严格执行煤矿安全规程、作业规程、安全操作规程和现场交接班制度，遵守本单位的安全生产规章制度，服从管理，正确佩戴和使用劳动防护用品。

（4）熟悉采煤机的结构、性能、工作原理和生产工艺，掌握本岗位的安全操作技能，了解事故应急处理措施。

（5）接班时，详细了解上一班设备的工作状况，认真检查设备完好状况，发现问题必须及时处理，做好开机前的准备工作。

（6）启动带式输送机时，必须发出预警信号，站在安全地点操作，随时观察周围情况，配合其他工种或确需停机时，必须闭锁。

运行时，保证各部位油脂油位正常，连接固定部位螺栓齐全牢固，护罩完好，各种保护、安全设施齐全完好。

随时注意开停机信号，在运转中要注意观察电机、减速箱及带式输送机运行情况，监视各部分运转情况及声音、温度变化，发现问题及时停机处理，确保设备安全运转。

（7）停机期间及时对设备进行检查和维护，精心维护设备，确保设备处于完好状态。

（8）交班时，如实交接当班采煤机运行状况、出现的故障、存在的问题。

（9）如实、及时汇报生产安全事故，积极配合事故调查。

三、岗位作业流程标准

带式输送机司机岗位流程为交接班检查巡视→带式输送机的静态检查→启动带式输送机→运转带式输送机→带式输送机的动态检查→停机→带式输送机停电、闭锁→全面检查带式输送机。作业流程标准见表2-2-2。

表2-2-2 带式输送机司机岗位作业流程标准

作业流程	标　　准
接班	1. 与上一班现场安全交底，了解带式输送机运行状况及存在问题 2. 对带式输送机沿线进行巡视检查，排查、处理隐患
作业前准备	1. 检查确认带式输送机机头地锚、护罩等牢固可靠 2. 检查确认带式输送机开关及各项保护正常完好 3. 检查确认机头转载点喷雾系统完好，喷头不堵塞
运行	1. 得到开机命令后，确认机头设备运行范围内人员已撤离，现场无障碍物 2. 确认隔离开关把手打在正转位置 3. 通过沿线扩音设备发出开机信号 4. 带式输送机开启后，打开转载点喷雾，确认设备运行正常 5. 带式输送机运行过程中时刻观察设备运行状况，确保设备正常运行 6. 输送带上有杂物时及时停机处理
停机	1. 得到停机命令后，拉空输送带，关闭喷雾，停机闭锁 2. 将带式输送机开关停电闭锁 3. 检查巡视带式输送机，排查、处理隐患
交班	1. 清理责任区卫生 2. 与接班人员认真交接 3. 认真填写各项记录

四、岗位安全风险辨识

经过安全生产辨识，带式输送机岗位存在以下安全风险：

(1) 未经培训上岗，造成人身伤害或设备损坏。
(2) 未检查输送带接头，烟雾保护失灵，致使输送带发生着火事故。
(3) 未检查各部传动情况，转动部分不正常，造成设备损坏或人身伤害。
(4) 未进行保护装置试验，安全保护失灵，造成设备损坏或人身伤害。
(5) 未检查制动装置，制动装置失效，造成输送带下滑，损坏设备。
(6) 未检查信号装置，信号联系不清，造成人身伤害。
(7) 大倾角斜巷未采取防滑措施，带式输送机架下滑，撕坏输送带。
(8) 信号联系不清，造成人身伤害。
(9) 输送机运行时掏挖滚筒的转动部位，人员被卷入滚筒内，造成人身伤害。
(10) 安全保护装置失效继续开车，安全保护失灵，造成设备损坏或人身伤害。
(11) 强行启动，损坏设备。
(12) 用带式输送机运送笨重物料，损坏设备，伤害人员。
(13) 处理输送带跑偏时直接用手、脚及身体的其他部位接触输送带，造成人员被挤伤或碰伤。
(14) 带负荷停车，造成启动困难，损坏设备。

五、岗位应急处置

带式输送机司机应熟悉煤矿紧急避险设施和避灾路线，掌握本书第一章中的"应急处置"的内容。

第三节 采煤刮板输送机司机

一、岗位制度

刮板输送机司机应当熟悉本单位安全生产与职业病危害防治目标管理、奖惩制度，事故隐患报告制度，事故报告与责任追究制度等；掌握本单位其他作业人员培训制度，安全风险分级管控工作制度，事故隐患排查、治理和报告制度，设备与设施检查维修制度。

二、岗位安全生产责任制

(1) 刮板输送机司机是本岗位作业区域范围内安全生产第一责任人，对本岗位的安全生产工作直接负责。
(2) 必须经安全生产教育和培训合格，取得岗位培训合格证书，持证上岗。

(3) 坚守岗位,不擅离职守。严格执行煤矿安全规程、作业规程、安全操作规程和现场交接班制度,遵守本单位的安全生产规章制度,服从管理,正确佩戴和使用劳动防护用品。

(4) 熟悉刮板输送机的结构、性能、工作原理和生产工艺,掌握本岗位的安全操作技能,了解事故应急处理措施。

(5) 接班时,详细了解上一班设备的工作状况,认真检查设备完好状况,发现问题必须及时处理,做好开机前的准备工作。

(6) 启动刮板输送机时,必须发出预警信号,站在安全地点操作,随时观察周围情况,配合其他工种或确需停机时,必须闭锁。

(7) 运行时,保证各部位油脂油位正常,连接固定部位螺栓齐全牢固,护罩完好,各种保护、安全设施齐全完好。

随时注意开停机信号,在运转中要注意观察电机、减速箱及刮板输送机运行情况,监视各部分运转情况及声音、温度变化,发现问题及时停机处理,确保设备安全运转。

采煤机错机头时,要避开滚筒旋转的正前方和滚筒上的缠绕物。

(8) 停机期间及时对设备进行检查和维护,精心维护设备,确保设备处于完好状态

(9) 交班时,如实交接当班刮板输送机运行状况,出现的故障、存在的问题。

(10) 如实、及时汇报生产安全事故,积极配合事故调查。

三、岗位作业流程标准

刮板输送机司机岗位流程为检查→发出信号试运转→检查处理问题→正式启动→喷雾→正式运转→停机。作业流程标准见表2-2-3。

表2-2-3 刮板输送机司机岗位作业流程标准

作业流程	标　　准
接班	1. 认真检查工作地点顶、帮支护情况,符合规程规定 2. 电机附近通道内无积尘、无杂物、无浮煤,确保电机冷却系统正常运行 3. 检查各部件是否螺栓紧固、联轴器间隙合格、防护装置齐全无损;各部件轴承及减速器和液力耦合器的油量是否符合规定、有无漏油现象
作业前准备	1. 发出开机信号,确保破碎机、转载机、输送机内无人 2. 开机前查看冷却水路是否畅通,开机送水 3. 按破碎机、转载机、刮板输送机逆煤流方向顺序启动,间隔时间不能小于规定时间

表 2-2-3（续）

作业流程	标　准
运行	1. 刮板输送机运转过程中，司机应时刻注意电动机、减速器等各部件运转声音是否正常，是否有剧烈震动，电动机、轴承是否发热 2. 刮板链运行是否平稳无裂损 3. 应经常清扫机头、机尾附近及底溜槽漏出的浮煤
停机	严格执行停机停水制度，闭锁停电
交班	1. 清理责任区卫生 2. 与接班人员认真交接 3. 认真填写各项记录

四、岗位安全风险辨识

经过安全生产辨识，刮板输送机岗位存在以下安全风险：

（1）未经培训上岗，造成人身伤害或设备损坏。

（2）未检查瓦斯浓度，造成瓦斯超限，发生瓦斯事故。

（3）未检查出刮板连接螺丝是否齐全，刮板链条磨损是否超过规定，造成刮板输送机卡链、断链。

（4）未检查喷雾装置，造成工作环境差，影响作业人员健康，引起煤尘事故。

（5）未检查信号和闭锁按钮或检查不认真，出现紧急情况时，无法紧急闭锁，造成人身伤害或机械事故。

（6）未发信号开机，物料顶断刮板链，造成人身伤害或设备损坏。

（7）未点动开机，刮板输送机连续运转拉倒作业人员，造成人身伤害。

（8）未检查冷却系统，造成设备损坏。

（9）未检查防护装置，造成人身伤害。

（10）司机精力不集中，未及时停机，超负荷运转事故。

（11）信号不明确，未及时停机，埋刮板输送机机头。

五、岗位应急处置

刮板输送机司机应熟悉煤矿紧急避险设施和避灾路线，掌握本书第一章中的"应急处置"的内容。

第四节　采煤破碎机、转载机司机

一、岗位制度

破碎机、转载机司机应当熟悉本单位安全生产与职业病危害防治目标管理、奖惩制度，事故隐患报告制度，事故报告与责任追究制度等；掌握本单位特种作业人员培训制度，安全风险分级管控工作制度，事故隐患排查、治理和报告制度，设备与设施检查维修制度。

二、岗位安全生产责任制

（1）破碎机、转载机司机是本岗位作业区域范围内安全生产第一责任人，对本岗位的安全生产工作直接负责。

（2）必须经安全生产教育和培训合格，取得岗位培训合格证书，持证上岗。

（3）坚守岗位，不擅离职守。严格执行《煤矿安全规程》、作业规程、安全操作规程和现场交接班制度，遵守本单位的安全生产规章制度，服从管理，正确佩戴和使用劳动防护用品。

（4）熟悉破碎机、转载机结构、性能、工作原理和生产工艺，掌握本岗位的安全操作技能，了解事故应急处理措施。

（5）接班时，详细了解上一班设备的工作状况，认真检查设备完好状况，发现问题必须及时处理，做好开机前的准备工作。

（6）启动破碎机、转载机时，必须发出预警信号，站在安全地点操作，随时观察周围情况，配合其他工种或确需停机时，必须闭锁。

运行时，保证各部位油脂油位正常，连接固定部位螺栓齐全牢固，护罩完好，各种保护、安全设施齐全完好。

时刻注意开停机信号，在运转中要注意观察电机、减速箱及带式输送机运行情况，监视各部分运转情况及声音、温度变化，发现问题及时停机处理，确保设备安全运转。

时刻注意带式输送机机尾架和机尾滚筒、输送带运行情况，异常时及时停机处理。

（7）停机期间及时对设备进行检查和维护，精心维护设备，确保设备处于完好状态。

（8）交班时，如实交接当班采煤机运行状况，出现的故障、存在的问题。

(9) 如实、及时汇报生产安全事故,积极配合事故调查。

三、岗位作业流程标准

破碎机、转载机司机岗位流程为检查→发出信号→按顺序启动破碎机、转载机试运转→检查处理问题→正式按顺序启动→喷雾→正式运转→停止转载机、破碎机→拉移转载机。作业流程标准见表2-2-4。

表2-2-4 破碎机、转载机司机岗位作业流程标准

作业流程	标　　准
接班	1. 顶帮支护完好,无安全隐患 2. 认真向交班人询问,了解设备运转使用情况,确保备品备件、专用工器具齐全完好 3. 转载机挡矸装置、行人过桥齐全可靠 4. 作业范围内浮煤清理干净,支架、电机、减速器、盖板表面干净,无杂物
作业前准备	1. 发出开机信号,确保破碎机、转载机、输送机内无人 2. 开机前查看冷却水路是否畅通,开机送水 3. 按破碎机、转载机、刮板输送机逆煤流方向顺序启动,间隔时间不能小于规定时间
运行	1. 运转正常,电机、减速器温度、声音正常 2. 刮板无短缺,大链符合要求,当班常用工具及备件准备到位 3. 发现大块物料、铁器立即停机处理,确保运转正常 4. 出煤量合理均匀
停机	严格执行停机停水制度,闭锁停电
交班	1. 清理责任区卫生 2. 与接班人员认真交接 3. 认真填写各项记录

四、岗位安全风险辨识

经过安全生产辨识,破碎机、转载机司机岗位存在以下安全风险:
(1) 未经培训上岗,造成人身伤害或设备损坏。
(2) 未检查瓦斯浓度,造成瓦斯超限,发生瓦斯事故。
(3) 未检查刮板连接螺丝是否齐全,刮板链条磨损是否超过规定,造成刮

板输送机卡链、断链。

（4）未检查信号和闭锁按钮或检查不认真，出现紧急情况时，无法紧急闭锁，造成人身伤害或机械事故。

（5）未发信号开动破碎机、转载机，造成人身伤害或设备损坏。

（6）未点动开启破碎机、转载机，破碎机、转载机连续运转伤及作业人员或造成其他安全问题。

（7）未检查冷却系统，造成设备损坏。

（8）未检查防护装置，造成人身伤害。

（9）司机精力不集中，未及时停机，超负荷运转引发运输事故。

（10）信号不明确，未及时停转载机，埋转载机机头。

（11）未检查喷雾装置，造成工作环境差，影响作业人员健康，引起煤尘事故。

（12）未按顺序启停破碎机、转载机，造成设备损坏。

（13）转载机长时间空负荷运转，加大磨损，造成设备损坏。

（14）未按规定进行润滑，造成设备磨损。

五、岗位应急处置

破碎机、转载机司机应熟悉煤矿紧急避险设施和避灾路线，掌握本书第一章中的"应急处置"的内容。

第五节　乳化液泵站司机

一、岗位制度

乳化液泵站司机应当熟悉本单位安全生产与职业病危害防治目标管理、奖惩制度，事故隐患报告制度，事故报告与责任追究制度等；掌握本单位其他作业人员培训制度，安全风险分级管控工作制度，事故隐患排查、治理和报告制度，设备与设施检查维修制度。

二、岗位安全生产责任制

（1）乳化液泵站司机是本岗位作业区域范围内安全生产第一责任人，对本岗位的安全生产工作直接负责。

（2）必须经安全生产教育和培训合格，取得岗位培训合格证书，持证上岗。

(3) 坚守岗位，不擅离职守。严格执行《煤矿安全规程》、作业规程、安全操作规程和现场交接班制度，遵守本单位的安全生产规章制度，服从管理，正确佩戴和使用劳动防护用品。

(4) 熟悉乳化液泵结构、性能、工作原理，掌握本岗位的安全操作技能，了解事故应急处理措施。

(5) 接班时，详细了解上一班设备的工作状况，认真检查设备完好状况，发现问题必须及时处理，做好开机前的准备工作。

(6) 运行时，按规定配置乳化液浓度，定期检测并做记录，调整好泵压；经常检查乳化液泵的运转情况，检查各部位温度、油位和供液压力是否正常，发现问题，立即处理。确保各零部件及各安全装置、防护设施、检测仪器齐全、有效，使泵站始终在完好状态下运行。

不经批准不许随意停泵，工作当中要与其他工种搞好协作，"谁停泵、谁确认、谁送泵"制度，每次开泵前要向工作面发出信号，得到许可后方可开泵。

保持泵站周围清洁卫生，泵站周围不准有积水和杂物；如泵站上方有淋水时，必须采取措施，防止电机受潮。

(7) 停机期间及时对设备进行检查和维护，精心维护设备，确保设备处于完好状态。

(8) 交班时，如实交接当班乳化泵运行状况，出现的故障、存在的问题。

(9) 如实、及时汇报生产安全事故，积极配合事故调查。

三、岗位作业流程标准

乳化液泵站司机岗位流程为检查→发出信号试运转→检查处理问题→正式启动→运转→结束停机。作业流程标准见表2-2-5。

表2-2-5 乳化液泵站司机岗位作业流程标准

作业流程	标 准
接班	1. 检查泵站顶帮支护情况 2. 开关按钮灵活、乳化泵泵头不缺油 3. 泵箱不缺水，乳化泵无跑冒滴漏现象 4. 液箱乳化液浓度达标，水质符合要求，配件齐全 5. 高压胶管无破损，U形卡齐全、完好、插入到位 6. 卫生达标，无杂物

表 2-2-5（续）

作业流程	标　　准
作业前准备	1. 检查转动部件防护罩是否完好、不松动 2. 各类备品备件齐全 3. 各按钮灵敏可靠，各部位运转平稳、声音正常 4. 指示信号、仪表工作正常
运行	1. 观察电机、减速机负荷运转情况，压力、温度符合规定，否则立即停机处理 2. 检修时，开关必须打到零位并闭锁 3. 观察水位情况 4. 保证乳化液浓度符合要求
停机	1. 发出停乳化液泵通知，得到反馈后停泵 2. 乳化液泵空载状态运行 3. 关闭高压供液阀和泵的吸液阀
交班	1. 与接班人员认真交接 2. 认真填写各项记录

四、岗位安全风险辨识

经过安全生产辨识，破碎机、转载机司机岗位存在以下安全风险：

（1）未经培训上岗，造成人身伤害或设备损坏。

（2）未检查瓦斯浓度，造成瓦斯超限，发生瓦斯事故。

（3）未检查移动列车阻车器的使用情况，造成跑车事故。

（4）未检查泵站调定压力和压力指示器，泵站压力不足，造成支架初撑力降低，工作面顶板冒落。

（5）未检查管路接头，高、低压管路接头弹出伤人。

（6）未检查曲轴箱油量，油量不足，损坏曲轴箱。

（7）未接到用液信号就点动电机，误操作，伤害作业人员。

（8）未观察电机转向与泵体上箭头方向，损坏设备。

（9）未及时停止供液，伤害工作面作业人员。

五、岗位应急处置

破碎机、转载机司机应熟悉煤矿紧急避险设施和避灾路线，掌握本书第一章中的"应急处置"的内容。

第六节 液压支架工

一、岗位制度

液压支架工应当熟悉本单位安全生产与职业病危害防治目标管理、奖惩制度，事故隐患报告制度，事故报告与责任追究制度等；掌握本单位其他作业人员培训制度，安全风险分级管控工作制度，事故隐患排查、治理和报告制度，设备与设施检查维修制度。

二、岗位安全生产责任制

（1）液压支架工是本岗位作业区域范围内安全生产第一责任人，对本岗位的安全生产工作直接负责。

（2）必须经安全生产教育和培训合格，取得岗位培训合格证书，持证上岗。

（3）坚守岗位，不擅离职守。严格执行煤矿安全规程、作业规程、安全操作规程和现场交接班制度，遵守本单位的安全生产规章制度，服从管理，正确佩戴和使用劳动防护用品。

（4）熟悉液压支架结构、性能、工作原理，掌握本岗位的安全操作技能，了解事故应急处理措施。

（5）接班时，详细了解上一班设备的工作状况，认真检查设备完好状况，发现问题必须及时处理，做好开机前的准备工作。

（6）移架时，认真观察顶底板情况，保护好各种管路、电缆及其他设备，每一个动作操作完毕，或因外部因素停止供液时，必须把操作手把打到"零"位，严禁出现歪架、倒架、咬架或死架，一旦发现要及时采取措施处理。

更换胶管和阀件等需停泵时，应与泵站工、电工联系好，并指派专人统一指挥。

（7）停机期间及时对设备进行检查和维护，精心维护设备，确保设备处于完好状态。

（8）交班时，如实交接当班液压支架运行状况，出现的故障、存在的问题。

（9）如实、及时汇报生产安全事故，积极配合事故调查。

三、岗位作业流程标准

液压支架工岗位流程为检查→发出信号试运转→检查处理问题→正式启动→

运转→结束停机。作业流程标准见表2-2-6。

表2-2-6 液压支架工岗位作业流程标准

作业流程	标　　准
接班	1. 支架工应准时进入指定接班地点,进行现场交接班。了解上班支架工作情况和顶板支护情况及遗留问题 2. 打开架间喷雾装置,观察喷雾效果是否符合要求。检查架前端、架间有无冒顶、片帮危险及支架有无歪斜、倒架、咬架,架间距离是否符合规定,顶梁与顶板接触是否严密,支架是否成一条直线 3. 检查支架清煤情况,浮煤厚度不准超过规定要求,保证推移畅通
移架前	1. 检查待移支架前后 5 m 范围内是否有人工作、行走,架前煤粉清扫是否干净 2. 检查支架各结构件是否存在开焊、断裂、变形 3. 检查支架各液压件是否存在变形、损伤、挤压、扭曲、断裂、漏液 4. 检查支架操纵阀及各种管路连接是否完好
移架	1. 将限位装置打开,收回伸缩梁 2. 将柱拉移支架,调整支架状态 3. 保持顶梁与顶板严密接触,顶液后供液 3~5 s,使支架初撑力达到 30 MPa 以上 4. 伸出伸缩梁,所有操作阀手柄恢复零位,限位装置闭锁
交班	1. 与接班人员认真交接 2. 认真填写各项记录

四、岗位安全风险辨识

经过安全生产辨识,液压支架工岗位存在以下安全风险:

(1) 未经培训上岗,造成人身伤害或设备损坏。

(2) 未检查瓦斯浓度,造成瓦斯超限,发生瓦斯事故。

(3) 未检查移动列车阻车器的使用情况,造成跑车事故。

(4) 未检查泵站调定压力和压力指示器,泵站压力不足,造成支架初撑力降低,工作面顶板冒落。

(5) 未检查管路接头,高、低压管路接头弹出伤人。

(6) 未检查曲轴箱油量,油量不足,损坏曲轴箱。

(7) 未接到用液信号就点动电机,误操作,伤害作业人员。

(8) 未观察电机转向与泵体上箭头方向,损坏设备。

(9) 未及时停止供液,伤害工作面作业人员。

五、岗位应急处置

液压支架工应熟悉煤矿紧急避险设施和避灾路线,掌握本书第一章中的"应急处置"的内容。

第七节 超前支护工

一、岗位制度

超前支护工应当熟悉本单位安全生产与职业病危害防治目标管理、奖惩制度,事故隐患报告制度,事故报告与责任追究制度等;掌握本单位其他作业人员培训制度,安全风险分级管控工作制度,事故隐患排查、治理和报告制度,设备与设施检查维修制度。

二、岗位安全生产责任制

(1) 超前支护工是本岗位作业区域范围内安全生产第一责任人,对本岗位的安全生产工作直接负责。

(2) 必须经安全生产教育和培训合格,取得岗位培训合格证书,持证上岗。

(3) 坚守岗位,不擅离职守。严格执行煤矿安全规程、作业规程、安全操作规程和现场交接班制度,遵守本单位的安全生产规章制度,服从管理,正确佩戴和使用劳动防护用品。

(4) 熟悉工作面顶板管理及支护特性,掌握本岗位的安全操作技能,了解事故应急处理措施。

(5) 接班时,详细了解上一班设备的工作状况,认真检查设备完好状况,发现问题必须及时处理,做好开机前的准备工作。

(6) 管理好端头出口范围内的管线、电缆,严格执行工程质量标准,做好安全出口维护、移架等工作。确保回风、运输巷与工作面放顶线放齐,挡矸有效。

与支架工、刮板输送机司机、转载机司机配合做好工作面端头支架、机尾、过渡架及两巷超前棚的移设工作。

(7) 负责工作面端头顶板管理和上下出口的畅通及两巷的超前维护,负责上下出口端头支架与煤壁间支柱的支设及撤除,并清理维护范围内的浮煤、浮矸,回收各种材料。

(8) 负责推移转载机及超前支护段的巷道维护，按规程规定及时架设超前支护，在更换支柱时，要严格执行敲帮问顶制度，做到先支后撤。

(9) 交班时，如实交接当班状况，出现的故障、存在的问题。

(10) 如实、及时汇报生产安全事故，积极配合事故调查。

三、岗位作业流程标准

超前支护工岗位流程为检查→发出信号试运转→检查处理问题→正式启动→运转→结束停机。作业流程标准见表2-2-7。

表2-2-7 超前支护工岗位作业流程标准

作业流程	标 准
接班	1. 作业范围内顶帮支护完好，无安全隐患 2. 工具、检测工具、材料齐全 3. 工作范围内卫生达标 4. 管线、传感器符合要求
作业前准备	1. 准备本班所需支护材料 2. 检测液枪、液管是否完好 3. 安全出口高度、宽度符合要求 4. 退锚所需工具齐全完好
作业中	1. 作业区域支架完好 2. 检测先支后回，协同配合施工 3. 保证上下端头安全出口畅通 4. 支护、联网符合要求
交班	1. 清理责任区卫生 2. 与接班人员认真交接 3. 认真填写各项记录

四、岗位安全风险辨识

经过安全生产辨识，液压支架工岗位存在以下安全风险：

(1) 未经培训上岗，造成人身伤害或设备损坏。

(2) 未检查顶板及两帮情况，造成冒顶、片帮伤人。

(3) 未检查泵站调定压力和压力指示器，泵站压力不足，造成支架初撑力降低，工作面顶板冒落。

(5) 未检查管路接头，高、低压管路接头弹出伤人。

(6) 未与接班人员现场交接班，易造成设备损坏或误动作伤人。

五、岗位应急处置

超前支护工应熟悉煤矿紧急避险设施和避灾路线，掌握本书第一章中的"应急处置"的内容。

第三章　井工煤矿掘进专业知识

第一节　掘进机司机

一、岗位制度（固定）

掘进机司机应当熟悉本单位安全生产与职业病危害防治目标管理、奖惩制度、事故隐患报告制度、事故报告与责任追究制度等；掌握本单位特种作业人员培训制度、安全风险分级管控工作制度、事故隐患排查、治理和报告制度、设备与设施检查维修制度。

二、岗位安全生产责任制

（1）掘进机司机是本岗位作业区域范围内安全生产第一责任人，对本岗位的安全生产工作直接负责。

（2）必须经安全生产教育和培训合格，取得岗位特种作业操作证，持证上岗。

（3）坚守岗位，不擅离职守。严格执行《煤矿安全规程》、作业规程、安全操作规程和现场交接班制度，遵守本单位的安全生产规章制度，服从管理，正确佩戴和使用劳动防护用品。

（4）严格按照岗位作业流程标准操作，掌握岗位安全风险辨识及应急处置方法、内容。

（5）熟悉设备的结构、性能、工作原理和生产工艺；熟悉岗位事故隐患排查治理方法、内容。

（6）注意观察工作面前方及顶底板变化；精心保养，实行包机到人，注意检查更换截齿、喷嘴，保持机器完好与清洁。

（7）掘进机在运转中出现问题应及时处理，如处理不了，应立即向单位汇报，并协同有关人员分析故障原因。

（8）掘进时不超控顶作业，确保作业环境安全，杜绝"三违"行为。

(9) 交班时，如实交接当班掘进机运行状况，出现的故障、存在的问题。

(10) 如实、及时汇报生产安全事故，积极配合事故调查。

三、岗位作业流程标准

检查巡视→供水、供电→合上隔离开关→打开照明灯→发出警报→开启液压泵电机→启动第二输送机→启动第一输送机→启动耙装星轮→启动截割部→割煤→耙装→停截割部→停耙装星轮→停第一输送机→停第二输送机→停液压泵→倒机→关水→关闭照明灯→停电闭锁。作业流程标准见表2-3-1。

表2-3-1 掘进机司机岗位作业流程标准

作业流程	标　　准
接班	1. 与上一班现场安全交底及未完工作量 2. 岗位对岗位进行工程质量及设备运行状态交接 3. 对本岗位隐患进行排查、处理 4. 认真填写交接班记录
作业前准备	1. 顶帮支护完好，无安全隐患 2. 风筒吊挂规范，不超距 3. 瓦斯传感器吊挂规范，不超距，瓦斯浓度不超标 4. 设备运行区域卫生达标，无障碍物 5. 检查供水、供电正常 6. 设备运行状况良好，各操作手把灵敏、可靠
开机	1. 将机身电控箱主隔离刀闸手柄顺时针打到"合"位 2. 按下主油泵启动按钮，持续按住延时 5 s 后，油泵电机启动，松开按钮 3. 分别将截割头、铲板和后支撑靴的控制操作杆抬起，将截割头、铲板和后支撑靴升起，以便行走 4. 通过升、降左右履带行走控制杆，使机组前进、后退、转向 5. 当机组行走到预定进刀位置时，分别将铲板和后支撑靴的控制操作杆降下，将铲板和后支撑靴放下至底板，支牢机身 6. 按下转载机电机启动按钮，转载机启动运转 7. 按下刮板输送机马达启动按钮，刮板输送机启动运转 8. 将供水阀打开，喷雾灭尘和冷却系统开始工作。无水或水流量、压力不够时，严禁割煤 9. 按下截割电机启动按钮，持续按住延时 10 s，截割电机启动后，松开按钮，开始正常作业

第三章　井工煤矿掘进专业知识

表 2-3-1（续）

作业流程	标　　准
运行	1. 人员站位合理，操作程序规范 2. 调节滚筒高度，合理控制采高，割平顶底板 3. 割煤前提前收回伸缩梁 4. 随时观察采煤机运行，监听各部位运转声音，各指示灯显示是否正常，温度是否正常 5. 割煤后，伸缩梁及时打出，确保护帮护顶 6. 割煤过程中不得留伞檐，截齿无缺损，滚筒上无铁器等缠绕，拖缆装置不得出现卡绊现象
正常停机	1. 将截割头退出煤壁，退到迎头外 3～5 m 安全处 2. 按下截割电机停止按钮，截割电机停止运转 3. 待铲板和刮板输送机、转载机内的煤拉空，分别将耙爪、刮板输送机、转载机停止按钮按下，使其停止运转 4. 将铲板、截割头落至底板，并打起后支撑 5. 按下主油泵开关停止按钮 6. 将机身电控箱主隔离刀闸控制手柄打到"断"位
紧急停机	当出现以下情况时，要紧急停机： 1. 顶底板、煤壁有冒顶、片帮或透水预兆时 2. 掘进机内部发生异常震动、声响和异味，或零部件损坏时 3. 停止按钮失灵，无法停机时 4. 有人误进入截割范围内时 紧急停机的方法是：司机可采取关闭主油泵开关、逆时针旋转主隔离刀闸手柄至"断"位或按下急停按钮的方法紧急停机。无意外或特殊情况，在停机时不允许使用"紧急停机措施"
交班	1. 清理责任区卫生 2. 与接班人员认真交接 3. 认真填写各项记录

四、岗位安全风险辨识

经过安全生产辨识，掘进机司机岗位存在以下安全风险：

（1）未检查瓦斯，造成瓦斯超限，引发瓦斯事故。

（2）检修时在截割臂和转载桥前方或下方有人作业或停留，误操作造成人身伤害事故。

（3）过载使用，损坏设备。

（4）掘进机掘进时未使用内外喷雾，降尘效果差，煤尘积聚飞扬，引发煤尘事故。

（5）掘进机割煤时内外喷雾压力达不到要求及每个截割头有3个及以上内外喷雾喷头失效强行生产的，降尘效果差，煤尘积聚飞扬，引发煤尘事故。

（6）未发出信号或信号发送不及时，伤害临近作业人员。

（7）未随身携带操作把手，他人使用造成意外伤害。

（8）司机开机思想不集中造成伤害事故。

（9）未发信号进行空载试运转，伤害附近人员或损坏设备。

（10）管线吊挂不整齐，机械缠绕管线碰伤他人。

（11）遇特殊情况需要采取急停措施时，因急停开关失效、造成伤害事故。

（12）开机前须发出警铃，警铃失效，造成伤害事故。

五、岗位应急处置

掘进机司机应熟悉煤矿紧急避险设施和避灾路线，掌握本书第一章中的"应急处置"的内容。

第二节　掘进带式输送机司机

一、岗位制度（固定）

掘进带式输送机司机应当熟悉本单位安全生产与职业病危害防治目标管理、奖惩制度，事故隐患报告制度，事故报告与责任追究制度等；掌握本单位特种作业人员培训制度，安全风险分级管控工作制度，事故隐患排查、治理和报告制度，设备与设施检查维修制度。

二、岗位安全生产责任制

（1）掘进带式输送机司机是本岗位作业区域范围内安全生产第一责任人，对本岗位的安全生产工作直接负责。

（2）必须经安全生产教育和培训合格，取得岗位特种作业操作证，持证上岗。

（3）坚守岗位，不擅离职守。严格执行《煤矿安全规程》、作业规程、安全操作规程和现场交接班制度，遵守本单位的安全生产规章制度，服从管理，正确佩戴和使用劳动防护用品。

（4）严格按照岗位作业流程标准操作，掌握岗位安全风险辨识及应急处置方法、内容。

（5）熟悉带式输送机的结构、性能、工作原理和生产工艺；熟悉岗位事故隐患排查治理方法、内容。

（6）掌握作业现场安全动态，发现带式输送机运输巷道存在安全隐患，采取相应的措施后进行处理，并向相关单位进行汇报。

（7）及时完善和维护带式输送机的安全保护装置和紧急联锁停车装置，认真搞好工作区域的浮煤回收和文明生产工作，合理设置行人过桥。

（8）严禁用带式输送机运送设备、材料、人员；严禁出现扒、蹬、跳行为，杜绝"三违"行为。

（9）如实、及时汇报生产安全事故，积极配合事故调查。

三、岗位作业流程标准

开好班前会→着装整齐→列队→集体入井→现场交接班检查→检查输送机及电气设备是否完好→试运转→运行中检查发现问题及时停机闭锁处理→正常运行→将本班掘进煤炭全部拉出→停机、停电闭锁输送机→检查带式输送机的完好情况→清理卫生。作业流程标准见表2-3-2。

表2-3-2 掘进带式输送机司机岗位作业流程标准

作业流程	标 准
接班	1. 与上一班现场安全交底，了解带式输送机运行状况及存在问题 2. 对带式输送机沿线进行巡视检查，排查、处理隐患
作业前准备	1. 检查确认带式输送机机头地锚、护罩等牢固可靠 2. 检查确认带式输送机开关及各项保护正常完好 3. 检查确认机头转载点喷雾系统完好，喷头不堵塞
开机	1. 得到开机命令后，确认机头设备运行范围内人员已撤离，现场无障碍物 2. 确认隔离开关把手打在正转位置 3. 通过沿线扩音设备发出开机信号 4. 带式输送机开启后，打开转载点喷雾，确认设备运行正常 5. 带式输送机运行过程中时刻观察设备运行状况，确保设备正常运行 6. 带式输送机上有杂物时及时停机处理

表 2-3-2（续）

作业流程	标准
正常停机	1. 得到停机命令后，拉空皮带，关闭喷雾，停机闭锁 2. 将带式输送机开关停电闭锁 3. 检查巡视带式输送机，排查、处理隐患
交班	1. 清理责任区卫生 2. 与接班人员认真交接 3. 认真填写各项记录

四、岗位安全风险辨识

经过安全生产辨识，掘进带式输送机司机岗位存在以下安全风险：

（1）未经培训上岗，造成人身伤害或设备损坏。

（2）未检查输送带接头，烟雾保护失灵，致使输送带发生着火事故。

（3）未检查各部传动情况，转动部分不正常，造成设备损坏或人身伤害。

（4）未进行保护装置试验，安全保护失灵，造成设备损坏或人身伤害。

（5）未检查制动装置，制动装置失效造成输送带下滑，损坏设备。

（6）未检查信号装置，信号联系不清，造成人身伤害。

（7）大倾角斜巷未采取防滑措施，输送带架下滑，撕坏输送带。

（8）未接到信号开车；发送信号不准确或不清晰；信号联系不清，造成人身伤害。

（9）输送机运行时掏挖滚筒的转动部位，人员被卷入滚筒内造成人身伤害。

（10）安全保护装置失效、失灵继续开车，造成设备损坏或人身伤害。

（11）无措施用输送机运送笨重物料，损坏设备或伤害人员。

（12）处理输送带跑偏时直接用手、脚及身体的其他部位接触输送带，造成人员被挤伤或碰伤。

（13）带负荷停车或强行起动，导致损坏设备。

五、岗位应急处置

掘进带式输送机司机应熟悉煤矿紧急避险设施和避灾路线，掌握本书第一章中的"应急处置"的内容。

第三节　掘进刮板输送机司机

一、岗位制度

掘进刮板输送机司机应当熟悉本单位安全生产与职业病危害防治目标管理、奖惩制度，事故隐患报告制度，事故报告与责任追究制度等；掌握本单位其他从业人员培训制度，安全风险分级管控工作制度，事故隐患排查、治理和报告制度，设备与设施检查维修制度。

二、岗位安全生产责任制

（1）掘进刮板输送机是本岗位作业区域范围内安全生产第一责任人，对本岗位的安全生产工作直接负责。

（2）必须经安全生产教育和培训合格，取得岗位特种作业操作证，持证上岗。

（3）坚守岗位，不擅离职守。严格执行《煤矿安全规程》、作业规程、安全操作规程和现场交接班制度，遵守本单位的安全生产规章制度，服从管理，正确佩戴和使用劳动防护用品。

（4）严格按照岗位作业流程标准操作，掌握岗位安全风险辨识及应急处置方法、内容。

（5）熟悉掘进刮板输送机的结构、性能、工作原理和生产工艺；熟悉岗位事故隐患排查治理方法、内容。

（6）严禁杂物进入煤流系统，发现杂物及大块矸石要及时停机拣出。

（7）如实、及时汇报生产安全事故，积极配合事故调查。

三、岗位作业流程标准

交接班检查巡视→刮板输送机的静态检查→启动刮板输送机→运转刮板输送机→刮板输送机的动态检查→停机→刮板输送机停电、闭锁→全面检查刮板输送机。作业流程标准见表2-3-3。

表2-3-3　掘进刮板输送机司机岗位作业流程标准

作业流程	标　准
接班	1. 与上一班现场安全交底，了解刮板输送机运行状况及存在问题 2. 对刮板输送机沿线进行巡视检查，排查、处理隐患

表 2-3-3（续）

作业流程	标　　准
作业前准备	1. 备齐钳子、小铁锤、铁锹、扳手等工具，保险销、圆环链、刮板、铁丝、螺栓、螺母等备品配件，润滑油、液力偶合器（液）等油脂 2. 对现场进行全面安全检查。刮板输送机是否平直，链子是否出槽；刮板输送机头部尾部压戗柱子是否齐全牢固；刮板输送机头部各部件连接螺丝是否齐全紧固；刮板输送机头部是否清扫干净；刮板输送机是否缺刮板、螺丝，是否有坏中部槽、坏刮板，严禁带病作业，发现问题及时处理 3. 检查刮板输送机各部是否螺栓紧固、联轴器间隙是否合格；各部轴承及减速器和液力偶合器的油（液）量是否符合规定 4. 检查防爆电气设备是否完好无损，电缆是否悬挂整齐，信号装置是否灵敏可靠 5. 刮板输送机电机及其开关地点附近 20 m 以内风流中瓦斯浓度达到 1.5% 时，必须切断电源，撤出人员；工作面回风巷风流中瓦斯浓度超过 1.0% 或二氧化碳浓度超过 1.5% 时，必须停止运转，撤出人员，进行处理 6. 发出开机信号，并喊话示警，确认人员离开机械运转部位后，先点动两次，再启动试运转，检查传动部位和链松紧程度，确认正常后方可正式运转，并及时打开喷雾降尘装置
运行	1. 刮板输送机运转时，随时注意电动机、减速器等各部运转声音是否正常，检查有无剧烈震动，电动机、轴承是否过热（电动机温度不应超过 80 ℃，轴承温度不应超过 70 ℃），刮板链运行是否平稳 2. 运行过程中，严禁用手调整刮板链及触摸转动部位，司机不准面向刮板输送机运行方向，以免断链伤人 3. 严禁人员横过输送机。严禁人员乘坐刮板输送机。用刮板输送机运送物料时，有防止顶人和顶倒支架的安全措施
正常停机	1. 得到停机命令后，待刮板输送机内的煤全部拉出后，发出停机信号停机 2. 关闭喷雾阀门，将启动开关停电闭锁 3. 向下一级输送机发出停机信号
交班	1. 清理责任区卫生 2. 与接班人员认真交接 3. 认真填写各项记录

四、岗位安全风险辨识

经过安全生产辨识，掘进刮板输送机岗位存在以下安全风险：
（1）未经培训上岗，造成人身伤害或设备损坏。
（2）未检查瓦斯浓度，造成瓦斯超限，发生瓦斯事故。

（3）对刮板连接螺丝、刮板链检查不认真，未发现问题，造成刮板输送机卡链、断链。

（4）未检查信号和闭锁按钮或检查不认真，出现紧急情况时，无法紧急闭锁，造成人身伤害或机械事故。

（5）未发信号开机，刮板输送机上物料顶断刮板链，造成人身伤害或设备损坏。

（6）未点动开机，拉倒刮板输送机内作业人员。

（7）未检查防护装置，造成人身伤害。

（8）司机精力不集中，超负荷运转时未及时停机，引发运输事故。

（9）信号不明确，未及时停机，埋刮板输送机机头。

（10）未检查喷雾装置，造成工作环境差，影响作业人员健康，引发煤尘事故。

五、岗位应急处置

掘进刮板输送机应熟悉煤矿紧急避险设施和避灾路线，掌握本书第一章中的"应急处置"的内容。

第四节 锚杆锚索支护工

一、岗位制度

锚杆锚索支护工应当熟悉本单位安全生产与职业病危害防治目标管理、奖惩制度，事故隐患报告制度，事故报告与责任追究制度等；掌握本单位其他从业人员培训制度，安全风险分级管控工作制度，事故隐患排查、治理和报告制度，设备与设施检查维修制度。

二、岗位安全生产责任制

（1）锚杆锚索支护工是本岗位作业区域范围内安全生产第一责任人，对本岗位的安全生产工作直接负责。

（2）必须经安全生产教育和培训合格，取得岗位特种作业操作证，持证上岗。

（3）坚守岗位，不擅离职守。严格执行《煤矿安全规程》、作业规程、安全操作规程和现场交接班制度，遵守本单位的安全生产规章制度，服从管理，正确佩戴和使用劳动防护用品。

（4）严格按照岗位作业流程标准操作，掌握岗位安全风险辨识及应急处置方法、内容。

（5）严格按照设计要求和工艺要求施工，熟悉岗位事故隐患排查治理方法、内容。

（6）在打注锚杆和锚索时，要检查材料规格是否合格，不得随意损坏锚杆和锚索，对损坏的要按要求补打齐全、合格。

（7）保管好风钻、电钻、钻杆、钻头等设备材料，不得随意乱放和损坏。

（8）如实、及时汇报生产安全事故，积极配合事故调查。

三、岗位作业流程标准

现场交接班检查→作业前安全检查→架设临时支护→铺网、连网、挂钢带→打顶部锚杆眼→安设顶部锚杆→打两帮锚杆眼→铺帮网→安设帮锚杆→搞好锚杆质量→进行下一排支护→够一排锚索距离时，施工锚索→定眼位→打眼→安装锚索→张紧锚索→记录、编号、挂牌管理。待一个循环支护完后清理现场→搞好文明施工→进行下一个循环作业。作业流程标准见表2-3-4。

表2-3-4 锚杆锚索支护工岗位作业流程标准

作业流程	标　　准
接班	1. 与上一班现场安全交底，了解设备状况及存在问题 2. 对作业地点情况进行巡视检查，排查、处理隐患
作业前准备	1. 备齐锚杆机、套钎、搅拌器、张拉油缸、高压油泵、液压剪等专用工具和常用工具并检查完好 2. 备足树脂锚固剂、钢绞线、锚索梁等合格的支护材料 3. 进入施工地点，首先由外向内由上而下进行敲帮问顶，摘除危岩活石，加固巷道支护，消除安全隐患
打眼	1. 根据措施规定确定眼位，做出明确标记 2. 竖起锚杆机把钻杆接到钻杆接头内，定好眼位，使锚杆机和钻杆处于正确位置。锚杆机开眼前，扶稳钻机，先升气腿，使钻头顶住岩面，确保开眼位置正确 3. 开钻。钻手双手紧握操作把手，分腿站立，身体保持平衡。先开水，后开风。开始钻眼时，用低转速，随着钻孔深度的增大，调整到合适转速。在软岩条件下，锚杆机用高速钻进，要调整好支腿推力，防止堵钎子。在硬岩条件下，钻杆用低速钻进，并要缓慢增加支腿推力

表 2-3-4（续）

作业流程	标　　准
打眼	4. 锚杆机更换、续接钻杆时，要将压风量减少到最小，使锚杆机低速转动，慢慢回落到最低位置，掌钎人拔下钻杆，再接一根钻杆，然后撤到钻手身后侧负责监护，钻手继续升钻打眼至规定深度。钻够深度后，加大水量冲刷孔壁。然后将压风量减少到最小，使锚杆机回落到最低位置，关风关水，从下向上依次卸下钻杆 5. 锚杆机钻进中周围 1.2 m 范围内不准其他人员靠近，防止锚杆机旋转伤人 6. 安设钢绞线。将锚固剂按顺序依次放入钻孔内，用钢绞线顶住锚固剂并送入眼底。在钢绞线末端安设搅拌器，并将搅拌器放在锚杆机装钎器内，钻手缓送气腿阀门，使气腿慢慢升起，同时缓慢开动锚杆机带动钢绞线旋转，随钢绞线逐步搅入锚固剂，逐步加大旋转速度，待钢绞线搅拌至设计深度，外露长度在 200～250 mm 后停止锚杆机气腿升降，搅拌达到约 40 s 后停止搅拌，稳定 1 min 后退下锚杆机，卸下搅拌器 7. 安设锚索梁。将锚索梁托起，串在钢绞线末端，锚索梁靠近岩面。在外露的钢绞线上安设索具，顶紧锚索梁。将张紧油顶套在钢绞线末端，开动油泵张拉钢绞线。油顶行程一次不够长时，收回油顶，重新张拉至设计拉力。张紧随时调整锚索梁位置，达到位置合理。操作人员要避开张拉油缸弹出方向
交班	1. 清理责任区卫生 2. 与接班人员认真交接 3. 认真填写各项记录

四、岗位安全风险辨识

经过安全生产辨识，锚杆锚索支护工岗位存在以下安全风险：

（1）顶板有危岩，未敲帮问顶，不按规定使用临时支护，掉顶伤人。

（2）使用锚固剂的数量、质量、品种不符合作业规程要求，锚索锚杆锚固力不足，造成掉顶伤人。

（3）使用锚索锚杆起吊或牵引物件，损坏巷道支护，造成冒顶伤人事故。

（4）未按设计要求打设锚杆，造成支护不合格，导致冒顶。

（5）无牢固工作平台，超高使用锚杆机，造成操作人员失稳伤人。

（6）操作失误，锚索失控窜出，造成人身伤害。

（7）钢筋梁搭接、网连接、搭茬不符合规程措施要求，造成掉顶伤人。

（8）对锚杆螺母未进行二次紧固，锚固力下降，造成掉顶伤人。

（9）操作时着装不规范，造成缠绕伤人。

（10）锚杆支护巷道压力较大时未加强支护措施，造成冒顶伤人。

(11) 锚杆支护两帮滞后距离超过作业规程规定,造成片帮伤人。
(12) 干打眼,影响身体健康或引起尘肺病。

五、岗位应急处置

锚杆锚索支护工应熟悉煤矿紧急避险设施和避灾路线,掌握本书第一章中的"应急处置"的内容。

第五节 喷 浆 工

一、岗位制度

喷浆工应当熟悉本单位安全生产与职业病危害防治目标管理、奖惩制度,事故隐患报告制度,事故报告与责任追究制度等;掌握本单位其他从业人员培训制度,安全风险分级管控工作制度,事故隐患排查、治理和报告制度,设备与设施检查维修制度。

二、岗位安全生产责任制

(1) 喷浆工是本岗位作业区域范围内安全生产第一责任人,对本岗位的安全生产工作直接负责。

(2) 必须经安全生产教育和培训合格,取得岗位特种作业操作证,持证上岗。

(3) 坚守岗位,不擅离职守。严格执行《煤矿安全规程》、作业规程、安全操作规程和现场交接班制度,遵守本单位的安全生产规章制度,服从管理,正确佩戴和使用劳动防护用品。

(4) 严格按照岗位作业流程标准操作,掌握岗位安全风险辨识及应急处置方法、内容。

(5) 严格按照设计要求和工艺要求施工,熟悉岗位事故隐患排查治理方法、内容。

(6) 根据喷浆工作量按规定要求拌好料。

(7) 如实、及时汇报生产安全事故,积极配合事故调查。

三、岗位作业流程标准

现场交接班检查→作业前安全检查→敲帮问顶→调浆→初喷→预验收→复喷→全

面验收→清理现场。作业流程标准见表2-3-5。

表2-3-5 喷浆工岗位作业流程标准

作业流程	标　　准
接班	1. 与上一班现场安全交底，了解喷浆机运行状况及存在问题 2. 用长柄工具，由外向里，先顶后帮，找落活矸危岩 3. 检查作业场所支护良好，无漏顶，无片帮
作业前准备	1. 风水管路连接牢固可靠，喷浆机管路畅通，无堵塞 2. 防护装置齐全、有效 3. 试机前发出警号，人员远离机械 4. 必须按设计配合比进行计量配料，拌料时水泥和砂、石子应混合均匀
喷浆	1. 人员站位合理 2. 操作程序规范 3. 各项指令下达清晰、接收明确 4. 巷道成形完好，符合作业要求
停机	1. 按操作程序依次停机确认 2. 闭锁隔离开关 3. 切断电源，停止供风供水 4. 回收回弹料，打扫巷道卫生
交班	1. 清理责任区卫生 2. 与接班人员认真交接 3. 认真填写各项记录

四、岗位安全风险辨识

经过安全生产辨识，喷浆工岗位存在以下安全风险：

（1）管路连接不合格，造成脱扣伤人。

（2）喷浆机开停信号不清，造成人身伤害或损坏设备。

（3）喷头对准人员，造成人身伤害。

（4）管路堵塞处理不及时，喷浆管爆裂，喷浆料伤人。

（5）处理堵塞时，喷射口前方有人或附近5m范围内有人，喷浆料射伤他人。

（6）巷道内有失效锚杆未处理就喷浆封闭，造成支护不合格，冒顶伤人。

(7) 喷浆厚度不符合规定,喷浆前未冲洗巷道顶帮,易造成浆体脱落伤人。

(8) 净化喷雾、个人防护等措施未落实,危害人身健康。

五、岗位应急处置

喷浆工应熟悉煤矿紧急避险设施和避灾路线,掌握本书第一章中的"应急处置"的内容。

第四章　井工煤矿机电专业知识

第一节　主井提升机司机

一、岗位制度

主井提升机司机应当熟悉本单位安全生产与职业病危害防治目标管理、奖惩制度,事故隐患报告制度,事故报告与责任追究制度等;掌握本单位特种作业人员培训制度,安全风险分级管控工作制度,事故隐患排查、治理和报告制度,设备与设施检查维修制度。

二、岗位安全生产责任制

(1) 主井提升机司机是本岗位作业区域范围内安全生产第一责任人,对本岗位的安全生产工作直接负责。

(2) 必须经安全生产教育和培训合格,取得岗位特种作业操作证,持证上岗。

(3) 坚守岗位,不擅离职守。严格执行《煤矿安全规程》、作业规程、安全操作规程和现场交接班制度,遵守本单位的安全生产规章制度,服从管理,正确佩戴和使用劳动防护用品。

(4) 严格按照岗位作业流程标准操作,掌握岗位安全风险辨识及应急处置方法、内容。

(5) 熟悉主井提升机的结构、性能、工作原理和生产工艺;熟悉岗位事故隐患排查治理方法、内容。

(6) 掌握作业现场安全动态,发现带式输送机运输巷道存在安全隐患,采取相应的措施后进行处理,并向相关单位进行汇报。

(7) 及时完善和维护带式输送机的安全保护装置和紧急联锁停车装置,认真搞好工作区域的浮煤回收和文明生产工作,合理设置行人过桥。

(8) 严禁用带式输送机运送设备、材料、人员;严禁出现扒、蹬、跳行为,杜绝"三违"行为。

(9) 如实、及时汇报生产安全事故,积极配合事故调查。

三、岗位作业流程标准

收到开车信号→确定提升方向→开启辅助设备→松开保险闸→打开工作闸→操作主令手柄→开始启动→均匀加速→达到正常速度,进入正常运行→到达减速位置→操作主令手柄→开始均匀减速→施闸制动→停车。作业流程标准见表2-4-1。

表2-4-1　主井提升机司机岗位作业流程标准

作业流程	标　　准
接班	1. 接班时,会同交班人员现场巡回检查一次,接班人员听清问明 2. 检查环境卫生,地面清洁无杂物、无油污 3. 消防器材设置符合规定 4. 交接班结束后,双方在记录本上签字
作业前准备	1. 仪器仪表设备完好运行,指示灯指示正常 2. 制动系统、润滑系统及电气设备等正常 3. 闸把应在施闸位置,主令手柄应在零位 4. 急停按钮、复位按钮等旋钮应在正常位置且灵活可靠 5. 根据工况选择正确的提升模式 6. 确定井筒内有无人员上下
开机	1. 必须装置直通电话,并保证畅通 2. 深度指示器必须完好,显示正确 3. 根据信号及容器位置,确定提升方向,将工作闸手柄推至松闸位置,开始起动 4. 注意各种仪表读数应符合规定,深度指示器指针位置和移动速度应正确 5. 必须配备正、副两名司机,每班不得少于两人
正常停机	1. 根据深度指示器指示位置或警铃示警及时减速 2. 根据终点信号,及时用工作闸准确停车,防止过卷
交班	1. 清理责任区卫生 2. 与接班人员认真交接 3. 认真填写各项记录

四、岗位安全风险辨识

经过安全生产辨识,主井提升机司机岗位存在以下安全风险:

(1) 当班中发生的问题未向接班人交代清楚,造成事故。

(2) 未检查主电压是否超过规定，造成电气设备损坏。
(3) 未检查信号装置，信号失效，造成电气设备损坏。
(4) 未听清楚或未看清开车信号，误操作，造成设备损坏或人身伤害。
(5) 提升机方向操作失误，造成设备损坏。
(6) 接到紧急停车信号后，未及时按下紧急停车开关，造成设备损坏或人身伤害。
(7) 运输危险物品时，超速运行，造成设备损坏。
(8) 运行中发现异常未及时停车，造成设备损坏。
(9) 运行中未检测制动油压是否在规定范围，制动闸失灵，造成设备损坏。
(10) 收到停车信号未及时停车，造成设备损坏。
(11) 主司机精力不集中或副司机监控不到位，造成事故。
(12) 现场四清卫生差，造成人员意外伤害。

五、岗位应急处置

主井提升机司机应熟悉煤矿紧急避险设施和避灾路线，掌握本书第一章中的"应急处置"的内容。

第二节　主通风机司机

一、岗位制度

主井提升机司机应当熟悉本单位安全生产与职业病危害防治目标管理、奖惩制度，事故隐患报告制度，事故报告与责任追究制度等；掌握本单位特种作业人员培训制度，安全风险分级管控工作制度，事故隐患排查、治理和报告制度，设备与设施检查维修制度。

二、岗位安全生产责任制

(1) 主井提升机司机是本岗位作业区域范围内安全生产第一责任人，对本岗位的安全生产工作直接负责。
(2) 必须经安全生产教育和培训合格，取得岗位特种作业操作证，持证上岗。
(3) 坚守岗位，不擅离职守。严格执行《煤矿安全规程》、作业规程、安全操作规程和现场交接班制度，遵守本单位的安全生产规章制度，服从管理，正确佩戴和使用劳动防护用品。

(4) 严格按照岗位作业流程标准操作，掌握岗位安全风险辨识及应急处置方法、内容。

(5) 熟悉主井提升机的结构、性能、工作原理和生产工艺；熟悉岗位事故隐患排查治理方法、内容。

(6) 掌握作业现场安全动态，发现带式输送机运输巷道存在安全隐患，采取相应的措施后进行处理，并向相关单位进行汇报。

(7) 及时完善和维护带式输送机的安全保护装置和紧急联锁停车装置，认真搞好工作区域的浮煤回收和文明生产工作，合理设置行人过桥。

(8) 严禁用带式输送机运送设备、材料、人员；严禁出现扒、蹬、跳行为，杜绝"三违"行为。

(9) 如实、及时汇报生产安全事故，积极配合事故调查。

三、岗位作业流程标准

收到开车信号→确定提升方向→开启辅助设备→松开保险闸→打开工作闸→操作主令手柄→开始启动→均匀加速→达到正常速度，进入正常运行→到达减速位置→操作主令手柄→开始均匀减速→施闸制动→停车。作业流程标准见表2-4-2。

表2-4-2 主通风机司机岗位作业流程标准

作业流程	标准
接班	1. 认真向交班人详细询问、了解工作现场设备的使用情况 2. 环境卫生整洁，设备卫生干净 3. 与交班人员一起对现场所有设施进行巡视检查 4. 认真填写交接班记录
日常巡视	1. 每间隔1小时进行巡视检查并认真填写运行日志 2. 检查电机无异响，电机前后轴油位合适；检查制动装置与连接轴无摩擦声音 3. 润滑油站检查回油畅通；油箱油位合适；压力及温度表指示正常；油站、油管无渗油现象；加热器或冷却风机工作正常 4. 检查风叶与风机外壳无摩擦的声音；风机无喘振现象 5. 检查风机风门、垂直风门及水平风门位置合适，开度表及指示灯正常 6. 10 kV 电压正常 7. 所有高、低压柜状态指示仪表指示正确，变压器运行正常，低压把手位置正常，无功补偿装置、电容无异常，接触器无发热现象，蓄电池无漏液现象 8. 操作台各指示灯正常，监控电脑正常，查看后台各项参数正常 9. 做好运行记录

第四章 井工煤矿机电专业知识

表 2-4-2（续）

作业流程		标　　准
主通风机例行倒机	倒机前	1. 例行倒机时提前半小时开启备用风机油站，检查压力及回油正常 2. 手动盘车 3 圈，检查有无卡阻现象，发现问题，及时处理 3. 向调度室汇报具备倒机条件
	启动程序	1. 接到调度室的倒机命令 2. 按下运行风机的停止按钮 3. 待运行风机停转以后，立即关闭运行风机的风机风门，同时打开备用风机的风机风门 4. 将备用风机的通风/软启柜由热备转为运行状态，同时把软启柜打至远控位置，并在操作台上启动备用风机
	倒机后	1. 严格按照日常运行检查内容对风机进行全面巡视，并做好记录 2. 对备用风机进行全面检查维护，确保完好备用
反风操作	主风机	1. 接到调度室反风指令 2. 固定防爆门 3. 对运行风机进行断电停机 4. 将正反转柜正转切换为冷备状态，反转切换为运行状态 5. 解除运行风机通风/软启柜跳闸压板 6. 在操作台按下启动按钮 7. 10 min 内完成上述步骤
	备用风机	1. 接到调度室反风指令 2. 开启备机润滑油站 3. 固定防爆门 4. 将备机正反转柜正转切换为冷备状态，将反转切换为运行状态 5. 解除备机通风/软启柜跳闸压板 6. 运行风机停机，关闭运行风机风门，打开备机风机风门 7. 在操作台按下备机启动按钮 8. 10 min 内完成上述步骤
风机启动操作		1. 开启润滑油站 2. 打开启动风机风门，关闭备机风机风门 3. 手动盘车 3 圈，检查有无卡阻现象，发现问题，及时处理 4. 将启动风机通风/软起柜转为运行状态 5. 在操作台按下启动按钮 6. 对运行设备进行全面巡视 7. 汇报调度室及相关领导

表2-4-2（续）

作业流程	标　　准
交班	1. 清理责任区卫生 2. 与接班人员认真交接 3. 认真填写各项记录

四、岗位安全风险辨识

经过安全生产辨识，主井提升机司机岗位存在以下安全风险：

（1）当班中发生的问题未向接班人交代清楚，造成事故。

（2）未检查主电压是否超过规定，造成电气设备损坏。

（3）未检查信号装置，信号失效，造成电气设备损坏。

（4）未听清楚或未看清开车信号，误操作，造成设备损坏或人身伤害。

（5）提升机方向操作失误，造成设备损坏。

（6）接到紧急停车信号后，未及时按下紧急停车开关，造成设备损坏或人身伤害。

（7）运输危险物品时，超速运行，造成设备损坏。

（8）运行中发现异常未及时停车，造成设备损坏。

（9）运行中未检测制动油压是否在规定范围，制动闸失灵，造成设备损坏。

（10）收到停车信号未及时停车，造成设备损坏。

（11）主司机精力不集中或副司机监控不到位，造成事故。

（12）现场四清卫生差，造成人员意外伤害。

五、岗位应急处置

主井提升机司机应熟悉煤矿紧急避险设施和避灾路线，掌握本书第一章中的"应急处置"的内容。

第三节　主排水泵司机

一、岗位制度

主排水泵司机应当熟悉本单位安全生产与职业病危害防治目标管理、奖惩制度，事故隐患报告制度，事故报告与责任追究制度等；掌握本单位其他从业人员培训制度，安全风险分级管控工作制度，事故隐患排查、治理和报告制度，设备与设施检查维修制度。

二、岗位安全生产责任制

（1）主排水泵司机是本岗位作业区域范围内安全生产第一责任人，对本岗位的安全生产工作直接负责。

（2）必须经安全生产教育和培训合格，取得岗位特种作业操作证，持证上岗。

（3）坚守岗位，不擅离职守。严格执行《煤矿安全规程》、作业规程、安全操作规程和现场交接班制度，遵守本单位的安全生产规章制度，服从管理，正确佩戴和使用劳动防护用品。

（4）严格按照岗位作业流程标准操作，掌握岗位安全风险辨识及应急处置方法、内容。

（5）熟悉水泵的结构、性能、原理，发现异常立即停机处理，不能处理的，及时报告班长或维修工。

（6）如实、及时汇报生产安全事故，积极配合事故调查。

（7）完成班长交代的其他工作。

三、岗位作业流程标准

现场交接班检查→现场交接班验收→敲帮问顶→检查水泵完好情况→做好瓦斯检测→启动（向水泵充水→泵体内充满水后→启动水泵电机→待水泵电机电流达到正常时→关闭充水设备及真空表→缓缓打开出水口阀门→出水口阀门完全打开后→排水泵投入正常运行）→运行中巡检→停机（关闭压力表阀→缓缓关闭出水口阀门→切断电机电源）→填写运行记录→清理卫生→现场班组长签字、交班。作业流程标准见表2-4-3。

表2-4-3 主排水泵司机岗位作业流程标准

作业流程	标　　准
接班	1. 认真与上一班现场安全交底并报告上班排水量 2. 检查排水管路连接牢固，密封良好，无破损漏水现象 3. 转动部位必须加装防护罩 4. 配水井盖板齐全、可靠，密封严实

表 2-4-3（续）

作业流程	标　准
操作前准备	1. 水泵启动前必须检查确认各部件完好，包括泵体紧固件、轴承、管道和闸阀的开启状态 2. 检查水泵前后轴承的盘根磨损状态，水泵效率低于正常水平时要及时更换盘根 3. 在设备转动部位必须安装防护罩。防护装置应吊挂"严禁靠近"警示标识，联轴器间隙符合规定，防护罩牢固可靠 4. 所有设备设施上的仪器仪表要完好、无破损、无丢失
开泵	1. 按开机顺序进行手指口述开机工作及安全确认 2. 随时观察压力表、电压表、电流表、水位表等指示是否正常
停泵	1. 电机停机 2. 闭锁开关，悬挂"禁止合闸"标志牌 3. 清理作业区卫生，清洁设备 4. 填写水泵运行记录
交班	1. 与接班人员认真交接 2. 认真填写各项记录

四、岗位安全风险辨识

经过安全生产辨识，主排水泵司机岗位存在以下安全风险：
（1）未按规定程序启动排水泵，造成水泵损坏。
（2）电流、电压不正常时，未及时停泵，设备损坏。
（3）随意变更水泵各项保护整定值，安全保护失灵，造成设备损坏。
（4）未关闭阀门停止水泵，高压水倒流，造成设备损坏。
（5）现场四清卫生差，造成人员意外伤害。
（6）司机精力不集中，不及时开泵，造成淹井；不及时停泵，损坏设备。

五、岗位应急处置

主排水泵司机应熟悉煤矿紧急避险设施和避灾路线，掌握本书第一章中的"应急处置"的内容。

第四节　井下电钳工

一、岗位制度

井下电钳工应当熟悉本单位安全生产与职业病危害防治目标管理、奖惩制度，事故隐患报告制度，事故报告与责任追究制度等；掌握本单位特种作业人员培训制度，安全风险分级管控工作制度，事故隐患排查、治理和报告制度，设备与设施检查维修制度。

二、岗位安全生产责任制

（1）井下电钳工必须经安全生产教育和培训合格，取得岗位特种作业操作证，持证上岗。

（2）坚守岗位，不擅离职守。严格执行《煤矿安全规程》、作业规程、安全操作规程和现场交接班制度，遵守本单位的安全生产规章制度，服从管理，正确佩戴和使用劳动防护用品。

（3）严格按照岗位作业流程标准操作，掌握岗位安全风险辨识及应急处置方法、内容。

（4）严格按照电气工作票制度进行高压电气设备和线路的修理和调整工作

（5）负责机电设备的安装维护和检修，按检修周期和内容进行维护检修，确保性能良好可靠。

（6）按时参加机电系统专项检查工作、安全风险辨识、评价、管控和隐患排查、治理工作，机电安全生产标准化检查工作。

（7）按时参加班前会和收班会、质量和事故分析会、工作总结会和其他各种班务会议。

（8）如实、及时汇报生产安全事故，积极配合事故调查。

（9）完成班长交代的其他工作。

三、岗位作业流程标准

现场交接班检查→现场交接班验收→敲帮问顶→检查机电设备完好及运行情况→检查失爆现象→做好瓦斯检测→挂警示牌，设置警戒→检修→维护→清理卫生→交班。作业流程标准见表2-4-4。

表2-4-4　井下电钳工岗位作业流程标准

作业流程	标　　准
接班	1. 与上一班现场交接，了解设备及供电系统运行状况及存在问题 2. 对包机范围内所有设备检查、排查、处理隐患 3. 认真填写交接班记录
检修前准备	1. 检查作业地点的安全状况，顶帮支护完好，无安全隐患 2. 清理设备运行区域卫生，确认设备运行状况良好，各操作手把灵敏、可靠 3. 确认设备各项保护、接地系统完好 4. 确认检修所需工器具、仪器、材料完好
检修作业	1. 与当班负责人联系，确认可以检修作业 2. 用便携仪检测瓦斯浓度，确认瓦斯不超标 3. 确认停电开关正确，分闸→拉开隔离开关→闭锁→确认已停电 4. 确认上级停电开关正确，分闸→拉开隔离开关→闭锁→挂停电牌→确认已停电，派专人看守 5. 按照"测瓦斯、停电、验电、放电、挂接地线"程序，开始检修设备
检修结束后	1. 清点检修工器具等，防止遗留到检修设备中 2. 清点检修人数，确认检修人员全部检修完毕 3. 检修负责人联系当班负责人，确认检修完毕可以送电 4. 检测瓦斯浓度，确认瓦斯不超标可以送电 5. 确认上级送电开关正确，摘停电牌→解锁→合隔离开关→合闸→查看显示屏确认已合闸 6. 确认送电检修开关正确，解锁→合隔离开关→合闸→查看显示屏确认已合闸 7. 设备试运行，确认检修设备正常 8. 认真填写检修记录
交班	1. 清理责任区卫生 2. 与接班人员岗位对岗位交接验收 3. 认真填写交接班记录

四、岗位安全风险辨识

经过安全生产辨识，井下电钳工岗位存在以下安全风险：
（1）未经培训上岗，造成人身伤害或设备损坏。
（2）未执行停送电制度，触电伤人。
（3）在带电的电压互感器上工作，触电伤人。
（4）检查试验装置金属外壳没有可靠接地线，触电伤人。

(5) 对有电容的设备试验前后未放电,触电伤人。

(6) 试验操作过程中,操作人员未戴绝缘手套、未穿绝缘靴或站在绝缘台上,触电伤人。

(7) 进行继电保护试验,未切断被检验开关的一次回路,触电伤人或造成设备损坏。

(8) 在正常运行的固定设备上进行测试工作时,未与当班司机联系,触电伤人或造成电气设备损坏。

(9) 试验工作结束后,未恢复设备原有接地线,对线路恢复送电时,未撤回工作人员,触电伤人或造成电气设备损坏。

五、岗位应急处置

井下电钳工应熟悉煤矿紧急避险设施和避灾路线,掌握本书第一章中的"应急处置"的内容。

第五节 变 配 电 工

一、岗位制度

变配电工应当熟悉本单位安全生产与职业病危害防治目标管理、奖惩制度,事故隐患报告制度,事故报告与责任追究制度等;掌握本单位其他从业人员培训制度,安全风险分级管控工作制度,事故隐患排查、治理和报告制度,设备与设施检查维修制度。

二、岗位安全生产责任制

(1) 变配电工必须经安全生产教育和培训合格,取得岗位特种作业操作证,持证上岗。

(2) 坚守岗位,不擅离职守。严格执行《煤矿安全规程》、作业规程、安全操作规程和现场交接班制度,遵守本单位的安全生产规章制度,服从管理,正确佩戴和使用劳动防护用品。

(3) 严格按照岗位作业流程标准操作,掌握岗位安全风险辨识及应急处置方法、内容。

(4) 熟悉变电所内各种开关的性能,具备维护、故障处理的技能,保证设备运行正常。

(5) 负责变电所各类开关的停送电工作，巡回检查电气设备的运行情况，雷雨及节日期间加强对设备的巡视。

(6) 负责检查各种电气设备的防爆性能、绝缘性能及各种电气仪表、电气保护装置的灵敏可靠程度，杜绝失爆。发现开关出现异常情况时及时处理，保证本班运行正常，无遗留隐患。

(7) 如实、及时汇报生产安全事故，积极配合事故调查。

(8) 完成班长交代的其他工作。

三、岗位作业流程标准

现场交接班检查→现场交接班验收→敲帮问顶→检查机电设备完好及运行情况→检查失爆现象→做好瓦斯检测→挂警示牌，设置警戒→检修→维护→清理卫生→交班。作业流程标准见表2-4-5。

表2-4-5 变配电工岗位作业流程标准

作业流程	标　准
接班	1. 值班人员应按照规定时间进行交接班，未办交接手续前，不得擅离职守 2. 交接班过程中，不得办理工作票和进行倒闸操作，不接待外来人员 3. 在处理事故或进行倒闸操作时，不得进行交接班，交接班时发生事故或异常，立即停止交接班，由交接人员负责处理，接班人员协助 4. 交接班内容一般应为：①设备运行情况和本站的运行方式；②继电保护和自动装置运行及变更情况；③设备异常、事故处理、缺陷处理情况；④倒闸操作及未完的操作任务；⑤设备检修，试验情况，安全措施的布置，接地线使用的组数、编号及位置和工作票执行情况；⑥上级指令、命令交接 5. 交接完毕后，双方值班人员在运行记录簿上签字
操作前准备	1. 接到值班调度员或停送电联系人的指令，复诵指令 2. 填写操作票，由监护人审核 3. 准备好合格的操作工具和安全工器具 4. 检查"两防"闭锁装置 5. 核对操作现场的设备编号及设备状态
倒闸操作	1. 停电必须按照先断路器后开关的顺序依次进行，送电顺序与此相反 2. 验电必须使用相应电压等级且合格的验电器，并在各相分别验电 3. 装设接地线必须先接接地端、后接导体端，拆时与此相反 4. 悬挂标示牌 5. 操作完毕回令，填写运行记录，将操作票归档

表 2-4-5（续）

作业流程	标　准
交班	1. 认真打扫站内卫生 2. 与接班人现场进行交接班

四、岗位安全风险辨识

经过安全生产辨识，变配电工岗位存在以下安全风险：

（1）未经培训上岗，造成人身伤害或设备损坏。

（2）未交代当班中发生的问题和未处理的事情，造成接班人不了解当班发生的问题，有隐患不知情。

（3）未按规定执行倒闸操作，电气设备损坏，导致人身伤害。

（4）未认真填写倒闸操作票或填写字迹不工整、不清晰、误操作，记录不完整。

（5）未严格执行停送电制度，误操作，造成损坏开关，导致人身伤害。

（6）未打扫卫生或者清扫不干净，造成现场混乱。

五、岗位应急处置

变配电工应熟悉煤矿紧急避险设施和避灾路线，掌握本书第一章中的"应急处置"的内容。

第五章　井工煤矿运输专业知识

第一节　架空乘人装置司机

一、岗位制度

架空乘人装置司机应当熟悉本单位安全生产与职业病危害防治目标管理、奖惩制度，事故隐患报告制度，事故报告与责任追究制度等；掌握本单位其他从业人员培训制度，安全风险分级管控工作制度，事故隐患排查、治理和报告制度，设备与设施检查维修制度。

二、岗位安全生产责任制

（1）架空乘人装置司机是本岗位作业区域范围内安全生产第一责任人，对本岗位的安全生产工作直接负责。

（2）必须经安全生产教育和培训合格，取得岗位特种作业操作证，持证上岗。

（3）坚守岗位，不擅离职守。严格执行《煤矿安全规程》、作业规程、安全操作规程和现场交接班制度，遵守本单位的安全生产规章制度，服从管理，正确佩戴和使用劳动防护用品。

（4）严格按照岗位作业流程标准操作，掌握岗位安全风险辨识及应急处置方法、内容。

（5）熟悉水泵的结构、性能、原理，发现异常立即停机处理，不能处理的，及时报告班长或维修工。

（6）如实、及时汇报生产安全事故，积极配合事故调查。

（7）完成班长交代的其他工作。

三、岗位作业流程标准

现场交接班检查→现场交接班验收→检查操作台、开关完好情况→打点两次→全线巡视设备→调整配重位置→停机→填写运行记录→清理卫生→现场班组长签

第五章 井工煤矿运输专业知识

字、交班。作业流程标准见表 2-5-1。

表 2-5-1 架空乘人装置司机岗位作业流程标准

作业流程	标　　准
接班	1. 认真向交班人详细询问、了解设备的使用情况，确保设备正常运转 2. 与交班人员进行全面现场巡视，无安全隐患，具备接班条件 3. 环境卫生整洁，设备卫生干净 4. 认真填写交接班记录
开车前检查	1. 检查各项保护装置完好可靠，巷道内无影响开车因素 2. 检查操作台各项指示正常，无报警信号 3. 各馈电开关指示正常 4. 减速机油位合适
开车程序	1. 将运行方式旋转到连续运行位置 2. 按两下打点按钮 3. 按一下预警按钮 4. 按下启动按钮，架空乘人装置开始缓慢运行直至全速运行 5. 检查操作台各指示灯正常，电机无异响
运行中巡视	1. 检查操作台各项指示是否正常，有无报警信号 2. 各馈电开关指示是否正常 3. 主电机运行情况，有无与高速制动器摩擦的声音 4. 减速机油位是否合适 5. 液压站有无渗油现象，油位是否正常，压力是否正常 6. 驱动轮转动是否灵活，有无卡阻现象，吊椅通过时有无异常摆动或声响 7. 低速制动器闸片表面有无油迹，液压站有无渗油现象 8. 检查沿线托绳轮轮衬的磨损情况 9. 检查迂回轮转动是否灵活，有无卡阻现象，吊椅通过时有无异常摆动
停车程序	1. 检查各队组职工全部升井后，准备停车 2. 按一下打点按钮 3. 按下停止按钮 4. 架空乘人装置高、低速闸抱死，停止运转
应急处置	1. 架空乘人装置沿线设有急停保护，当设备急停保护动作停车时，必须立即查找原因，排除影响设备运行的因素后，按照开车流程开车 2. 当设备发生故障，影响设备及人员安全时，必须立即停车，汇报值班队长组织检修。检修完成后，进行开车操作 3. 当乘坐人员意外受伤时，必须立即停车，对伤者进行现场救治，移送至安全区域后，汇报值班队长及调度室寻求帮助

表 2-5-1（续）

作业流程	标　　准
交班	1. 清扫环境卫生、清理设备卫生 2. 与接班人现场交接班 3. 认真填写交接班记录

四、岗位安全风险辨识

经过安全生产辨识，架空乘人装置司机岗位存在以下安全风险：

（1）馈电开关、润滑油站维护不到位有发生火灾的风险。

（2）操作电气设备时，有可能因误操作造成触电或电弧伤人的风险。

（3）设备有故障未按规定汇报处理、未交接班，造成设备带病运行，出现伤人事故。

（4）乘坐架空乘人器时携带超高、超长、超重、圆形易滚落物件和火工品，造成意外伤人事故。

（5）钢丝绳张紧力不够，磨损、断丝超限，造成伤人事故。

（6）托绳轮直线性差、托绳轮胶衬磨损严重，造成意外伤人事故。

（7）抱索器锁具紧固力不够，安全保护失效，造成伤人事故。

（8）越位自动停车保护不起作用，造成越位伤人事故。

五、岗位应急处置

架空乘人装置司机应熟悉煤矿紧急避险设施和避灾路线，掌握本书第一章中的"应急处置"的内容。

第二节　斜巷把钩工

一、岗位制度

斜巷把钩工应当熟悉本单位安全生产与职业病危害防治目标管理、奖惩制度，事故隐患报告制度，事故报告与责任追究制度等；掌握本单位其他从业人员培训制度，安全风险分级管控工作制度，事故隐患排查、治理和报告制度，设备与设施检查维修制度。

二、岗位安全生产责任制

（1）斜巷把钩工必须经安全生产教育和培训合格，取得岗位特种作业操作证，持证上岗。

（2）坚守岗位，不擅离职守。严格执行《煤矿安全规程》、作业规程、安全操作规程和现场交接班制度，遵守本单位的安全生产规章制度，服从管理，正确佩戴和使用劳动防护用品。

（3）严格按照岗位作业流程标准操作，掌握岗位安全风险辨识及应急处置方法、内容。

（4）认真执行"行人不行车，行车不行人"规定，保证安全运输。

（5）对于不符合提升规定以及违反操作规程的，严禁提升。"四超"车辆必须有提升措施，严禁超挂车辆。

（6）如实、及时汇报生产安全事故，积极配合事故调查。

（7）完成班长交代的其他工作。

三、岗位作业流程标准

现场交接班检查→现场交接班验收→检查绞车、安全设施、运输路线及钢丝绳→发出信号试运转→挂车→发出信号→听信号开车→听信号停车→停电闭锁。作业流程标准见表2-5-2。

表2-5-2　斜巷把钩工岗位作业流程标准

作业流程	标　　准
接班	1. 严格现场交接班 2. 必须交接清楚本班的设备运行情况 3. 检查作业场所支护良好，无漏顶，无片帮
作业前准备	1. 绞车地锚（压柱）齐全、牢固可靠 2. 防护设施齐全、完好 3. 信号完好，开关按钮灵活，制动闸、离合器操作手把灵活、可靠 4. 钢丝绳无锈蚀、断丝超限现象 5. 检查矿车钢丝绳捆绑牢固
启动	1. 启动前，司机必须发出信号 2. 司机必须在护绳板后操作，严禁在绞车侧面或绞车前面操作 3. 回柱绞车运行时严禁换挡、严禁使用工作闸制动 4. 钢丝绳运行期间严格执行"行人不行车，行车不行人"制度

表2-5-2（续）

作业流程	标　　准
停车	1. 拉紧车闸，开关手把打到零位 2. 锁好绞车授权装置

四、岗位安全风险辨识

经过安全生产辨识，斜巷把钩工岗位存在以下安全风险：

（1）未扎紧袖口和腰带，摘挂时，钢丝绳或物料等挂着衣物，操作人员受伤。

（2）未检查连接装置、保安绳、滑头以及各种斜巷跑车防护装置，各种安全设施不完好，造成斜巷跑车事故。

（3）未检查斜巷内是否有影响行车安全的情况就开车，提升过程中发生斜巷提升事故。

（4）未停车情况下把钩工私自离开信号室，发生异常情况时，无法发出停车信号，造成提升事故。

（5）未在提升时密切监视运行情况，发现紧急情况没有立即发出停车信号，发生斜巷提升事故。

（6）未在车停稳时就摘挂钩、未在摘挂钩时站立在适当位置，造成把钩工被挤伤事故。

（7）用不合格的装置连接，造成提升事故。

（8）未挑出影响安全提升的车辆，提升过程中出现安全事故。

（9）在提升时，人员未进入安全地带，斜巷发生跑车事故后，造成人身伤害。

五、岗位应急处置

斜巷把钩工应熟悉煤矿紧急避险设施和避灾路线，掌握本书第一章中的"应急处置"的内容。

第三节　调度绞车司机

一、岗位制度

调度绞车司机应当熟悉本单位安全生产与职业病危害防治目标管理、奖惩制度、事故隐患报告制度，事故报告与责任追究制度等；掌握本单位其他从业人员培训制度、安全风险分级管控工作制度、事故隐患排查、治理和报告制度、设备与设施检查维修制度。

二、岗位安全生产责任制

（1）调度绞车司机必须经安全生产教育和培训合格，取得岗位特种作业操作证，持证上岗。

（2）坚守岗位，不擅离职守。严格执行《煤矿安全规程》、作业规程、安全操作规程和现场交接班制度，遵守本单位的安全生产规章制度，服从管理，正确佩戴和使用劳动防护用品。

（3）严格按照岗位作业流程标准操作，掌握岗位安全风险辨识及应急处置方法、内容。

（4）熟悉绞车结构、性能和工作原理。

（5）负责与各吊挂人员配合，做好各种机件、物品的起重搬运工作，做到安全行车。

（6）负责小绞车的保养和维护，对各机构及电气设备组件进行检查，并按规定润滑，保证小绞车正常运行。对较大故障要向单位领导汇报，并及时处理。

（7）如实、及时汇报生产安全事故，积极配合事故调查。

（8）完成班长交代的其他工作。

三、岗位作业流程标准

现场交接班检查→现场交接班验收→检查绞车、安全设施、运输路线及钢丝绳→发出信号试运转→挂车→发出信号→听信号开车→听信号停车→停电闭锁。作业流程标准见表2-5-3。

表2-5-3 调度绞车司机岗位作业流程标准

作业流程	标　　准
接班	1. 严格现场交接班 2. 必须交接清楚本班的设备运行情况 3. 检查作业场所支护良好，无漏顶，无片帮
作业前准备	1. 绞车地锚（压柱）齐全、牢固可靠 2. 防护设施齐全、完好 3. 信号完好，开关按钮灵活，制动闸、离合器操作手把灵活、可靠 4. 钢丝绳无锈蚀、断丝超限现象 5. 检查矿车钢丝绳捆绑牢固

表2-5-3（续）

作业流程	标　　准
启动	1. 启动前，司机必须发出信号 2. 司机必须在护绳板后操作，严禁在绞车侧面或绞车前面操作 3. 回柱绞车运行时严禁换挡、严禁使用工作闸制动 4. 钢丝绳运行期间严格执行"行人不行车，行车不行人"制度
停车	1. 拉紧车闸，开关手把打到零位 2. 锁好绞车授权装置

四、岗位安全风险辨识

经过安全生产辨识，调度绞车司机岗位存在以下安全风险：
（1）未检查绞车锚固情况，运行中绞车被拉出，造成事故。
（2）未检查钢丝绳断丝是否超过规定，造成断绳跑车事故。
（3）未检查信号或未听清信号开车，造成事故。
（4）安全设施不起作用，造成跑车事故。
（5）绞车与轨道之间安全间隙不足，挤伤人员。
（6）开车时，一手开车，一手处理爬绳，钢丝绳挤伤人员。
（7）放绳时不随推车随放绳，留有余绳，绷断钢丝绳，造成人身伤害事故。
（8）绞车司机松车不带电松车，放飞车，造成跑车伤人事故。
（9）矿车掉道时绞车司机用绞车硬拉复位，引起伤人事故。
（10）未执行"行车不行人、行人不行车"制度，引起伤人事故。

五、岗位应急处置

调度绞车司机应熟悉煤矿紧急避险设施和避灾路线，掌握本书第一章中的"应急处置"的内容。

第六章　井工煤矿通风专业知识

第一节　瓦斯检查员

一、岗位制度

瓦斯检查员应当熟悉本单位安全生产与职业病危害防治目标管理、奖惩制度，事故隐患报告制度，事故报告与责任追究制度等；掌握本单位特种作业人员培训制度，安全风险分级管控工作制度，事故隐患排查、治理和报告制度，设备与设施检查维修制度。

二、岗位安全生产责任制

（1）瓦斯检查员必须经安全生产教育和培训合格，取得岗位特种作业操作证，持证上岗。

（2）坚守岗位，不擅离职守。严格执行《煤矿安全规程》、作业规程、安全操作规程和现场交接班制度，遵守本单位的安全生产规章制度，服从管理，正确佩戴和使用劳动防护用品。

（3）严格按照岗位作业流程标准操作，掌握岗位安全风险辨识及应急处置方法、内容。

（4）熟悉使用检测仪器仪表的结构、性能和工作原理；熟悉岗位事故隐患排查治理方法、内容。

（5）掌握气体超限的标准、处理方法、措施；按照瓦斯检查巡回图表，负责分工区域内的瓦斯及二氧化碳浓度的检查，认真填写记录手册、瓦斯牌板等工作。

（6）负责分工区域内的通风、防尘、防爆设施的检查工作，发现问题采取措施进行处理，并汇报有关领导。

（7）瓦斯检查要认真并及时填好记录，做到检查、汇报、签字，每次汇报数据要准确，不准空班漏检，有特殊情况要及时汇报，配合爆破员执行"一炮三检""三人联锁爆破"制度。

（8）负责分工区域内盲巷和设施的管理，在临时停风或微风的工作地点，检查或处理瓦斯要按照有关规定执行。

（9）当瓦斯超限时，负责组织工作面人员撤到新鲜风流巷道，发现其他危及人员安全的情况时，组织人员撤到安全地带。

（10）如实、及时汇报生产安全事故，积极配合事故调查。

三、岗位作业流程标准

领取仪器→检查仪器→交接班→清洗气室→调零→取气→读数→记录→填写牌板→输入数据→班中汇报→整理仪器上井→填写瓦斯日报表。作业流程标准见表 2-6-1。

表 2-6-1　瓦斯检查员岗位作业流程标准

作业流程	标　　准
班前会	1. 遵守会议纪律，不迟到，不早退 2. 巡检区域分工明确，杜绝脱岗、空班 3. 强调班中安全注意事项 4. 带领职工学习每日一题，提高业务能力 5. 检查仪器光路、电路、气路是否正常
入井	1. 正确佩戴劳动保护用品 2. 检查入井证、特种作业操作证等证件是否佩戴齐全 3. 按照矿井要求有序乘坐猴车
接班	1. 通风、瓦斯和生产是否出现异常及处理情况 2. "一通三防"设施情况完好及使用情况 3. 巡检区域内的隐患及处理情况 4. 其他需交接的内容
清洗气室、调零	1. 在与待测地点温度、气压相差不大的新鲜风流中，手捏气球 5~6 次，先将微调回零，再调动主调螺旋 2. 使干涉条纹最清晰的一条对零，边看目镜边盖保护盖
检查瓦斯等气体浓度	1. 按照巷道风流划定法，选择相应的测点，手捏气球 5~10 次 2. 先按光源电门，由目镜观察黑基线位置，再转动微调螺旋，调整后读数 3. 连续测定 3 次，取最大值

表 2-6-1（续）

作业流程	标准
填写记录	1. 每次检测结束后，按照瓦斯检查手册、瓦斯检查巡回图表、瓦斯检查记录牌板的顺序完成记录填写 2. 填写记录、牌板，做到字迹工整、清晰
告知现场作业人员	1. 检测结束后，及时将检测结果告知现场作业人员 2. 告知现场作业人员，并要求跟班队长或班长在瓦斯检查手册上签字确认
汇报调度	1. 将巡检区域内瓦斯、二氧化碳等气体浓度以及"一通三防"情况汇报至通风区调度 2. 汇报时应口齿清晰、数据准确
指定地点交班	1. 通风、瓦斯和生产是否出现异常及处理情况 2. "一通三防"设施情况完好及使用情况 3. 巡检区域内的隐患及处理情况 4. 其他需交接的内容
班后会	1. 将当班检查情况填写在班后会记录本上 2. 及时上交巡回图表 3. 由跟班队长或班长对记录进行审查
调度台账签字	1. 对当班汇报的内容进行核对 2. 核对准确无误后，及时签字确认

四、岗位安全风险辨识

经过安全生产辨识，瓦斯检查员岗位存在以下安全风险：

（1）检查失误，携带不合格的仪器下井，造成测量结果错误，不能真实反映现场瓦斯浓度。

（2）瓦斯检定器未换气，导致错误结果，造成事故。

（3）未认真检查现场顶板、巷帮情况，出现掉矸、掉顶，发生人身伤害。

（4）未在现场交接班，造成空岗，引发事故。

（5）未按规定巡回路线检查，假检、漏检，现场情况不能得到及时处理。

（6）瓦斯、有毒有害气体超限未撤人，导致瓦斯窒息或爆炸。

（7）没有执行"一炮三检"和"三人联锁爆破"制度，瓦斯超限爆破，引起瓦斯事故或其他事故。

（8）停局部通风机后未及时撤人、设栅栏、揭示警标，导致人员未及撤离,造成瓦斯事故。

(9) 记录手册、瓦斯检查牌板和瓦斯日报表填写不一致、不真实,导致现场人员无法掌握真实数据。

(10) 弄虚作假,编造记录,导致管理人员不能正确了解现场情况,指挥失误,出现事故。

(11) 测瓦斯前未观察该地点通风情况,若无风或通风不良存在气体浓度达不到规定,会造成人员中毒或窒息事故。

(12) 对于人迹稀少地点的检查瓦斯工作,如一人作业,存有矿灯熄灭、风门压力大难以打开等岗位安全风险,会造成人员迷失、被困等事故。

五、岗位应急处置

瓦斯检查员应熟悉煤矿紧急避险设施和避灾路线,掌握本书第一章中的"应急处置"的内容。

第二节 安全仪器监测监控工

一、岗位制度

安全仪器监测监控工应当熟悉本单位安全生产与职业病危害防治目标管理、奖惩制度,事故隐患报告制度,事故报告与责任追究制度等;掌握本单位特种作业人员培训制度、安全风险分级管控工作制度,事故隐患排查、治理和报告制度,设备与设施检查维修制度。

二、岗位安全生产责任制

(1) 安全仪器监测监控工是本岗位作业区域范围内安全生产第一责任人,对本岗位的安全生产工作直接负责。

(2) 安全仪器监测监控工必须经安全生产教育和培训合格,取得岗位特种作业操作证,持证上岗。

(3) 坚守岗位,不擅离职守。严格执行《煤矿安全规程》、作业规程、安全操作规程和现场交接班制度,遵守本单位的安全生产规章制度,服从管理,正确佩戴和使用劳动防护用品。

(4) 严格按照岗位作业流程标准操作,掌握岗位安全风险辨识及应急处置方法、内容。

（5）熟悉监控系统的结构、原理；熟悉岗位事故隐患排查治理方法、内容。

（6）负责监测设备的安装、维修、标校、撤出工作，保证监测数据准确，断电仪断电灵敏可靠，保证监控系统运行正常。

（7）如实、及时汇报生产安全事故，积极配合事故调查。

三、岗位作业流程标准

接受任务→准备仪器仪表、材料→井下检修、安装→验收→上井→填写台账和记录。作业流程标准见表2-6-2。

表2-6-2 安全仪器监测监控工岗位作业流程标准

作业流程	标　　准
接班	1. 认真向交班人详细询问、了解工作现场设备的使用情况 2. 环境卫生整洁，设备卫生干净 3. 与交班人员一起对现场所有设施进行巡视检查 4. 认真填写交接班记录
操作前准备工作	1. 对所有待下井的设备在地面进行性能测试，性能达到标准要求，非本安型设备确保完好、不失爆，才能下井安装使用 2. 按规定准备好检修、安装、调校时所需要的各种设备、仪器仪表、工具和标准气样等，设备各部件应齐全、完整，电缆应无破口，相间绝缘和电缆导通良好，并备足安装用的材料
搬运设备	轻拿轻放，防止剧烈震动和冲击
电缆的敷设	1. 敷设的电缆要与动力电缆保持0.3 m以上的距离 2. 在敷设时，注意来往车辆和运行的带式输送机 3. 敷设的电缆要有适当的张弛度，要求能在外力压挂时自由坠落
现场安全检查	安装监控设备前检查周围工作环境是否安全，同时检查瓦斯浓度，瓦斯浓度达到1.0%禁止接线
分站的安装	1. 安装分站时，禁止带电作业，禁止带电搬迁或移动电气设备及电缆，并严格执行"谁停电，谁送电"制度。所停电的高压开关馈电处，必须派专人看管，并挂上"有人工作、严禁送电"的标志牌。处理分站高压侧时，禁止一人单独作业 2. 安装断电控制系统时，必须根据断电范围要求，接通井下电源及控制线。供电电源要取自被控制开关的电源侧，不能接在被控开关的负荷侧
传感器的安装	传感器和井下分站安装完毕，在详细检查所用接线，确认合格无误后，才能送电

表 2-6-2（续）

作业流程	标　　准
传感器的调校	1. 传感器在安装时，必须用梯子，并扶牢后，再上人安装。在有输送机或刮板输送机的巷道安装或拆除时，先联系输送机或刮板输送机司机，停下输送机后，再进行操作 2. 初次安装的瓦斯传感器要进行瓦斯零点、满度、报警、断电、复电点的设置，设置时按照使用说明书进行操作
信号传输确认	一切功能正常后，接入报警和断电控制并检验其可靠性，然后与地面监控中心站进行电话联系，检查设备运行是否正常，所安装各类信号是否传输到地面中心站
验收	1. 瓦斯传感器安装完毕，要及时申请验收 2. 认真填写瓦斯传感器标校管理牌板内容，在瓦斯传感器附近的顶板完好、无淋水的地点吊挂牌板
清理现场	认真对现场卫生进行处理，收拾工具，不得遗漏物品、工具、配件等，确保工完、料净、场地清
调校及断电功能测试	1. 每 10 天对监测设备进行一次调校及断电功能测试，要确保断电浓度、复电浓度及断电范围正确，确保断电装置的灵敏可靠。如存在问题，要及时处理 2. 测试完毕后，按规定填写"传感器调校记录"和"闭锁功能测试记录"

四、岗位安全风险辨识

经过安全生产辨识，安全仪器监测监控工岗位存在以下安全风险：

（1）仪器、仪表及所取气样不合格，导致测量数据不准确，反映不出现场真实情况，引发事故。

（2）未对现场情况进行认真了解，导致现场问题不能及时掌握，发生事故。

（3）未对现场顶板、巷帮支护情况仔细检查，导致顶板掉落、片帮砸伤人员。

（4）工作现场有害气体未检查，有害气体浓度超过规定，造成人员窒息、伤亡。

（5）未按照操作规程对传感器进行调校，现场结果不真实，掩盖问题，导致发生事故。

（6）处理故障时带电作业，导致触电伤人。

（7）发现故障未及时解决和汇报处理，故障不及时解决，导致引发其他事故。

(8) 清理现场，整理仪器时，工具误伤人员。

(9) 处理不了的问题隐瞒不及时汇报，导致问题扩大，演变为事故。

五、岗位应急处置

安全仪器监测监控工应熟悉煤矿紧急避险设施和避灾路线，掌握本书第一章中的"应急处置"的内容。

第三节 测 风 工

一、岗位制度

测风工应当熟悉本单位安全生产与职业病危害防治目标管理、奖惩制度，事故隐患报告制度，事故报告与责任追究制度等；掌握本单位其他从业人员培训制度，安全风险分级管控工作制度，事故隐患排查、治理和报告制度，设备与设施检查维修制度。

二、岗位安全生产责任制

（1）测风工必须经安全生产教育和培训合格，取得岗位特种作业操作证，持证上岗。

（2）坚守岗位，不擅离职守。严格执行《煤矿安全规程》、作业规程、安全操作规程和现场交接班制度，遵守本单位的安全生产规章制度，服从管理，正确佩戴和使用劳动防护用品。

（3）严格按照岗位作业流程标准操作，掌握岗位安全风险辨识及应急处置方法、内容。

（4）熟练掌握仪器工作原理、使用和维护方法；掌握单位通风参数、有效风量率、等积孔等。

（5）定期对各用风地点的风量、温度、有害气体浓度做好记录、报表、并根据实际需要提出风量调整方案。

（6）参加单位瓦斯等级鉴定、反风演习、风机性能测定、通风阻力测定等工作，并做好资料汇总工作。要经常检查公司通风设施完好情况。

（7）根据生产需要进行特殊风量、局部通风机风量和风压的测定。

（6）如实、及时汇报生产安全事故，积极配合事故调查。

（7）完成班长交代的其他工作。

三、岗位作业流程标准

现场交接班检查→现场交接班验收→检查绞车、安全设施、运输路线及钢丝绳→发出信号试运转→挂车→发出信号→听信号开车→听信号停车→停电闭锁。作业流程标准见表2-6-3。

表2-6-3 测风工岗位作业流程标准

作业流程	标 准
安全确认	1. 测风员每次测风前对测风站及其前后巷道的顶板、巷帮状况进行检查 2. 在行车巷道测风时，必须有专人照看，严禁行车 3. 进入矿井总回风或采区回风巷测风时，必须至少两人同行
选择测风地点	1. 采煤工作面风量在进、回风巷测定 2. 掘进工作面的测风，根据需要测定掘进工作面风量、局部通风机所在巷道风量 3. 各硐室风量应在硐室的回风侧进行测量 4. 矿井，采区进、回风应在测风站进行测量 5. 主要通风机风量测定在主要通风机扩散器布置测点 6. 测风地点巷道断面积计算
测风	1. 测风前，风表计数器指针归零，风表叶轮转动30 s左右后启动风表计数器和秒表测定 2. 测风员在测风断面内背靠巷道壁站立，持风表手臂向风流垂直方向延伸，风表叶片迎向风流，并与风流垂直，断面内按路线均匀移动，测定结束时，同时关闭风表与秒表
检测记录	1. 测风结束后检测测风地点瓦斯、二氧化碳浓度、温度及相关数据 2. 测风相关数据及日期、姓名填写在测风地点记录牌板和原始记录本上 3. 各地点风速、风量、温度、瓦斯等数据及时整理编制报表，按规定进行上报

四、岗位安全风险辨识

经过安全生产辨识，测风工岗位存在以下安全风险：

（1）未检查顶板、巷帮支护情况，导致顶板掉落矸石、物料砸伤测风人员。

（2）未正确选择测风站位置或测量断面面积不准确，测量数据不准，导致通风系统不稳定。

（3）测风前未仔细检查仪器完好情况，影响测量数据，导致系统调节失误，造成事故。

（4）测定温度、瓦斯、二氧化碳时不按照规定操作，造成数据测量错误，测定参数超过规定不能及时处理，容易引发事故。

(5) 在有车辆运行时测定，导致车辆碰伤人员。

(6) 站在输送带上测量数据，导致输送带运行时摔伤或碰伤人员。

(7) 风量调整出现失误，造成局部风量不足，系统不稳定，造成局部瓦斯积聚，引发事故。

(8) 空班漏检或弄虚作假，造成数据错误，误导管理人员，决策失误，导致事故。

(9) 出现问题不及时处理或报告相关领导，导致问题扩大，造成大的事故。

(10) 测风前未检查 CO、CH_4 和 O_2 等气体浓度，在气体浓度达不到规定时，会造成人员中毒或窒息事故。

(11) 对于人迹稀少地点的测风工作，如一人作业，存有矿灯熄灭、风门压力大难以打开等岗位安全风险，会造成人员迷失、被困等事故。

五、岗位应急处置

测风工应熟悉煤矿紧急避险设施和避灾路线，掌握本书第一章中的"应急处置"的内容。

第四节 通风设施工

一、岗位制度

通风设施工应当熟悉本单位安全生产与职业病危害防治目标管理、奖惩制度，事故隐患报告制度，事故报告与责任追究制度等；掌握本单位其他从业人员培训制度，安全风险分级管控工作制度，事故隐患排查、治理和报告制度，设备与设施检查维修制度。

二、岗位安全生产责任制

(1) 通风设施工必须经安全生产教育和培训合格，取得岗位特种作业操作证，持证上岗。

(2) 坚守岗位，不擅离职守。严格执行《煤矿安全规程》、作业规程、安全操作规程和现场交接班制度，遵守本单位的安全生产规章制度，服从管理，正确佩戴和使用劳动防护用品。

(3) 严格按照岗位作业流程标准操作，掌握岗位安全风险辨识及应急处置方法、内容。

（4）熟悉矿井通风系统、掌握通风设施设置地点、位置、种类、用途和使用管理状况，确保其可靠性。

（5）负责全矿井通风设备的构筑、维修和改造、回收工作，以确保通风系统的安全性。

（6）所修建的通风设施都必须符合质量标准的要求，并按设计或指定位置施工。

（7）在实施通风设施更改（包括样改门或门改样）工程时，必须严格执行先建好新的，再拆除旧的施工程序，以确保通风系统的稳定性。

（8）当发生事故致使通风设施遭受破坏时，应根据处理事故的需要，及时做好通风系统的恢复工作。

（9）掌握井下掘进工作面局部通风设计和现场的使用管理状况，发现问题应及时汇报和处理。

（10）如实、及时汇报生产安全事故，积极配合事故调查。

（11）完成班长交代的其他工作。

三、岗位作业流程标准

确定建筑地点→现场安全检查→选择、运送材料→施工→质量验收→清理现场→交班。作业流程标准见表2-6-4。

表2-6-4　通风设施工岗位作业流程标准

作业流程	标　　准
接班	1. 与上一班现场安全交底及未完工作量 2. 岗位对岗位进行工程质量及设备运行状态交接
运输装卸物料	1. 平巷装车时，材料车前后必须设置掩车装置 2. 斜巷装车时，必须按规定在材料车下方设置保险杠
密闭	1. 施工前，技术主管必须组织施工人员认真学习通风构筑物技术要求，保证施工质量 2. 挂线：在掏槽前必须使用工程线挂线，挂线要横向平直、纵向铅垂、不歪斜 3. 掏槽：在掏底槽与帮槽时，严禁同时作业 4. 砌墙：用不燃性材料构筑，严密不漏风，墙体厚度不应小于0.5 m；墙体周边抹不少于100 mm的裙边，墙面平整，无裂缝、重缝和空缝，墙面每平方米凸凹量不超过1 cm 5. 根据需要设置反水池或反水管，设置观察孔、措施孔，孔口设置阀门 6. 设置统一规格的瓦斯检查牌、施工说明牌、栅栏和警戒

表 2-6-4（续）

作业流程	标　　准
风门风窗	1. 施工前，技术主管必须组织施工人员认真学习通风构筑物技术要求，保证施工质量 2. 挂线、掏槽、砌墙 3. 管线穿过风门墙体时，预留管线孔，风门有水沟时，安设挡风帘或反水池 4. 安装门框，门框安装顺风方向倾斜在 80°～85°；安装风门：门扇不歪斜，板面平整，能自动关闭，门扇、门框四周接触严密不漏风 5. 安设闭锁装置：闭锁装置牢固可靠，必要时设置吊锤，两道风门不能同时打开 6. 安设语音报警及风门开停传感器 7. 实施管理牌板、清理现场、验收
拆除通风设施	1. 检查作业地点作业通风、有害气体及巷道支护情况 2. 根据需要设置警示标志 3. 采取措施对掏槽的裸露部分进行维护，并清运现场杂物 4. 拆除风门现场进行验收
交班	1. 清理施工区，材料码放整齐 2. 与接班人员认真交接

四、岗位安全风险辨识

经过安全生产辨识，通风设施工岗位存在以下安全风险：

（1）运料时人员违章操作，造成运输伤人事故。

（2）设施位置选择不正确，造成通风系统不稳定，风流紊乱，瓦斯积聚等。

（3）设施建立地点支护不完好，导致顶板矸石掉落伤人。

（4）建筑的通风设施墙体不严密，漏风大，造成通风系统不稳定，有害气体涌出，采空区自燃，引发事故。

（5）搭设脚手架不合格，送料人员配合不密切，操作不当，造成人身伤害事故。

（6）通风设施建筑时，墙体不合格，导致设施倒塌伤人。

（7）未记好门、墙的规格，导致损坏时不易修复，通风系统不稳定。

（8）构建通风设施前未观察该地点通风、气体情况，若通风不良、存在气体浓度达不到规定等情况时，会造成人员中毒或窒息事故。

五、岗位应急处置

通风设施工应熟悉煤矿紧急避险设施和避灾路线，掌握本书第一章中的"应急处置"的内容。

第五节 爆 破 工

一、岗位制度

爆破工应当熟悉本单位安全生产与职业病危害防治目标管理、奖惩制度，事故隐患报告制度，事故报告与责任追究制度等；掌握本单位特种作业人员培训制度、安全风险分级管控工作制度、事故隐患排查、治理和报告制度、设备与设施检查维修制度。

二、岗位安全生产责任制

（1）爆破工必须经安全生产教育和培训合格，取得岗位特种作业操作证，持证上岗。

（2）坚守岗位，不擅离职守。严格执行煤矿安全规程、作业规程、安全操作规程、《民用爆炸物品管理条例》《爆破安全规程》和现场交接班制度，遵守本单位的安全生产规章制度，服从管理，正确佩戴和使用劳动防护用品。

（3）严格按照岗位作业流程标准操作，掌握岗位安全风险辨识及应急处置方法、内容。

（4）对领用的爆破器材负责，不得转借、转送、私拿、私藏、转卖、乱存、乱放爆破器材，杜绝爆破器材的丢失、被盗。

（5）严格按照爆破设计规定和爆破安全规程进行作业，亲自装药、起爆，严禁将雷管炸药和放炮器钥匙交给非爆破人员进行爆破或起爆。

（6）严格遵守"一炮三检"和"三人连锁爆破"制度，对单位或个人违反爆炸物品安全管理规定和安全作业规程的，及时报告公安机关和上级主管部门。

（7）爆破作业结束后，对工作面必须认真检查，发现盲炮、残炮和其他不安全因素，应及时报告并按安全规程妥善处理。

（8）严禁为未经公安机关许可的任何单位和个人提供爆破器材进行爆破作业。

（9）必须亲自领取、清退爆破器材并用爆破器材领用箱装箱上锁领退爆破器材，自觉接受本单位和相关管理人员的监督。当班剩余的爆破器材必须及时全部清退交库。

（10）如实、及时汇报生产安全事故，积极配合事故调查。

三、岗位作业流程标准

检查仪器→领取爆破材料→检测瓦斯→装药→检查瓦斯→警戒→敷设爆破母线→爆破→检查瓦斯、煤尘、顶板及支护情况→处理拒爆、残爆→交接班。作业流程标准见表 2-6-5。

表 2-6-5 爆破工岗位作业流程标准

作业流程	标　准
安全确认	1. 发爆器材必须有合格证和煤矿安全标志证书 2. 辅助工具（口哨、钥匙、爆破母线、便携式瓦斯检测报警仪、雷管盒等）完好
爆破器材领取	1. 爆破工负责从炸药库领取炸药、雷管，并办理三联单手续 2. 施工队负责在爆破工监护下将炸药运送至工作地点炸药箱内，雷管由爆破工亲自运送 3. 每班实际消耗炸药、雷管量由当班班长与爆破工在爆破前相互核实签字
爆破材料存放	1. 井下爆破作业地点的炸药箱必须按规定配两把锁，钥匙分别由施工单位的班组长和爆破工保管，并有权利打开，严禁将钥匙交予他人 2. 炸药箱必须存放在支护完好、干燥的安全地点，远离电气设备和电缆、电线 3. 爆破时必须把爆炸材料箱放到警戒线以外的安全地点
装配引药	1. 从成束的电雷管中抽取单个电雷管时，不得手拉脚线硬拽管体，也不得手拉管体硬拽脚线，应将成束的电雷管顺好，拉住前端脚线将电雷管抽出 2. 必须在顶板完好、避开电气设备和导电体的爆破工作地点附近进行 3. 装配起爆药卷必须防止电雷管受震动、冲击，折断脚线和损坏脚线绝缘层 4. 电雷管必须由药卷的顶部装入，严禁用电雷管代替竹、木棍扎眼。电雷管必须全部插入药卷内。严禁将电雷管斜插在药卷的中部或捆在药卷上 5. 电雷管插入药卷后，必须用脚线将药卷缠住，并将电雷管脚线扭结成短路
爆破	1. 检查施工现场情况 2. 检查瓦斯和炮眼：爆破地点装药前检查瓦斯和炮眼质量 3. 按规定装药，使用水炮泥填封黏土炮泥 4. 爆破连线检查：连线正确，雷管角线悬挂标准，清点连接的炮眼数量，掩护好爆破地点的电缆、设备 5. 设置警戒：拉警戒绳，挂警戒牌 6. 瓦检工检查各地点瓦斯有无异常 7. 确认爆炸材料数量：按照作业规程和爆破作业说明书规定，确认爆破材料的消耗数量 8. 执行"三人联锁"换牌制、安全确认制 9. 爆破后母线扭结短路：爆破后取下发爆器钥匙，将爆破母线扭结成短路

表2-6-5（续）

作业流程	标准
爆破后检查	1. 炮响后待炮烟吹散，爆破工会同班长、瓦斯检查员检查瓦斯、顶帮 2. 通电后若没有爆炸，用瞬发电雷管时至少5 min、用毫秒延期电雷管时至少15 min后，爆破工方可沿线路检查不爆的原因 3. 在确属由连线不良造成不爆时，可以重新连线爆破；出现"拒爆"按程序进行处理 4. 经安全确认，班组长同意后，爆破工须吹号哨并大声叫喊"爆破结束"，班组长方可撤警戒和让其他人员进入工作面作业 5. 收拾整理好工具，存放在规定地点或亲自携带收藏 6. 清点剩余电雷管、炸药，填写消耗单并须经班组长签字
处理拒爆残爆	1. 检查爆破现场：施工炮眼前清理现场时、爆破后、装运矸（煤）时均应检查，发现疑似拒爆、残爆时，立即停止工作，并向调度室汇报 2. 处理拒爆时必须制定具体措施，由井下带班矿领导现场监督 3. 人员撤离：将人员撤到爆破警戒线以外，切断电源 4. 拒爆、残爆处理：如果是拒爆、残爆，应停止一切工作，在班组长指导下，按作业规程规定进行处理 5. 处理拒爆的炮眼爆炸后，爆破工必须详细检查炸落的煤、矸、收集未爆的电雷管；在拒爆处理完毕以前，严禁在该地点进行同处理拒爆无关的工作
爆破材料清退	1. 现场交接：按爆破作业循环施工，拒爆、残爆必须在当班处理完毕。若有特殊情况，当班处理不完，应现场向下一班交接清楚，并向队值班队干汇报，做好值班记录 2. 下班前确认当班使用的爆破物品数量，剩余部分退库

四、岗位安全风险辨识

经过安全生产辨识，爆破工岗位存在以下安全风险：

（1）未按规定领取炸药、雷管，涂改、冒领炸药，造成火工品流失。

（2）运药时与其他人员一起乘车，炸药丢失、意外爆炸，造成人身伤害事故。

（3）爆破材料未使用专用器具，炸药、雷管他人拿用，造成意外伤害事故。

（4）专用材料箱放在不安全地点或存放在警戒线以内的，引起误爆造成意外伤害。

（5）靠近电气设备或在警戒线以内做引药，导致意外导电引爆伤人。

（6）爆破母线有明接头或用非绝缘胶布包扎的，导致接头产生火花引起瓦斯煤尘事故。

（7）爆破母线未及时扭接成短路的，折断或损坏脚线的，未用脚线将药卷缠住并扭接成短路的，导致漏电引起意外爆炸。

（8）爆破母线与电缆、信号线等管线未保持 0.3 m 以上距离的，导致意外导电、引爆伤人。

（9）未正常执行"一炮三检"和"三人连锁爆破"制度，爆破地点附近瓦斯浓度超限、煤尘含量超标，造成瓦斯、煤尘事故。

（10）装药量超过规定，导致崩坏设备、崩伤人员。

（11）无措施反向装药爆破，造成残爆、拒爆，引起意外伤害。

（12）连线不合格，起爆顺序不正确，误爆、迟爆造成人身伤害事故。

（13）未设置警戒、漏设警戒，警戒距离、爆破拉线距离不够，造成爆破伤人，没有设置标志，造成人员误入爆破警戒区，造成人身伤害事故。

（14）未洒水防尘，不执行综合防尘措施施工，造成煤尘事故及火灾。

（15）一次装药分次起爆，造成炸药、雷管遗失、误爆伤人事故。

（16）未使用专用发爆器，引起漏爆、残爆，产生电火花造成误爆伤人事故。

（17）炸药、雷管、发爆器借给他人使用，造成炸药雷管流失或事故。

（18）拒爆未检查、未按规程规定处理、未交接班，造成人身伤害事故。

（19）爆破后检查不细，遗漏炸药、雷管，造成爆破材料失控，引起意外伤害。

五、岗位应急处置

爆破工应熟悉煤矿紧急避险设施和避灾路线，掌握本书第一章中的"应急处置"的内容。

第七章　地质灾害防治与测量专业知识

第一节　探放水工

一、岗位制度

探放水工应当熟悉本单位安全生产与职业病危害防治目标管理、奖惩制度，事故隐患报告制度，事故报告与责任追究制度等；掌握本单位特种作业人员培训制度，安全风险分级管控工作制度，事故隐患排查、治理和报告制度，设备与设施检查维修制度。

二、岗位安全生产责任制

（1）探放水工必须经安全生产教育和培训合格，取得岗位特种作业操作证，持证上岗。

（2）坚守岗位，不擅离职守。严格执行《煤矿安全规程》、作业规程、安全操作规程、探放水设计及安全技术措施和现场交接班制度，遵守本单位的安全生产规章制度，服从管理，正确佩戴和使用劳动防护用品。

（3）严格按照岗位作业流程标准操作，掌握岗位安全风险辨识及应急处置方法、内容。

（4）负责钻机、配件、工具、记录、资料等管理和保护。

（5）严格按照设计要求、规定程序及标准施工，确保施工质量和施工安全。

（6）发现有透水征兆时，及时停止钻探，并采取措施处理，同时即刻报告调度室，如发现情况危急，必须立即撤出作业人员，并向受威胁地区的人员发出警报。

（7）如实、及时汇报生产安全事故，积极配合事故调查。

（8）完成班长交代的其他工作。

三、岗位作业流程标准

接班→施工中→施工后→交班。作业流程标准见表2-7-1。

表2-7-1 探放水工岗位作业流程标准

作业流程	标　　准
接班	1. 检查作业地点支护情况、通风及有毒、有害气体情况 2. 钻场内工器具摆放整齐，无杂物堆放，管线吊挂整齐，钻杆上架摆放整齐，机电开关完好、钻机运转正常、工具及配件准备齐全 3. 了解上一班钻孔的施工情况，钻孔的方位、倾角、孔深
施工中	1. 加减钻杆人员站位正确，严禁站在钻杆正后方 2. 压风、压水管路必须采用U形卡连接 3. 检查钻机稳固情况，丝杠松动及时紧固
施工后	1. 切断电源，开关闭锁，检查操作手把是否打到零位 2. 原始记录要填写准确、完整、真实、清楚
交班	1. 将本班施工情况与下一班人员交代清楚 2. 交班记录填写准确、完整、真实、清楚 3. 当班是否存在安全隐患，是否已处理安全隐患，或是交代下班处理隐患

四、岗位安全风险辨识

经过安全生产辨识，探放水工岗位存在以下安全风险：

（1）按规定检查作业地点有毒有害气体情况，防止人员进入造成人员中毒、窒息。
（2）严格执行敲帮问顶，防止顶板冒落、片帮，造成人员伤害。
（3）压风、压水管路连接不牢固，存在崩开伤人风险。
（4）大角度钻孔施工过程中，易发生钻杆滑落，存在伤人风险。
（5）丝杠松动易造成丝杠倾倒导致人员伤害。
（6）停机时未把操作手把归零位，易造成人员、设备伤害。
（7）切断电源，开关闭锁，否则易造成机电事故。
（8）与下班人员未清楚交接班，易造成设备原因损坏或误操作伤人，以及对孔内情况不清楚，易造成孔内事故。
（9）若隐患未处理易造成安全事故。
（10）交接清楚当班施工情况，若设备存在带病运行，通知下班检修更换。否则易造成机械事故。

五、岗位应急处置

探放水工应熟悉煤矿紧急避险设施和避灾路线,掌握本书第一章中的"应急处置"的内容。

第二节 测 量 工

一、岗位制度

测量工应当熟悉本单位安全生产与职业病危害防治目标管理、奖惩制度,事故隐患报告制度,事故报告与责任追究制度等;掌握本单位其他从业人员培训制度、安全风险分级管控工作制度,事故隐患排查、治理和报告制度,设备与设施检查维修制度。

二、岗位安全生产责任制

（1）测量工必须经安全生产教育和培训合格,取得岗位特种作业操作证,持证上岗。

（2）坚守岗位,不擅离职守。严格执行《煤矿安全规程》、作业规程、安全操作规程、探放水设计及安全技术措施和现场交接班制度,遵守本单位的安全生产规章制度,服从管理,正确佩戴和使用劳动防护用品。

（3）严格按照岗位作业流程标准操作,掌握岗位安全风险辨识及应急处置方法、内容。

（4）及时对巷道进行物探,搞好瞬变电磁仪、全方位电法物探工作,依照测量结果认真分析,提高物探的准确性。

（5）下井前要对仪器进行仔细检查,确保仪器的防爆性能和电气性能符合设计要求,并做好采集数据前的准备工作。使用仪器前应对仪器的功能进行测试,确保仪器工作正常。

下井前检查仪器的电池电压,确保仪器使用前电量充足,以保证现场长时间使用。仪器在进入井时,严禁取下仪器的外套使用。

（6）仪器充电必须在地面无易燃、易爆和无腐蚀性物体的室内进行,充电期间不可加电工作,以免在线充电电压过高损坏仪器。

（7）在进行探测前,要确保仪器发射线圈、接收线圈与接收机和发射机之间的连线正确。

第七章 地质灾害防治与测量专业知识

（8）物探设备连接好以后，打开接收机，将仪器中存储的数据删除，以免本次探测数据存储空间不足。使用时避免猛烈碰撞，避免淋水，避免强电干扰，避免在机电设备运行时探测。

（9）在进行探测时，要认真观察线圈的位置及角度，并对照设计图纸，防止出现缺少测点的情况；若发现有错误或者异常的数据，要重新对该点进行探测。

（10）当所有数据都测量完毕后，在地面办公室用专用数据线和专用软件输入电脑，然后通过专用分析处理软件进行分析、处理、出图。

（11）仪器使用完毕后，应放置在干燥，无腐蚀气体的地方贮存。

（12）如实、及时汇报生产安全事故，积极配合事故调查。

（13）完成领导交代的其他工作。

三、岗位作业流程标准

接班→施工中→施工后→交班。作业流程标准见表2-7-2。

表2-7-2 测量工岗位作业流程标准

作业流程		标　　准
安全确认		1. 作业路线畅通无杂物 2. 敲帮问顶：用专用敲顶工具站在斜上方将活矸预先敲掉 3. 仪器箱的背带、提手、搭扣牢固可靠，配件携带齐全并安装好，三脚架各部螺丝无松动
测量施工	检查测点完好，需要接线绳的须将测点线绳接好	高空作业时，必须有两人扶梯，登高作业人员必须佩戴安全带（高度超过2.0 m）
	开始测量工作	进行测量时，与工作地点负责人协调好和观察好周围环境后再进行测量工作
	测量人员延伸中线点或者增加测点	1. 测量人员打钉前，要认真检查锤把和锤头 2. 测量人员打钉时，精力集中，握紧榔头
内业计算	对测量数据进行整理、计算	内业计算时，要坚持复算、校对，确保数据准确
上图	将掘进巷道及工作面推进度、报废巷道在图上绘制标注清楚	绘制必须及时，内容准确完整，能正确指导生产

四、岗位安全风险辨识

经过安全生产辨识,测量工岗位存在以下安全风险:

(1) 巷道隐患排查处理不到位,存在人员伤亡风险。

(2) 巷道内不得有影响测量工作的施工作业,以免影响测量精度,伤及人身安全。

(3) 高空作业时,必须有两人扶梯,登高作业人员必须佩戴安全带(高度超过2.0 m)。

(4) 进行测量时,与工作地点负责人协调好和观察好周围环境后再进行测量工作。

(5) 测量人员打钉前,要认真检查锤把和锤头。

(6) 测量人员打钉时,精力集中,握紧榔头。

五、岗位应急处置

测量工应熟悉煤矿紧急避险设施和避灾路线,掌握本书第一章中的"应急处置"的内容。

第八章 露天煤矿各级负责人专业知识

第一节 矿长岗位安全生产责任制

矿长是本单位安全生产第一责任人,对本单位安全生产负主要领导责任。接受上级组织及地方政府的领导并对其负责,监督检查本单位的安全生产、环境保护与职业健康工作。具体安全生产职责如下:

(1) 贯彻执行安全生产法律法规、国家及行业安全技术标准、上级安全生产规章制度等。

(2) 建立健全并落实本单位全员安全生产责任制,加强安全生产标准化建设。

(3) 组织制定并实施本单位安全生产规章制度和操作规程。

(4) 组织制定并实施本单位安全生产教育和培训计划。

(5) 保证本单位安全生产投入的有效实施。

(6) 组织建立并落实安全风险分级管控和隐患排查治理双重预防工作机制,督促、检查本单位的安全生产工作,及时消除生产安全事故隐患。

(7) 组织制定并实施本单位的生产安全事故应急救援预案。

(8) 及时、如实报告生产安全事故。

(9) 组织安全生产委员会工作。

(10) 组织制定本单位安全生产目标。

第二节 党委书记岗位安全生产责任制

党委书记是安全生产主要责任人,按照"党政同责、一岗双责"原则,与矿长共同承担安全生产领导责任,对本单位安全生产负主要领导责任。具体安全生产职责如下:

(1) 贯彻执行安全生产法律法规、国家及行业安全技术标准、上级安全生产规章制度等。

(2) 主持召开党委会议。

(3) 负责建立健全本单位"党政同责、一岗双责"安全生产责任体系。

(4) 主持党委理论中心组学习。

(5) 督促制定分管范围内的安全生产责任制。

(6) 参加安全生产委员会会议,研究解决安全生产工作中出现的重大问题。

(7) 参与制定本单位安全生产目标。

(8) 参与本单位应急救援演练和拟订安全事故应急救援预案。

(9) 组织创建特色安全文化。

(10) 及时、如实报告生产安全事故。

第三节 安全副矿长岗位安全生产责任制

安全副矿长协助矿长负责本单位安全监督工作,对矿内生产安全负监督责任。具体安全生产职责如下:

(1) 贯彻执行安全生产法律法规、国家及行业安全技术标准、上级安全生产规章制度等。

(2) 督促制定分管范围内的安全生产责任制。

(3) 参与拟订本单位安全生产规章制度、操作规程和生产安全事故应急救援预案。

(4) 参与本单位安全生产教育和培训,如实记录安全生产教育和培训情况。

(5) 组织开展危险源辨识和评估,督促落实本单位重大危险源的安全管理措施。

(6) 组织或者参与本单位应急救援演练。

(7) 检查本单位的安全生产状况,及时排查生产安全事故隐患,提出改进安全生产管理的建议。

(8) 制止和纠正违章指挥、强令冒险作业、违反操作规程的行为。

(9) 督促落实本单位安全生产整改措施。

(10) 监督安全生产费用的提取和使用。

(11) 及时、如实报告生产安全事故。

第四节　生产副矿长岗位安全生产责任制

生产副矿长是采矿专业分管负责人，对本单位采矿专业安全负直接领导责任。具体安全生产职责如下：

（1）贯彻执行安全生产法律法规、国家及行业安全技术标准、上级安全生产规章制度等。

（2）督促制定分管范围内的安全生产责任制。

（3）参与拟订本单位安全生产规章制度、操作规程和生产安全事故应急救援预案。

（4）参与本单位安全生产教育和培训，如实记录安全生产教育和培训情况。

（5）组织开展危险源辨识和评估，督促落实本单位重大危险源的安全管理措施。

（6）组织或者参与本单位应急救援演练。

（7）检查本单位的安全生产状况，及时排查生产安全事故隐患，提出改进安全生产管理的建议。

（8）制止和纠正违章指挥、强令冒险作业、违反操作规程的行为。

（9）督促落实本单位安全生产整改措施。

（10）督促安全生产费用投入的有效实施。

（11）及时、如实报告生产安全事故。

第五节　机电副矿长岗位安全生产责任制

机电副矿长是机电设备分管负责人，对本单位机电设备安全负直接领导责任。具体安全生产职责如下：

（1）贯彻执行安全生产法律法规、国家及行业安全技术标准、上级安全生产规章制度等。

（2）督促制定分管范围内的安全生产责任制。

（3）参与拟订本单位安全生产规章制度、操作规程和生产安全事故应急救援预案。

（4）参与本单位安全生产教育和培训，如实记录安全生产教育和培训情况。

（5）组织开展危险源辨识和评估，督促落实本单位重大危险源的安全管理措施。

(6) 组织或者参与本单位应急救援演练。

(7) 检查本单位的安全生产状况,及时排查生产安全事故隐患,提出改进安全生产管理的建议。

(8) 制止和纠正违章指挥、强令冒险作业、违反操作规程的行为。

(9) 督促落实本单位安全生产整改措施。

(10) 督促安全生产费用投入的有效实施。

(11) 及时、如实报告生产安全事故。

第六节　总工程师岗位安全生产责任制

总工程师是本单位生产技术管理主要责任人,对安全生产技术管理负主要领导责任。具体安全生产职责如下:

(1) 贯彻执行国家、行业及企业内部安全技术标准。

(2) 督促制定分管范围内的安全生产责任制。

(3) 参与拟订本单位安全生产规章制度、操作规程和生产安全事故应急救援预案。

(4) 参与本单位安全生产教育和培训,如实记录安全生产教育和培训情况。

(5) 组织开展危险源辨识和评估,督促落实本单位重大危险源的安全管理措施。

(6) 组织或者参与本单位应急救援演练。

(7) 检查本单位的安全生产状况,及时排查生产安全事故隐患,提出改进安全生产管理的建议。

(8) 制止和纠正违章指挥、强令冒险作业、违反操作规程的行为。

(9) 督促落实本单位安全生产整改措施。

(10) 督促安全生产费用投入的有效实施。

(11) 协助矿长开展安全生产标准化动态达标管理工作。

(12) 及时、如实报告生产安全事故。

第七节　矿长助理岗位安全生产责任制

矿长助理协助矿长做好本单位安全生产工作,对安全生产管理负领导责任。具体安全生产职责如下:

(1) 贯彻执行安全生产法律法规、国家及行业安全技术标准、上级安全生产规章制度等。

(2) 协助矿长建立健全并落实本单位全员安全生产责任制,加强安全生产标准化建设。

(3) 协助矿长制定并实施本单位安全生产规章制度和操作规程。

(4) 协助矿长制定并实施本单位安全生产教育和培训计划。

(5) 协助矿长保证本单位安全生产投入的有效实施。

(6) 协助矿长建立并落实安全风险分级管控和隐患排查治理双重预防工作机制,督促、检查本单位的安全生产工作,及时消除生产安全事故隐患。

(7) 协助矿长制定并实施本单位的生产安全事故应急救援预案。

(8) 及时、如实报告生产安全事故。

(9) 协助矿长组织安全生产委员会工作。

(10) 协助矿长制定本单位安全生产目标。

第八节 安全总监岗位安全生产责任制

安全总监协助矿长、安全副矿长负责本单位安全监督工作,对矿内生产安全负监督责任。具体安全生产职责如下:

(1) 贯彻执行安全生产法律法规、国家及行业安全技术标准、上级安全生产规章制度等。

(2) 督促制定分管范围内的安全生产责任制。

(3) 参与拟订本单位安全生产规章制度、操作规程和生产安全事故应急救援预案。

(4) 参与本单位安全生产教育和培训,如实记录安全生产教育和培训情况。

(5) 组织开展危险源辨识和评估,督促落实本单位重大危险源的安全管理措施。

(6) 组织或者参与本单位应急救援演练。

(7) 检查本单位的安全生产状况,及时排查生产安全事故隐患,提出改进安全生产管理的建议。

(8) 制止和纠正违章指挥、强令冒险作业、违反操作规程的行为。

(9) 督促落实本单位安全生产整改措施。

(10) 监督安全生产费用的提取和使用。

(11) 及时、如实报告生产安全事故。

第九节 副总工程师岗位安全生产责任制

副总工程师是本单位安全生产技术管理责任人，对安全生产技术管理负领导责任。具体安全生产职责如下：

（1）贯彻执行国家、行业及企业内部安全技术标准。
（2）督促制定分管范围内的安全生产责任制。
（3）参与拟订本单位安全生产规章制度、操作规程和生产安全事故应急救援预案。
（4）参与本单位安全生产教育和培训，如实记录安全生产教育和培训情况。
（5）组织开展危险源辨识和评估，督促落实本单位重大危险源的安全管理措施。
（6）组织或者参与本单位应急救援演练。
（7）检查本单位的安全生产状况，及时排查生产安全事故隐患，提出改进安全生产管理的建议。
（8）制止和纠正违章指挥、强令冒险作业、违反操作规程的行为。
（9）督促落实本单位安全生产整改措施。
（10）落实分管范围内的安全生产计划及安全投入费用有效实施。
（11）及时、如实报告生产安全事故。

第十节 总会计师岗位安全生产责任制

总会计师是分管范围的安全生产负责人，对分管范围的安全生产负直接领导责任。具体安全生产职责如下：

（1）贯彻执行安全生产法律法规、国家及行业安全技术标准、上级安全生产规章制度等。
（2）督促制定分管范围内的安全生产责任制。
（3）督促制定分管范围的安全生产规章制度。
（4）保证安全生产费用的提取和使用。
（5）参加安全生产委员会会议，研究解决安全生产工作中出现的重大问题。
（6）督促检查工伤保险缴纳。
（7）及时、如实报告生产安全事故。

第十一节　工会主席岗位安全生产责任制

工会主席是矿分管范围的安全生产负责人，对分管范围的安全生产负直接领导责任。具体安全生产职责如下：

（1）贯彻执行安全生产法律法规、国家及行业安全技术标准、上级安全生产规章制度等。

（2）督促制定分管范围内的安全生产责任制。

（3）参与制定本单位安全生产目标。

（4）检查本单位的安全生产状况，及时排查生产安全事故隐患，提出改进安全生产管理的建议。

（5）参加安全生产委员会会议，研究解决安全生产工作中出现的重大问题。

（6）组织开展安全生产合理化建议征集。

（7）组织开展安全生产主题相关活动。

（8）组织开展职工代表大会。

（9）参与本单位应急救援演练。

（10）及时、如实报告生产安全事故。

第十二节　办公室主任岗位安全生产责任制

办公室主任是本部门安全第一责任人，对部门的安全工作全面负责。在矿长的领导下，做好办公室、车辆管理工作，对矿井安全生产与职业健康负支持管理责任。具体安全生产职责如下：

（1）认真贯彻执行国家、行业、上级公司及本部门有关安全生产与职业健康的方针、政策、法律、法规、规章制度及管理要求。

（2）建立健全岗位安全生产责任制。

（3）组织或者参与拟订本部门安全生产规章制度。

（4）开展本部门安全教育培训工作。

（5）检查本部门的安全生产状况，及时排查生产安全事故隐患，提出改进安全生产管理的建议。

（6）组织落实生产安全事故应急救援预案。

（7）制止和纠正违章指挥、强令冒险作业、违反操作规程的行为。

（8）组织部门安全事件管理工作。

第十三节　党建部主任岗位安全生产责任制

党建部主任是本部门安全生产第一责任人,对安全生产工作负全面责任。具体安全生产职责如下:

(1) 贯彻执行国家有关安全生产法律法规、国家及行业标准、上级规章制度和各项规定。

(2) 负责对矿所属党支部"党政同责、一岗双责、齐抓共管"落实情况监督检查。

(3) 建立健全本部门安全生产责任制,定期对全员安全生产责任制执行情况进行考核。

(4) 利用多种渠道对在安全生产工作中涌现的先进、典型事迹进行宣传,激励和鼓舞广大员工,发挥好党政工团在企业中的政治思想工作优势和组织优势。

(5) 认真学习贯彻执行有关安全生产政策、法规和上级有关安全生产的文件、指示。

第十四节　生产技术部主任岗位安全生产责任制

生产技术部主任是本部门安全生产第一责任人,在生产副矿长、总工程师的领导下,对露天煤矿安全生产组织负责,同时做好全矿安全生产、技术指导工作。具体安全生产职责如下:

(1) 建立健全并落实本单位全员安全生产责任制,加强安全生产标准化建设。

(2) 组织制定本单位安全生产规章制度和作业规程。

(3) 负责安全目标管理工作。

(4) 参与拟订生产安全事故应急预案,组织预案演练。

(5) 组织制定本部门年度安全培训教育计划。

(6) 及时、如实报告生产安全事故。

(7) 组织开展生产安全事故隐患排查。

(8) 监督检查本单位生产类的承包商安全管理工作。

(9) 督促落实安全风险辨识和管控措施。

(10) 负责本部门安全生产费用投入,监督基层部门生产部分安全费用投入。

第十五节 机电管理部主任岗位安全生产责任制

机电管理部主任是本部门安全生产第一责任人,对矿机电设备安全运行管理全面负责。在机电副矿长领导下,组织开展机电设备的安全运行管理工作。具体安全生产职责如下:

(1) 严格执行国家、行业、上级公司及本单位有关安全生产与职业健康的方针、政策、法律、法规及规章制度。

(2) 负责组织建立健全机电管理部各岗位安全生产责任制,并履行安全职责。

(3) 负责安全目标管理工作。

(4) 组织开展风险辨识和预控工作。

(5) 负责传达和落实上级安全生产重要文件和事故通报。

(6) 组织安全生产例行工作。

(7) 组织开展矿井机电设备安全运行管理工作。

第十六节 生态环保部主任岗位安全生产责任制

生态环保部主任是本部门安全生产第一责任人,对安全生产工作负全面责任。在机电副矿长领导下,组织开展生态环保的安全运行管理工作。具体安全生产职责如下:

(1) 组织建立健全安全生产责任制。

(2) 组织拟订生态环保规章制度、作业规程和操作规程。

(3) 组织安全生产教育和培训,如实记录安全生产教育和培训情况。

(4) 督促落实安全风险辨识和管控措施。

(5) 组织突发环境事件应急救援演练。

(6) 负责生产过程污染源治理、主要污染物排放及矿山复垦等项工作的组织与监督管理。

(7) 建立、健全承包商"准入、选择、使用、评价"全过程安全管理机制,按照"等同管理"要求,做好承包商安全管理工作。

(8) 组织开展生产安全事故隐患排查。

(9) 制止和纠正违章指挥、强令冒险作业、违反操作规程的行为。

(10) 及时、如实报告生产安全事故。

第十七节 采掘部主任岗位安全生产责任制

采掘部主任是本部门安全生产第一责任人,对安全生产工作负全面责任。具体安全生产职责如下:
(1) 组织建立健全本部门安全生产责任制,加强安全生产标准化建设。
(2) 组织拟订本部门安全生产规章制度、作业规程和操作规程。
(3) 组织制定并实施本部门安全生产教育和培训计划。
(4) 组织建立并落实本部门安全风险分级管控和隐患排查治理双重预防工作机制,督促、检查本部门的安全生产工作,及时消除生产安全事故隐患。
(5) 组织本部门应急救援演练。
(6) 组织制定本部门安全生产目标。
(7) 保证本部门安全生产投入的有效实施。
(8) 制止和纠正违章指挥、强令冒险作业、违反操作规程的行为。
(9) 及时、如实报告生产安全事故。

第十八节 采掘部队长岗位安全生产责任制

采掘部队长是采掘班组安全生产第一责任人,对班组安全生产全面负责。在部门主任领导下,做好班组安全生产工作,具体安全生产职责如下:
(1) 参与本部门安全生产规章制度和作业规程及操作规程的制定并严格执行。
(2) 组织班组安全生产教育和培训,如实记录安全生产教育和培训情况。
(3) 参与应急救援演练。
(4) 组织开展班组安全风险辨识和管控。
(5) 组织开展班组生产安全事故隐患排查。
(6) 制止和纠正违章指挥、强令冒险作业、违反规程的行为。
(7) 及时、如实报告生产安全事故。

第十九节 运输部主任岗位安全生产责任制

运输部主任是本部门安全生产第一责任人,对安全生产工作负全面责任。具体安全生产职责如下:

(1) 组织建立健全安全生产责任制。
(2) 组织拟订安全生产规章制度、作业规程和操作规程。
(3) 组织安全生产教育和培训,如实记录安全生产教育和培训情况。
(4) 督促落实安全风险辨识和管控措施。
(5) 组织应急救援演练。
(6) 负责安全目标管理工作。
(7) 保证本部门安全生产投入的有效实施。
(8) 组织开展生产安全事故隐患排查。
(9) 制止和纠正违章指挥、强令冒险作业、违反操作规程的行为。
(10) 及时、如实报告生产安全事故。

第二十节 胶带维修部主任岗位安全生产责任制

胶带维修部主任是本部门安全生产第一责任人,对安全生产工作负全面责任。具体安全生产职责如下:
(1) 组织建立健全安全生产责任制。
(2) 组织拟订安全生产规章制度、作业规程和操作规程。
(3) 负责本部门安全目标管理工作。
(4) 组织开展危险源辨识和评估,督促落实本单位重大危险源的安全管理措施。
(5) 检查本单位的安全生产状况,及时排查生产安全事故隐患,提出改进安全生产管理的建议。
(6) 制止和纠正违章指挥、强令冒险作业和违反操作规程的行为。
(7) 组织安全生产教育和培训,如实记录安全生产教育和培训情况。
(8) 组织胶带维修部应急管理工作。
(9) 组织开展部门事故事件管理。
(10) 保证本部门安全生产投入的有效实施。

第二十一节 剥离运行部主任岗位安全生产责任制

剥离运行部主任是本部门安全生产第一责任人,对安全生产工作负全面责任。具体安全生产职责如下:
(1) 组织建立健全安全生产责任制。

(2) 组织拟订安全生产规章制度、作业规程和操作规程。
(3) 组织安全生产教育和培训，如实记录安全生产教育和培训情况。
(4) 督促落实安全风险辨识和管控措施。
(5) 组织应急救援演练。
(6) 负责安全目标管理工作。
(7) 保证本部门安全生产投入的有效实施。
(8) 组织开展生产安全事故隐患排查。
(9) 制止和纠正违章指挥、强令冒险作业、违反操作规程的行为。
(10) 及时、如实报告生产安全事故。

第二十二节 剥离运行部车队队长岗位安全生产责任制

剥离运行部车队队长是班组安全生产第一责任人，对班组安全生产全面负责。在部门主任领导下，做好班组安全生产工作，具体安全生产职责如下：
(1) 执行安全生产规章制度和作业规程及操作规程。
(2) 组织班组安全生产教育和培训，如实记录安全生产教育和培训情况。
(3) 参与应急救援演练。
(4) 组织开展班组安全风险辨识和管控。
(5) 组织开展班组生产安全事故隐患排查。
(6) 制止和纠正违章指挥、强令冒险作业、违反规程的行为。
(7) 及时、如实报告生产安全事故。
(8) 协助分管领导完成本班组安全管理工作。

第九章 露天煤矿各专业知识

第一节 钻孔专业知识

一、岗位制度

该岗位作业人员应当熟悉本单位安全生产与职业病危害防治目标管理、奖惩制度,事故隐患报告制度,事故报告与责任追究制度等;掌握本单位其他从业人员培训制度,安全风险分级管控工作制度,事故隐患排查、治理和报告制度,设备与设施检查维修制度。

二、岗位安全生产责任制

(1)严格遵守本单位安全生产规章制度和安全操作规程,服从管理,执行标准化作业。个人不违章作业并随时制止他人违章作业,不冒险作业。有权对单位安全生产工作中存在的问题提出批评、检举、控告,有权拒绝违章指挥和强令冒险作业。

(2)依法参加安全学习及安全培训,掌握本职工作所需的安全生产知识,提高安全生产技能、安全意识和自我保护能力,从事特种作业的必须经培训取得相应资格证书。遵守劳动纪律,正确佩戴和使用劳动保护用品。

(3)执行"反三违,查隐患",加强生产现场事故隐患的排查和治理,发现安全隐患及时向上级汇报。

(4)认真开展岗前、岗中、交接班安全隐患排查,把设备事故和人为事故消失在萌芽状态中,确保本岗位作业区域保持安全状态。

(5)精心操作钻机,做好各项记录,交接班必须交接安全记录,交班要为接班创造良好的安全生产条件。

(6)发现事故隐患或者其他不安全因素,立即汇报并采取措施。发生安全事故后及时如实上报,并立即采取应急措施,情形危急时立即撤离现场。

(7)按照风险管控要求积极参与本岗位危险源辨识与风险评价,制定防范措施并执行,做好本岗位风险等级的危险源管控工作,开展本岗位隐患排查治理工作。

(8)严格执行维检修作业安全管理办法,对相关方人员现场安全监督检查。

(9)掌握事故急救基本常识,参加各级应急预案演练,熟悉本岗位各种应急处置措施。

(10)法律法规、规章制度和规程标准中规定的其他安全生产职责。

三、岗位作业流程和作业规范

(一)启机前准备

(1)按规定穿戴好劳动保护用品。

(2)检查各操作手柄及控制开关是否灵敏有效,各部仪表显示是否正常,电气设备是否良好。

(3)检查各部油位、冷却液液位。

(4)检查、清理蓄电池。

(5)检查钢丝绳的磨损情况,遇到钢丝绳每捻断丝六根、钢丝绳直径磨损达三分之一或钢丝绳腐蚀严重时应更换。

(6)检查各注油点润滑情况及风管接头有无漏风情况。

(7)检查各部螺栓是否松动,履带及各结构件磨损情况及有无裂纹。

(8)检查工具和照明灯具、发光扩大号是否齐全良好,清理设备卫生。

(9)检查消防器材是否齐全,交接班记录是否准确无误。

(10)检查发动机散热器及空压机散热器是否良好、整洁。

(11)检查各部有无漏油。

(12)检查终端无线天线、GPS天线、显示器万向支架、各线缆接头的牢固情况,如发现松动或脱落时及时紧固。

(二)启机

(1)确认所有操纵装置在中位或关闭位置,各仪表指示为零。

(2)将启动开关拧到接通的位置。

(3)按住启动按钮启动发动机,直至发动机启动并达到怠速转速1200 r/min。

(4)如果一次未启动成功,应间隔2 min后再进行第二次启动,启动马达运转时间不得超过30 s,在进行第二次启动前,必须要检查气压表,确认压缩空气系统没有压力,如果还有压力,应打开手动排气阀排气。

(5)使发动机在怠速(1200 r/min)下预热发动机,待冷却液温度达到80 ℃、液压油温达到50 ℃才可以提高发动机转速。

(6) 空压机应无负荷运转预热,直到空压机油温达到 65 ℃。

(7) 预热完成后旋转手柄,将发动机转速提高到 1800 r/min。

(8) 将空压机加载开关扳到 ON 位置,空压机开始工作,发动机转速低于 1800 r/min 时空压机不要加载。

(三) 操作前准备

操作前必须做好联系工作,做到呼唤、应答。

(四) 钻孔作业

1. 钻孔准备

(1) 在指定穿孔地点作业,应将地表处理平整。

(2) 在车载终端上选择"作业"状态;调出该作业区的电子任务书;根据终端界面显示进行对孔。

(3) 落下千斤顶,但必须要先落单独的千斤顶,然后同时落下双千斤顶,并通过双千斤顶调平机身。

(4) 将钻进/行走选择开关打到钻进位置。操纵回转手柄使钻杆按顺时针方向慢慢转动并达到所需的速度。

(5) 搬动加压手柄使钻头接近地面并打开供风开关。

2. 开孔

(1) 搬动加压手柄使钻头缓慢接地。

(2) 当钻头接触地面时,在车载终端上点击"开钻"。

(3) 在钻头连续钻进过程中观察风压表,读数在 20 psi 到 40 psi 之间时,表明已经开孔。当风压表读数达到 60 psi 时,证明钻头已经堵住。

(4) 当钻头堵住以后,不要继续打钻,应及时关闭风阀将钻具提出孔外清理钻头。

(5) 在清理钻头时,司机应关闭供风开关,若系统内仍有余压,需手动排风泄压,并禁止站在钻头前面清理,应站在钻头的侧面来清理,以防发生伤人事故。

(6) 在钻进的过程中应根据岩石的变化合理调整轴压力。

3. 提钻杆

(1) 在钻完一个孔后,在车载终端上点击"钻完"。

(2) 用 20 r/min 的速度慢慢旋转,然后向上提钻杆,当钻头接近地表时,应放慢提升速度。

(3) 关闭供风开关并停止回转。

4. 接钻杆

(1) 当第一根钻杆打完需接杆时,应使钻杆的上端扳手平面越过钻台,然后提升钻杆，使钻杆上端扳手平面在钻台上方。

（2）停止回转，关闭压缩空气。

（3）用滑动卡钳卡住钻杆扳手平面。

（4）逆时针全速回转，松开钻杆连接螺纹。随着螺纹的退出，向上提起钻具，使螺纹分离。

（5）螺纹分离后提升回转头到钻架顶部。

（6）在卸下当前钻杆前，在车载终端上点击"加杆"。

（7）将储杆器中的一根钻杆摆动到回转头下方并下降回转头。

（8）缓慢顺时针回转，继续下降回转头，直到回转轴连接套与钻杆阳螺纹接触。

（9）继续回转拧紧连接螺纹，直到储杆器上的杯座转动并紧固。

（10）停止回转，从储杆器中提起钻杆并使用支杆器或抱杆器。

（11）将储杆器摆动回原位。

（12）润滑钻杆螺纹。

（13）下降钻杆，使其与回转台上的钻杆螺纹接触。

（14）缓慢回转，直至拧紧螺纹。

（15）停止进给和回转，稍微提起钻具，使之脱离滑动卡钳并收回卡钳。

（16）连接好第二根杆后在车载终端上点击"加杆完成"。

5. 卸钻杆

（1）提升钻具，使下面一根钻杆上的上端扳手平面与滑动卡钳对准。

（2）用滑动卡钳卡住下面钻杆上的上端扳手平面。

（3）逆时针回转，松开下面接头，同时要注意观察上面的接头，如果下面的接头未松开而上面的接头松开，应立即停止回转，防止钻杆倒下。

（4）如果上面接头先松开，顺时针回转将其拧紧，用卡钳卡在钻杆的扳手平面紧固上部接头然后再尝试拆卸钻杆，如果上部接头仍然先松开，用链条扳手松开下面的接头并收回链条扳手。使用链条扳手时正副司机必须进入司机室，关好平台侧的司机室门。

（5）逆向回转，同时提升，卸下钻杆并使用抱杆器或支杆器。

（6）提升回转头到钻架顶部，将储杆器摆动到回转头下方。

（7）将钻杆放到储杆器上，使钻杆六角形下端进入杯座，钻杆上端必须进入上储杆器槽内。

（8）逆时针回转，松开上接头，提升回转头。

（9）转动储杆器，准备装下一根钻杆。

(10) 下降回转头,使回转轴接近下一根钻杆的螺纹。

(11) 润滑螺纹后,下降回转头,使回转轴螺纹与钻杆螺纹接触。

(12) 缓慢顺时针回转,拧紧接头,停止回转。

(13) 稍微提起钻具,使其离开卡钳。

(14) 退回滑动卡钳,顺时针回转,同时提升钻具,使下一根钻杆上端的扳手平面对准滑动卡钳,直到提出孔内的全部钻杆。

(五) 停机

(1) 关闭空压机进气阀,将所有操纵杆放到中位或最小流量位置。

(2) 关闭所有供气阀。

(3) 使发动机在怠速(1200 r/min)下运转 5 min。

(4) 将启动开关拧到 OFF 位置,储气罐内的压力将自动释放。

(5) 检查气压表,确认压缩系统已没有压力,如果还有压力,应打开手动排气阀排气。

(6) 各操作手柄要扳动到零位,钻孔过程中临时停车,应将钻具从孔底提到适当的位置。

(7) 如果停车时间较长,应将钻架落下,将钻机开到安全位置,详细检查设备状态,做好设备记录及设备的维护和清扫工作,以及在车载终端上点击"退网申请"退出登录。

(8) 停车状态选择。

①根据停车原因在车载终端上点击相应的设备状态如"延误""故障""备用"等。

②当钻机因为天气原因(降雨)、加油、保养、爆破、行走、更换钻杆或钻头、司机上厕所或临时休息等原因暂时停止作业时,需要选择延误状态。

③点击"菜单"按钮,在菜单界面中点击"延时申请",然后选择具体的延误状态。

④完成后主界面设备状态按钮将显示"延时"状态。

(六) 行走

(1) 将钻进/行走选择阀扳到行走位置,其他各部手柄均放在零位。在行走结束或无人看管时,钻进/行走选择开关必须放在钻进位置。

(2) 钻机行走前,必须使千斤顶和钻头离开地面。履带、运动部件上不得有任何物品,行走时钻机前后不准站人。

(3) 钻机长距离行走时,必须要落好钻架。

(4) 钻机行走时,必须要选择好路面,遇有障碍物时应清除后再移车。在不稳定的地方不得移动钻机。

(5) 行走时,不允许钻机的任何部位接触电线,不准硬拐弯。

(6) 当钻机的发动机或油泵损坏时,不得用其他设备强行拖动。

(7) 钻机在行走时,副司机或工长负责指挥钻机的行走方向及移动路线,司机、副司机应做到呼唤应答。

四、岗位安全风险辨识

(一) 启、停机

(1) 启动车必须鸣笛;移动钻机之前必须鸣笛。

(2) 冬季长期停放后启动车,必须使用发动机机体预热系统。预热冷却液温度 65~85 ℃,以确保寒冷气候下发动机可靠地启动。

(3) 启动马达运转时间不得超过 30 s。如果一次未启动成功,应使马达冷却 2 min 后再启动。

(4) 发动机启动后,应立即观察机油压力表指示情况,判断是否有故障。

(5) 除启动和预热外,钻机就位、行走和钻孔前必须将发动机转速提高到全负荷转速 (1800 r/min)。

(6) 钻机正常作业时,辅助绞车滑轮钩子不准带帽子作业,以免钻帽从空中掉下伤人。

(二) 起落钻架

(1) 起落钻架时,必须调平千斤顶,操作钻架起落手柄时,其他操作手柄应在空位。

(2) 在起落钻架时,应注意观察空中有无电线及其他障碍物,以防发生事故。

(3) 从垂直位置上放钻架以前,必须将钻架油缸放气。

(4) 当钻架立起时,应使用锁销将其定位,当落下钻架前,必须将锁销回位。

(5) 上钻架工作,必须在停机后进行,同时必须配戴好安全用具。

(三) 车载终端

(1) 交班司机在车载终端上点击"退网申请"退出登录。

(2) 接班司机在车载终端上点击入网申请登录主副工号,完成登录。

五、岗位应急处置

本岗位员工应熟悉煤矿紧急避险设施和避灾路线,掌握本书第一章中的"应急处置"的内容。

第二节 爆破专业知识

一、岗位制度

该岗位作业人员应当熟悉本单位安全生产与职业病危害防治目标管理、奖惩制度,事故隐患报告制度,事故报告与责任追究制度等;掌握本单位其他从业人员培训制度,安全风险分级管控工作制度,事故隐患排查、治理和报告制度,设备与设施检查维修制度。

二、岗位安全生产责任制

(1) 爆破工要熟练掌握爆破施工作业流程,能辨识作业中存在的危险有害因素。

(2) 掌握并严格遵守爆破及相关安全生产管理制度和操作规程。服从管理,执行标准化作业。个人不违章作业并随时制止他人违章作业,不冒险作业。

(3) 依法参加安全学习及安全培训,掌握本职工作所需的安全生产知识,提高安全生产技能、安全意识和自我保护能力,从事特种作业的必须经培训取得相应资格证书。

(4) 每日对所在爆区进行认真隐患排查和自检自查工作。每日开展岗前、岗中、交接班安全隐患排查,按照风险管控要求辨识本岗位危险源点并进行风险评估,制定有效的防范措施。

(5) 熟练掌握应急逃生知识,提高互救自救能力。掌握事故急救基本常识,参加各级应急预案演练,熟悉本岗位各种应急处置措施,并实施演练。

(6) 若发生安全生产事故,及时上报事故情况和人员伤亡情况,采取有效措施,情形危急时立即撤离现场。发现事故隐患或者其他不安全因素,应当立即向现场安全管理人员或者本单位负责人报告。

(7) 有权对单位安全生产工作中存在的问题提出批评、检举、控告,有权拒绝违章指挥和强令冒险作业。

(8) 遵守劳动纪律,正确佩戴和使用劳动防护用品,携带爆破作业工具,并确保使用工具符合要求,禁止使用有缺陷的劳保用品和作业工具。

(9) 法律法规、规章制度和规程标准中规定的其他安全生产职责。

三、岗位作业流程和作业规范

爆破作业应严格遵守《爆破安全规程》(GB 6722—2014)及有关规定,确保爆破作业的安全和质量。

(一) 爆破设计

(1) 根据生产计划编制爆破设计。爆破设计须经爆破公司穿爆部、总工程师审批。

(2) 根据生产计划安排和爆破设计,每次爆破须提供《爆破作业许可证》,审核签字后方可进行爆破施工。

(二) 作业前准备

(1) 作业前对爆破作业环境进行风险辨识。雷雨天、现场风力超8级、能见度低于 100 m 的大雾天或沙尘暴天严禁爆破施工。

(2) 爆破班组负责人组织校对尺绳。

(3) 爆破班组负责人根据爆破设计划定装药警戒区,使用警戒带、警戒旗、警戒牌进行封闭,禁止非爆破作业人员和车辆设备进入现场。

(4) 保管员在库房领取爆破器材,填写出库单,由民用爆炸物品专用车辆运抵作业现场,雷管与炸药不得混装。

(5) 出车前司机对民用爆炸物品专用车辆与工程车辆进行安全检查,填写车辆检查记录单,发现问题及时处理。

(6) 运输爆炸物品的车辆严禁搭乘无关人员,在雾天、雨天、雪天车速不得超过 30 km/h,并开启警示灯。在斜坡道上汽车运输爆破器材,行驶速度不超过 10 km/h。

(7) 爆破班组在保管员处领取爆破器材,记录爆破器材品种数量,核对并签字确认;雷管箱放在炮区的安全位置,实行"双锁"制,专人看管。

(8) 电子雷管开箱后先登记雷管编号。入孔前对电子雷管进行逐发检测,确保电子雷管正常,避免出现拒爆现象。

(9) 同一炮区使用电子雷管时应确保电子雷管型号、厂家统一,严禁不同厂家雷管混合使用。电子雷管应与起爆器配套。

(三) 装药

(1) 装药前按照爆破设计对计划装药炮孔的钻孔参数进行核验并记录,不合格炮孔及时上报现场爆破工程技术人员。

(2) 根据爆破设计进行单炮孔配药、卸药工作。严禁自行增减药量或改变填塞长度;如确需调整,应征得现场爆破工程技术人员同意并做好变更记录。

(3) 装药前爆破员领取爆破器材，与安全员核对爆破器材的品种数量，并签字确认。

(4) 装药前对爆破器材进行外观检查，不合格产品严禁使用。

(5) 装、运、卸火工品要轻拿轻放，不准投掷、冲击或碰撞，更不准碾压。人力搬运时，每次不得超过1箱。

(6) 装药时，每个炮孔同时操作的人员不得超过3人，严禁向炮孔内炮制起爆具和受冲击易爆的炸药。严禁使用塑料、金属或带金属包头的炮杆。

(7) 在装药过程中，不得拔出或硬拉起爆药包中电子雷管脚线。

(8) 使用混装炸药时，爆破工指挥混装炸药车操作工按设计药量进行输药，车辆不准碾压炮孔及爆破器材。

(9) 干孔装药时输药软管末端应送至孔口填塞段以下 0.5~1 m 处；水孔装药时将输药软管末端下至孔底，并根据装药速度缓慢提升软管。

(10) 混装乳化炸药装药完毕 10 min 后，经检查合格后才能进行填塞。

(11) 装药结束后，及时清理输药管内炸药，检查车辆无异常后方准离开。

（四）填塞

(1) 按爆破设计填塞长度要求进行填塞，含水量大的炮孔应采取使用碎石、多次充填等措施保证填塞质量。

(2) 发现有填塞物卡孔应及时进行处理。

(3) 填塞作业应保护电子雷管脚线。

（五）联网

(1) 按爆破设计网络要求进行网络连接，对起爆网络进行严格检查与保护，避免漏连。

(2) 电子雷管连接时应按系统要求进行注册、组网、测试，发生短路、断路时应及时处理排除故障。

(3) 起爆器一次带载雷管数量不得超过起爆器规定带载数量。超过带载数量应配合级联模式使用。

（六）警戒

(1) 起爆前，爆破班组负责人须向矿调度室汇报并经同意后，由爆破班组负责人按照警戒示意图分配警戒任务。执行警戒人员由爆破员担任，手持警戒旗作为标识，全程使用对讲机进行联络。

(2) 执行警戒人员持警戒旗，指挥警戒范围内人员撤离到警戒距离外，设备撤离到安全距离外。炮区负责人与各警戒点人员联络，确认人员和设备到达规定距离外，起爆人员作起爆预备。

(3) 起爆预备完成后，炮区负责人向执行警戒人员发出第二次信号，所有警戒人员发回安全信号后，具备安全起爆条件，向起爆人员发出起爆命令，进行起爆。

(4) 起爆后，经安全等待时间，炮区负责人和起爆人员进行爆区进行检查，经检查确认无危险后，向各警戒人员发出解除警戒信号，并汇报调度室。

(5) 松动爆破警戒范围：

①深孔松动爆破（孔深大于 5 m），距爆破区边缘不得小于 200 m。

②浅孔爆破（孔深小于 5 m），距爆破区边缘不得小于 300 m。

③遇大风天气，顺风下坡方向警戒距离应加大到正常距离的 1.5 倍，严禁在坡道上警戒。

（七）爆后检查

(1) 起爆后，应超过 5 min 后方许检查人员进入爆破作业地点；如不能确定有无盲炮，应经 15 min 后方可进入炮区检查。

(2) 爆破后应检查的内容：

①确认有无盲炮。

②爆堆是否稳定，有无危坡、危石。

③在爆破警戒区内设施、建筑物安全情况。

④爆后检查工作由安全员、爆破员共同实施。

⑤发现残余爆炸物品必须收集上缴，集中销毁。

⑥如发现盲炮，必须向爆破区负责人报告。

⑦确认爆破作业区域安全后，方可解除爆破警戒并通知调度室。

（八）现场清理

爆破后立即清理爆破作业现场，清理雷管脚线、导线、纸箱等爆破垃圾；煤顶板不得遗留任何爆破垃圾。

（九）上报数据

(1) 爆破结束后进行爆破总结并及时上报穿爆部。

(2) 使用数码雷管时，上传电子雷管起爆数据。

（十）爆破效果分析

每次爆破后爆破公司相关技术人员要对爆破效果（爆堆形状、块度、后冲）进行技术分析。

（十一）资料整理

爆破结束后，穿爆部及时将相关资料整理存档。

四、岗位安全风险辨识

(1) 填塞高度不够冲孔。

第九章 露天煤矿各专业知识

(2) 爆破时产生飞石,导致人员伤害。
(3) 拒爆或盲炮,导致人员伤害。
(4) 采场内杂散电流,引起爆炸。
(5) 临空面爆破未加控制,导致人员伤害。
(6) 雨天爆破,引起爆炸。
(7) 未按规定要求进行爆破设计审核,导致人员伤害。
(8) 单孔装药量计算不正确,导致爆破效果差。
(9) 爆破起爆顺序不正确,导致人员伤害。
(10) 爆破起爆网络不可靠,导致人员伤害。
(11) 装药未按操作规程作业,导致人员伤害。
(12) 爆破警戒范围、措施不当,导致人员伤害。
(13) 装药前不丈量实际孔深,导致爆破效果差。
(14) 前排抵抗线过小而未改变装药量,导致人员伤害。
(15) 起爆前未检查爆破网络,导致人员伤害。
(16) 未按设计书要求连接起爆网络,导致人员伤害。
(17) 随意改变爆破设计参数、起爆网络,导致人员伤害。
(18) 作业场地附近堆放剩余爆破物品,引起爆炸。
(19) 用石块作充填料,导致人员伤害。
(20) 未设置爆破区警戒标志,导致人员伤害。
(21) 警戒点未携带有效的通信工具,导致人员伤害。
(22) 未按要求进行警戒或警戒距离小,导致人员伤害。
(23) 警戒区内人员未撤离,导致人员伤害。

五、岗位应急处置

本岗位员工应熟悉煤矿紧急避险设施和避灾路线,掌握本书第一章中的"应急处置"的内容。

第三节 采装专业知识

一、岗位制度

该岗位作业人员应当熟悉本单位安全生产与职业病危害防治目标管理、奖惩制度,事故隐患报告制度,事故报告与责任追究制度等;掌握本单位其他从业人员培训制度，安全风险分级管控工作制度，事故隐患排查、治理和报告制度，设备与设施检查维修制度。

二、岗位安全生产责任制

（1）严格遵守本单位安全生产规章制度和安全操作规程，服从管理，执行标准化作业。个人不违章作业并随时制止他人违章作业，不冒险作业。有权对单位安全生产工作中存在的问题提出批评、检举、控告，有权拒绝违章指挥和强令冒险作业。

（2）依法参加安全学习及安全培训，掌握本职工作所需的安全生产知识，提高安全生产技能、安全意识和自我保护能力，从事特种作业的必须经培训取得相应资格证书。遵守劳动纪律，正确佩戴和使用劳动保护用品。

（3）执行"反三违，查隐患"，加强生产现场事故隐患的排查和治理，发现安全隐患及时向上级汇报。

（4）负责机械正常运行下的预防性检查，发现事故隐患或者其他不安全因素，应当立即向现场安全管理人员或者本单位负责人报告。发生生产安全事故后，事故现场有关人员应当立即报告本单位负责人。

（5）精心操作，做好现场的安全检查确认，作业时时刻注意现场异常情况，记好各项记录。

（6）正确分析、判断和处理各种事故隐患。发生安全事故后及时如实上报，并立即采取应急措施，情形危急时立即撤离现场。

（7）按照风险管控要求辨识本岗位危险源点并进行风险评估，制定有效的防范措施，做好本岗位风险等级的危险源管控工作，开展本岗位隐患排查治理工作。

（8）严格执行维检修作业安全管理办法，对相关方人员现场安全监督检查，掌握事故急救、应急逃生基本常识，参加各级应急预案演练，提高互救自救能力，熟悉本岗位各种应急处置措施。

（9）法律法规、规章制度和规程标准中规定的其他安全生产职责。

三、岗位作业流程和作业规范

（一）起机前检查

（1）检查机棚外部有无变形，各部安全部件是否齐全有效。

（2）检查各发电机、电动机的电刷磨损是否超限，联轴器卡子是否完好。

（3）检查电气系统控制柜接线端子是否牢固。

（4）检查主令控制器是否灵活可靠。

（5）检查驾驶室内各仪表显示是否正常，各部转换开关操作是否齐全，动作是否正常。

（6）检查提升、推压、回转、行走抱闸闸带磨损是否超限（不少于原厚度的60%）。

（7）检查保险牙是否松动或损坏，回转大齿圈有无异常，润滑是否正常。

（8）检查悬臂根部、A型架、勺杆和扶柄有无裂纹和开焊；勺杆与磨板之间的间隙是否合适（应为6~10 mm）。

（9）检查机棚固定螺丝及漏雨情况。

（10）检查斗栓、斗栓孔磨损是否正常，斗底板有无变形，斗底板销子有无丢失，勺斗、弯刀有无异常。

（11）检查铲斗有无裂纹，斗齿是否齐全牢固，斗齿长度是否达到新斗齿的50%以上。

（12）检查有无漏油及各减速箱油位是否正常，各机构地脚螺栓有无松动。

（13）检查并排放气路存水。

（14）按规定向各注油点注油并检查各油道是否畅通。

（15）检查绷绳有无断丝现象，断丝是否过限（总数不得超过14股）。

（16）检查履带销子是否有窜出，定位销子是否缺少，履带张紧度是否适宜（托轮间挠度不大于180 mm）。

（17）检查爬犁车上电缆有无破损或松乱，电缆引入箱外观是否良好，接地线是否牢固。

（18）检查照明灯具是否齐全，喇叭及通信设备是否有效，取暖（空调）设施有无安全隐患，检查扩大号、GPS、监控系统是否正常。

（19）安全用品、用具是否齐全有效，随机工具是否齐全，机棚、驾驶室内物品摆放是否合理。

（20）检查提升钢丝绳有无跳槽。

（21）检查集中加注系统是否正常，升降梯电机及受油器是否损坏。

（二）启机准备

（1）合上高压隔离开关。

（2）确认供电相序有无变化，每次换完电缆时，要试验主电机转动方向，如反转要及时调整相序。

（3）将使用的工具和暂时不用的物品送回指定地点，保持平台清洁，防止油污造成人员滑倒伤人。

(4)确认各控制柜门应关好或锁牢,梯子升起,各部仪表读数要正常。

(5)做好与机组人员及现场维修人员的呼唤应答。

(6)确认各开关、手柄全部关闭或在零位。

(三)启机操作

(1)启动空压机,气压达到 0.8 MPa 后,启动润滑油泵。冬季在启动前 30 min 应给上电,加热器对润滑油加热,待油温上升到 40 ℃时停止加热。

(2)启动油泵及各部冷却风机。

(3)启动主电机。

(4)先给总励磁,后给各部励磁开关,打开各部抱闸。

(5)主机在连续两次不能启动的情况下必须停机检查(两次启动间隔时间在 15 s 以上),严禁强行启动,在电抗器和电机充分冷却或故障得到排除后方可再次启动。

(四)运行操作

(1)起机后,应注意观察各部风机、电机、空压机、减速机等运转情况有无异常噪声、振动及气味;注意观察有无异常磨损和异常发热现象;观察集中润滑系统工作是否正常;观察各仪表和指示是否正常。

(2)当空压机气压低于 0.55 MPa 或高于 0.85 MPa 时,应停机进行检查。

(3)再次检查主令控制器是否灵活有效,提升、推压、回转及行走各部抱闸是否安全可靠。

(4)用对讲机通知调度可以作业,并更改 GPS 状态。

(5)闭合提升、推压、回转控制开关,操作主令控制器开始工作。

(6)电铲装车前,必须先发出准入信号,待自卸车进入装车位置停稳后,发出装车信号,方可装车。

(7)当有其他设备在电铲回转半径内作业时,禁止回转,同时应将尾部停在外侧。

(8)电铲清理底板散料时,要事先向大车发出信号,确认大车已经接到信号并停在安全距离以外,再进行清理。

(9)电铲装车时,第一勺勺斗底端距车厢底高度最大不得超过 1.5 m,以防过高砸车,最小不得低于 0.5 m,以免过低碰坏车厢帮。

(10)作业时能见度低于 30 m 时不能挖掘或装车;装载含有明火的物料时,不得将物料撒到车厢以外。

(11)装完车后如车厢上有浮置或探出车厢外的大块应处理后方可发出行车信号。

(12) 不准将物料装到汽车的护板上、避免偏装、超装或"四角空"现象发生。

(13) 司机在离开司机室时,必须切断外接电源。

(14) 操作中应时刻注意采掘工作面的变化,注意台阶有无塌方、滑落危险。

(15) 主令控制器操作中不准过急倒顺。

(16) 勺斗前后伸缩不准碰保险牙和缓冲垫。

(17) 勺斗提升时不许碰天轮,下降时不许碰履带板或悬臂根部。

(18) 不许用提梁挤压大块岩石,不准用勺斗横向扫道,不准用勺斗砸大块、冻块。

(19) 只允许在拉紧方轴方向单边作业,不允许在行走电机方向作业以免砸坏电动机。

(20) 司机要依据平台断面高度掌握好挖掘深度,形成规律,防止电动机反复处在堵转状态,堵转时间不准超过 3 s。

(21) 调整挖掘机位置时和回转时,勺斗必须离开地面。回转与行走切换时,需间隔 10~20 s。

(22) 电铲行进中调转方向,应在平地进行。

(23) 勺斗黏土必须及时处理。

(24) 运转中,检查各部电动机轴承温度,出现不正常温升时,应及时处理,不允许带病作业。

(25) 冬季应将气路系统提前加注酒精,经常排放风包中积水,及时清理平台和机棚上的积雪。

(五) 电铲移动和升降段操作

(1) 行走前注意检查行走机构及制动系统是否正常。

(2) 上坡和升段时,必须主动轮在后,拉紧方轴在前;降段时要主动轮在前,拉紧方轴在后,升降段时,必须有专人指挥,行走中一次扭车角度不得大于 15°。

(3) 挖掘机升降段爬坡时,不得超过 12°,升降段之间应预先采取防止挖掘机下滑的措施。

(4) 行走与回转换向时,应先将主令控制器回转手柄回到零位。

(5) 根据不同的台阶高度、坡面角,使挖掘机的行走路线与坡底线和坡顶线保持一定的安全距离。

(六) 停机操作

(1) 电铲停机前应选择安全、平坦的地面停置。

(2) 切断各部抱闸。

(3) 将主令控制器放置到零位。

(4) 在各机构停稳后,按停机按钮。

(5) 切断控制电源。

(6) 排放压气系统的积水。

(7) 电铲横过高、低压架空线时,其最高点距电线的安全距离:66 kV 以上线路不小于 3 m;6.3 kV 以上线路不小于 1.5 m;低压及通信线路不小于 0.7 m。

(8) 电铲在交接班、注油、处理故障或检查等需要停放设备时必须远离台阶面,电铲距台阶安全距离标准为该台阶高度的 1.5 倍,同时将驾驶室回转到背离工作面位置,铲斗置放于地面。

四、岗位安全风险辨识

(1) 严禁勺斗从汽车司机室上方经过。第一勺和最后一勺应采装粒径较小的物料,避免砸车和运输过程中掉落大块。

(2) 严禁将铲斗长时间悬在空中待车。

(3) 禁止用勺斗的一侧进行挖掘。

(4) 操作中严禁三支点作业,工作面不平时应及时预先进行平整。

(5) 严禁带负荷操作高压隔离开关。

(6) 严禁在设备运转中进行注油及清扫设备。

(7) 操作主令控制器时严禁过急倒顺。

(8) 勺斗前后伸缩严禁碰撞保险牙和缓冲垫。

(9) 勺斗提升时严禁碰天轮,下降时严禁碰撞履带板或悬臂根部。

(10) 严禁用提梁挤压大块岩石,严禁用勺斗横向扫道,严禁用勺斗砸大块、冻块。

五、岗位应急处置

本岗位员工应熟悉煤矿紧急避险设施和避灾路线,掌握本书第一章中的"应急处置"的内容。

第四节　运输专业知识

一、岗位制度

该岗位作业人员应当熟悉本单位安全生产与职业病危害防治目标管理、奖惩制度，事故隐患报告制度，事故报告与责任追究制度等；掌握本单位其他从业人员培训制度，安全风险分级管控工作制度，事故隐患排查、治理和报告制度，设备与设施检查维修制度。

二、岗位安全生产责任制

（一）自卸车运输

（1）入坑作业前，必须参加班前安全会，了解工作任务、掌握存在的作业风险、防范措施，并严格落实。

（2）作业前，司机必须明确挖掘机的作业位置，平盘宽度、道路状况、排土场等作业环境及车辆安全设备和设施是否齐全完好等。

（3）待装自卸车必须停在挖掘机最大回转半径范围之外，排队待装时，前后车距不得小于15 m。

（4）自卸车在进入装车位前，确认前车已装完并离开装车位置，并观察装车位有无障碍物，待挖掘机发出指令，自卸车方可进入装车位。

（5）自卸车司机必须熟记挖掘机不同情况下的音响信号规定，自卸车在挖掘机发出允许信号后，方可进入或驶出装车地点。

（6）司机在作业时要检查沿途道路挡墙等作业环境是否符合标准，有不符合的位置要及时通知当班工长。

（7）自卸车矿内行驶一律执行右侧通行，严禁占道、逆行、右侧超车。

（8）自卸车必须主动避让载人客车、生产指挥车、养护道路的工程设备、检修车辆以及一切抢险车辆，现场交接班时载人客车未离开之前不准移动自卸车。

（9）下坡行驶时，必须提前使用电制动减速，严禁超速，严禁长时间使用工作制动。

（10）正常行驶时，时速超过5 km/h时，严禁使用工作制动进行减速和停车，应使用电制动或缓行器减速。非特殊情况下，不准使用急刹车。

（11）空载运行时严禁举斗行驶。

（12）自卸车出现异常，要将自卸车停放在安全地带，必须使用停车制动。坡道上要将自卸车的前轮或后轮靠上挡墙，与坡道方向形成一定的夹角，在没有条件的地方，必须打掩并开启示宽灯或警示灯。

（13）起步前必须瞭望，禁止直接右转。

（14）自卸车在等待装车时，设备司机必须确认自卸车盲区无其他设备或人员方可起步运行。

（15）在运输道路上，夜间故障停车时，应在车前、后 30 m 处设置醒目的安全警示标志，并开启宽灯或警示灯。

（16）自卸车调头时，必须认真瞭望，并汇报工长，确认安全后方可调头。不准快速转弯、调头。

（17）临时停放在工作面上的自卸车，要停放在较平坦地带，距台阶坡底线 10 m 以外、台阶坡顶线 10 m 以外，不能影响其他设备作业，确保安全、停放整齐，不准乱停乱放。

（18）交接班、破碎站待卸货、进入检修场地停车时必须遵循由左至右依次停放的原则，两车横向间距不小于 3 m。不具备横向停车条件的可以依次前后停放，车间距 15 m 以上，后车对应前车向左让出驾驶室位置。

（19）进出分厂、车场检修车辆，必须按专用道路行驶、遵守交通信号灯指示。

（20）进入分厂检修自卸车必须听从检修单位人员指挥、确认安全后按指定位置停放，使用停车制动驻车后要使用掩车体掩车，掩车体与轮胎要紧密接触。

（21）重车下坡地段最大纵坡坡度最大值为，生产干线 7%，生产支线 8%，联络线 9%。

（二）带式输送机运输

（1）带式输送机司机接班检查交接班检查内容完毕确认能否正常启机条件后向集控调度报备，保持通信畅通，听从启机指令并做好呼唤应答。

（2）冬季作业时，设备关键部件都不得有结冰现象。

（3）带式输送机必须在完好状态下运行，安全装置必须齐全有效。

（4）严禁无关人员接近带式输送机运行，作业时巡检人员要保持安全距离巡检。

（5）严禁随意修改或变更安全保护装置设定值。

（6）严禁使用带式输送机运输人和物件。

（7）作业时操作各种按钮不能用力过猛。

（8）作业前，发出报警信号，警示周围人员远离旋转部件 0.5 m 以外区域。

（9）带式输送机运行期间做好巡视，检查胶带是否有异常磨损、是否与物料摩擦，滚筒、平辊、托辊运转是否正常、是否有异常发热现象。

（10）带式输送机作业时，严禁拖拽带式输送机上的杂物。

（11）人员只能从跨梯或机头、机尾处通过带式输送机。

（12）在带式输送机作业过程中，严禁触摸胶带和转动部件。

（13）停机时及时清理撒料，保证胶带和转动部件正常运行。

(14) 清扫粘在滚筒和托辊上的物料时，必须停机，并采取安全措施。

(15) 当作业导致滚筒、平辊、托辊因轴承损坏摩擦发热时，严禁停机，应立即采取降温措施（如用水、冰雪、二氧化碳灭火器等）冷却后方可停机。

(16) 当胶带打滑滚筒断裂、异物进入系统时，应立即停机处理。

(17) 设备发生故障时必须向集控调度和当班队长汇报；故障排除后，向集控调度和当班队长汇报，听候启机命令；严禁无指令启机。

(18) 带式输送机司机和巡检人员按照规定穿戴好劳动保护用品。

三、岗位作业流程和作业规范

（一）自卸车启动前准备

(1) 交接操作时，当面交接自卸车的允许状态和存在的问题以及注意事项。

(2) 检查发动机机油（发动机的机油面高于油尺 H 位或低于 L 位时，禁止启动发动机）、水、液压油和其他部分的液位，不正常情况下禁止启动。

(3) 启动前绕车步行一周，确保车辆下方、附近及后桥内无其他人员。

(4) 确保换向开关手柄放在空挡位，工作制动在"驻车"位置，举升手柄放在"浮动"位置。

(5) 检查储气筒气压，储气筒气压不足时使用外接气源向储气筒供气。

(6) 检查机油滴落速度，拔出机油尺一般 2 s 连续滴落时再使用仪器检查，否则需烤车（此时温度一般为 8 ℃ 以下），同时观察油位。

（二）自卸车启动

(1) 接通钥匙开关，检查各故障报警指示灯和蜂鸣器是否正常。

(2) 鸣笛，夜间同时用灯光闪烁，警示周围的人员及设备。

(3) 旋转钥匙启动发动机，一次启动司机不准超过 15 s，连续 3 次不能启动时，应进行检查，冬季停放时间较长的卡车应提前预热。

(4) 发动机启动后，不准高转速运转，检查发动机、液压系统等有无异响、异味、异常振动，观察各仪表指示是否正常。

（三）自卸车运行

(1) 车辆起步顺序：先鸣笛，后起步。

(2) 起步后检查转向和制动系统的工作情况是否正常。

(3) 下坡行驶时，应使用恒速下坡装置或动态减速，不准空挡滑行。

(4) 行驶中应随时观察各仪表工作状况。

(5) 不准在正常行驶中起落厢斗。

(6) 严禁举斗运行。

(7) 密切和挖掘司机配合,倒车要稳准,不准倒上爆堆;不准长距离加速倒车。

(8) 卡车必须在挖掘机发出信号后,方可进入或驶出装车地点。

(9) 卡车通过电缆桥时,要减速行驶,做到平稳通过。

(10) 卡车进入排土场要听从排土场管理人员指挥,按顺序排弃,注意观察排土工作面有无塌陷、裂缝。

(11) 厢斗黏土要及时清理,不准以猛踩刹车的方式磕厢斗。

(四) 停机

(1) 卡车之间要保持足够的安全距离。

(2) 停车后给上停车制动、关灯、熄火。

(3) 停车后,清理卫生,检查各部位有无异常,填写运行记录。

(4) 临时停放在工作面上的卡车,要停放在安全地带,既不能影响其他设备作业,又要确保安全、停放整齐,不准乱停乱放。

四、岗位安全风险辨识

(1) 检查车辆是否存在跑冒滴漏等现象。

(2) 检查电路、机械系统是否正常。

(3) 检查车辆轮胎是否存在起包、漏钢丝、划伤等现象。

(4) 检查车辆刹车是否正常。

(5) 检查自卸车是否拖斗运行。

(6) 检查自卸车倒车是否观察后方。

(7) 检查自卸车是否超速。

(8) 启动发动机前检查是否有人在机体下作业。

(9) 检查排土场、转载台面是否有裂缝、下沉现象。

(10) 检查伞檐处理情况,是否翻卸安全护挡。

(11) 检查掌子面边缘是否安全挡墙、是否合格。

(12) 检查掌子面边缘是否有裂纹、塌方迹象。

(13) 作业矿车必须按规定路线行走。

(14) 禁止驾驶员酒后上岗。

(15) 禁止碾压各种电线、电缆和在高压线下停留和修理设备。

(16) 上下车时抓稳扶牢确认地面有无障碍物,和车辆保持三点接触,禁止跳上跳下。

(17) 采场中作业,必须做到一听、二看、三确认。主动避让,减速慢行。

(18) 禁止在距掌子面边缘 5 m 内行走和在坡道上调头。

五、岗位应急处置

本岗位员工应熟悉煤矿紧急避险设施和避灾路线，掌握本书第一章中的"应急处置"的内容。

第五节　排土专业知识

一、岗位制度

该岗位作业人员应当熟悉本单位安全生产与职业病危害防治目标管理、奖惩制度，事故隐患报告制度，事故报告与责任追究制度等；掌握本单位其他从业人员培训制度，安全风险分级管控工作制度，事故隐患排查、治理和报告制度，设备与设施检查维修制度。

二、岗位安全生产责任制

（一）排土机排土

（1）排土机司机交接班后检查设备，进行安全确认后向集控调度报备，听从集控调度的启机指令，保持通信畅通并做好呼唤应答。

（2）排土机作业时，排土机履带外缘与下部台阶坡顶线不得小于 20 m，排土台阶高度不得超过 18 m，下排高度不得超过 30 m，排土坡面应平直规范堆排。

（3）排土机上排作业时，卸料臂向上倾角不得超过 13°，下排时卸料臂向下最大倾角不得超过 -4°。

（4）作业时严禁人员在设备受、卸料臂下方、履带前后方的危险区域内停留。

（5）工作时纵向坡度不超过 4%，行走时纵向坡度不超过 8%；横向坡度不超过 2%。

（6）排土机作业时当风速达到 18 m/s 时，必须停止作业，同时卸料臂方向尽量与风向一致，锁定风暴锚。

（7）局部操作时要注意观察周围环境，做好呼唤应答，确认安全后方可操作。

（8）及时平整地面，保证履带与支撑轮充分接触。

（9）排土机走车时必须一人在驾驶室操作主车行走，一人在地面操作尾车并指挥,负责检查钢轨及卸料车行走情况,观察卸料车与受料臂的搭接情况并监护履带行走系统。超过 50 m 的长距离走车时,必须由当班队长到位,进行监护走车。

(10) 排土机驻车和作业过程中要观察作业场地情况,如发现裂缝较大或短时间内裂缝宽度变化较大时,应立即向当班队长汇报并将排土机行走至安全位置。

(11) 排土机行走路线上有积水、下陷、坡度超限、裂纹等风险时,应汇报当班队长并由队长组织处理后方可行走。

(二) 推土机排土

(1) 作业前熟知任务书中作业任务,设备司机要注意观察推土机周围作业环境及场地作业条件、排土台阶的稳定情况及排土台阶坡底有无保证设备和人员安全的安全挡墙。

(2) 当排土场作业区域有积水、积雪时,必须在排弃之前采取相应技术措施进行处理,保证排土场的边坡稳定。

(3) 当排土场边坡及排土线出现滑坡征兆和其他危险时,应立即停止排弃作业并撤离至安全位置,做好安全防护措施,同时逐级上报至调度室,待现场管理人员确认安全后,方可恢复作业。

(4) 推土机排土作业时,严禁超出排土台阶的坡顶线,严禁平行排土线作业。

(5) 推土机严禁在自卸车盲区范围内停留或作业。

(6) 推土机作业时,排土工作面向坡顶线方向必须有 3%~5% 的反坡;同时排土线必须设置连续的且高度不低于 1.5 m 的安全挡墙。

(7) 降坡排弃时,排弃位置必须加厚安全挡墙,排土线 50 m 范围内应调缓坡度。

(8) 推土机作业时,应及时清理平盘洒落的物料并保证作业平盘平整度,不得出现明显连续起伏。

(9) 设备司机从事喝水、就餐等与作业无关的行为时,设备司机应选择远离排土线的安全地点规范停靠设备,严禁将设备停靠在排土线周围。

(10) 设备司机在特殊高段排土作业时,必须配有专人指挥,并按照现场管理人员要求的物料及排弃方式进行作业。

(11) 同一平盘多台推土机同时作业时,两相邻推土机的间距不得小于推土机推土铲宽度的 2 倍。

第九章　露天煤矿各专业知识

（三）自卸车排土作业

（1）自卸车在排土场排弃时，要注意观察推土机周围作业环境，排土工作面有无塌陷、裂缝、撒落的物料。

（2）排土场排弃倒车时，必须认真瞭望，确认无人员和障碍方可倒车，自卸车倒车应与挡墙保持垂直，倒车速度严禁超过5 km/h，严禁冲撞挡墙。

（3）排卸黄土、砂岩和雨后恢复生产前，生产技术部、运输工长和工程工长要联合确认排土线情况，如不满足边缘排土时要采用场地排土，待条件允许时再进行边缘排卸。

（4）当出现滑坡征兆和其他危险时，应立即停止排弃作业，撤出设备和人员，待边坡稳定时再作业。

（5）顺坡排弃时，排弃位置必须加厚挡墙，排土线30 m范围内应调缓坡度。

（6）卸料提车距离不准超过5 m，厢斗黏土要及时清理。

三、岗位作业流程和作业规范

（一）启机前检查

（1）检查柴油油位、发动机机油油位、液压油油位、传动箱油位、冷却液液位在要求的范围内。

（2）检查各部有无漏油、漏水。

（3）检查铰接点润滑情况是否良好，并及时注油。检查履带张紧情况并注油。

（4）检查设备外观是否完好，有无变形、裂纹等异常损坏。检查行走装置，履带、驱动轮、引导轮、托带轮、支重轮和护板有无损坏、磨损，螺丝有无松动，支重轮是否漏油。

（5）检查并排放燃油箱、柴油滤清器的积水和沉淀物。

（6）检查空滤芯积灰情况，检查进气系统的密封是否良好。

（7）检查电气配线，检查照明灯具包括前灯、工作灯、后灯、发光扩大号是否齐全良好，检查喇叭声响和倒车报警器声响。

（8）检查蓄电池情况，极柱要紧固，清洗蓄电池盖以使通气孔通畅，检查电解液液位。

（9）检查安全带有无破损及其安装夹、紧固螺栓是否完好，消防器材是否齐全有效。

（10）对设备进行清扫，保持设备卫生符合要求。

（11）检查交接班记录，设备是否存在问题。

(12) 检查司机室内各操作手柄是否灵活有效，监测面板各仪表显示是否正常，各开关是否灵活可靠。

（二）启机操作

(1) 将转向换向变速杆放到中位。

(2) 将操纵杆和松土器操纵杆放到保持位置。

(3) 工作装置安全锁定杆、驻车杆放在锁止位置（如推土铲操纵杆在浮动位，发动机将不能启动；如果安全锁定杆锁紧，则推土铲操纵杆即使在浮动位也会自动回到保持位）。

(4) 检查发动机燃油控制旋钮是否在低怠速位置。然后将燃油控制旋钮从最小位置向右略转动一点。

(5) 检查周围区域有无人员或障碍物，然后鸣喇叭。

(6) 将启动开关钥匙转到启动位置。接通电子监视系统检查开关，检查各指示灯亮，蜂鸣器响，则说明电子监视系统正常。

(7) 当发动机启动着时，松开起动开关钥匙，钥匙将自动返回 ON 位。

(8) 发动机启动后应怠速运转约 5 min，严禁长时间怠速或大油门轰发动机。之后，逐渐增大发动机油门，使转速至中速，同时操作慢慢地活动各液压油缸，以使发动机冷却液和液压油升温。

(9) 检查司机室各仪表显示是否正常。报警灯闪亮、报警嗡鸣器响应立即关闭发动机。

(10) 当启动开关钥匙转到启动位置时，启动电机连续旋转时间不得超过 20 s。

(11) 如果发动机不能启动，必须等待 2 min 后再启动，禁止频繁启动。

（三）发动机冷启动操作

(1) 冬季气温低时，一定要对发动机和传动部分进行预热，严禁设备冷启动。可采用车上的自动预热和外接 220 V 电源两种方式预热。

(2) 将启动开关钥匙转到"运行"位置，检查监测面板上的预热指示灯应闪亮。

(3) 保持加热状态，直至预热指示灯熄灭。预热指示灯的停留时间随环境温度而变化，为 0~50 s。

(4) 预热指示灯熄灭时，将燃油控制旋钮转到"最小"与"最大"位置之间中央位置，将启动开关钥匙转到启动位置启动发动机，发动机启动后松开启动开关钥匙，钥匙自动返回 ON 位。

(5) 寒冷天气，可通过外接电源将 220 V 电源连接至发动机机油、防冻液及传动部分的预热器上,预热一定时间再启动。

(6) 启动时,不得让启动机连续旋转超过 20 s。若发动机不能启动,等待约 2 min 后,再重复预热,再次启动。

(7) 发动机启动后,将燃油控制旋钮转回到低怠速位,怠速运转约 5 min。避免重负荷或高速下运转,或突然启动、突然加速和突然停车。

(8) 发动机怠速运转约 5 min 后,然后进行暖机操作。将燃油控制旋钮转到中速范围下空载运转发动机 5~10 min,直至液压油温检测器显示出绿色区域。继续轻负荷下运转发动机,直至发动机水温表指示灯落入绿区。

(9) 寒冷天气,应将燃油控制旋钮转到中速范围下,操作推土铲和松土器操纵杆,使推土铲和松土器上升和下降,使工作装置所有油缸操作多次,使液压油温逐渐升高到正常温度。

(10) 若出现任何异常或故障,则将启动开关钥匙转到 OFF 位。

(11) 不要在低怠速或高怠速下连续运转发动机超过 20 min。如果必须在怠速运转发动机,应时时施加一个负荷,或以中速范围转速运转发动机。

(四) 推土机运行操作

(1) 机器起步之前,无论前进或后退,每次必须进行瞭望,检查机器四周是否安全,并在开动前先鸣喇叭警示,确认安全情况。

(2) 将驻车杆放到松开位置,将工作装置锁定杆放到松开位置。

(3) 操纵推土铲和松土器操纵杆到提升位置,将推土铲提离地面 40~50 cm,将松土器提升到最大高度。

(4) 将燃油控制旋钮到全速位置,提高发动机的转速并完全踩下减速踏板。

(5) 将转向、方向和变速杆推到前进或后退位置,选择 1 挡起步,逐渐松开减速踏板,实现机器的移动,按变速顺序进行加减挡。

(五) 运行操作

(1) 设备运行中,必须随时观察设备周围情况的变化,保证安全行驶。

(2) 推土机具有锁定模式选择。当物料松散或长距离行走时,可选用锁定模式,在大于 15°的斜坡上进行作业时,禁止使用锁定模式。

(3) 在平整、推土及松土作业时,应采用"前进"1 挡进行工作。

(4) 在陡坡上向下行驶时,应选用缓慢退倒模式,以降低行驶速度,下坡时不准将操纵手柄置于空挡上。

(5) 下坡行驶时,应将换挡操作杆换到低速挡,使发动机在低转速下运转,同时下坡行驶时使用发动机制动,也可施加制动器。不要将换挡操作杆置于中位。

（6）遇到障碍物时，应将推土铲靠近地面，避免跨越障碍物行驶，防止机器偏向一侧。

（7）在平盘上作业时，要远离平盘边缘。往平盘下推货时，注意伞檐，应把一铲土留在平盘边缘，用另一铲土将它推下。

（8）当机器越过坡顶时，或当物料倾倒到平盘下面时，负荷会突然减小，应降低行驶速度。

（9）在斜坡上行驶时，保持推土铲离地距离 20~30 cm。在紧急情况下将推土铲迅速降到地面上，以帮助机器停下。必要时加上制动器并使用发动机作为制动器。不要在斜坡上急转弯或横穿斜坡。

（10）机器下坡时，不得将变速器放到中位。在超过 15°的坡上向下行驶时，应使用 1 挡速度。在水中作业时，必须保持履带架在水面上。

（11）在斜坡上作业或行驶时熄火，应立即踩下制动踏板使机器完全停住。

（12）制动器正常使用应先踩下减速踏板降低发动机转速后再施加，严禁在全速下使用紧急制动。只有遇到特殊情况时才能直接施加。

（六）转向操作

（1）正常转向：行走时转弯，将转向、方向和变速杆向转弯的方向倾斜即可。向前平缓左转：将操纵杆向前并且部分地向左倾斜，转向离合器就脱开，机器平缓向左转弯。向前平缓右转：将操纵杆向前并且部分地向右倾斜即可。后退行驶时，也同样操作。

（2）急转弯：行走时急转弯，将转向、方向和变速杆向转弯的方向倾斜即可。向前急左转：将操纵杆向前并且完全移向左边，转向离合器就脱开，制动被施加，机器向左急转弯。向前急右转：将操纵杆向前并且完全移向右边即可。后退行驶时，也同样操作。

（3）操作时，若传动系油温红灯区域的灯亮了，应减小负荷并等候温度降下来。

（4）推土机行走时，在斜坡上应避免转弯。严禁高速原地转弯以及斜坡上急转弯。

（5）在不平坦地面上行驶时，要低速行驶，不要突然转向，以防侧翻。

（七）推土铲操作

（1）操纵推土铲操纵杆控制推土铲的提升、保持、下降和浮动及左倾斜、右倾斜和前后俯仰。

（2）推土铲在最高或最低的位置时，不准进行倾斜操作。

（3）推土铲通过操纵杆可获得的倾斜量为 650 mm。调整倾斜时，禁止超过最大倾斜1250 mm以上。

(4) 调整转动斜撑时，推土铲必须离开地面。

(八) 松土器操作

(1) 降低发动机转速，将速度范围调到前进一挡。向后倾斜松土器，将松土齿尖降低到地面开始松土的位置，并且提起机器后部。

(2) 倾斜松土器使齿尖插入到规定的深度。若岩层较硬，可减少松土深度。

(3) 当松土器齿尖插入到规定的深度时，将发动机转速升高到全速并向前行驶。倾斜松土柄进行松土。

(4) 完成松土后，提起松土器，然后后退行驶。

(5) 后退行驶时，向后倾斜松土器，到达松土的开始点，把松土器降下。

(6) 如果松土深度保持恒定，松土均匀，能提高作业效率。

(7) 当进行松土时，如因砾石或岩床阻力造成履带板打滑，应踩下减速踏板降低发动机转速，使履带板不打滑，操作松土器倾斜油缸将岩层挖起。当挖起石块时，应以固定挡位速度（F1或F2）使推土机前进。若不能将巨砾石破碎或挖起，则向前稍作移动，同时使松土柄向后倾，然后再次进行倾斜操作并将巨砾石挖起。

(8) 在硬岩床工地上，对于不可能经过一道松土就破碎或挖起的岩石和巨砾石，应与第一道松土方向成直角而进行第二道松土。

(9) 进行松土作业时，如遇到硬岩床，可与前面松土相反方向进行松土。若这样仍未能破碎岩石，则从岩床周围进行破碎，每次破碎一点。

(10) 松土柄的最佳挖掘角度是松土柄的顶端与地面垂直，齿尖与地面的松土角为45°～50°。

(11) 在较软的岩石中，也可在松土柄向后倾时松土；在较硬的岩石中，松土柄过于后倾易造成齿尖磨损。

(12) 松土操作时，禁止改变行驶方向，这会造成松土柄断裂。当要改变行驶方向时，先将松土柄从地下取出，然后再转弯。

(13) 当松土器齿尖插入岩床时，严禁后退行驶。这将使安装在齿尖上的销子断裂而使齿尖掉出。

(14) 抬起岩层时，不要将变速器放在中位。否则，倾斜油缸会把机器向后拉，危险。

(九) 拔销器的操作

(1) 推土机必须停在安全地方，并将松土柄降到地面上。

(2) 操作拔销器控制开关拔出位置，取下安装的销子，上下移动松土器达到所需要的松土柄位置。

(3) 操作拔销器控制开关,将安装销插入,如果销子与松土柄的孔的位置不匹配,需将拔销器控制开关放在推入位置,并缓慢地上下移动松土器。

(十) 长距离行走要求

(1) 长距离行走应使用闭锁离合器,在未停稳时,禁止换向。

(2) 严禁在排土场之间长距离移动设备,连续长距离行走时不许超过 2 km,必要时凉车检查。距离超过 2 km 时,必须用挂车运输,按《履带设备上、下挂车辆管理规定》执行。

(十一) 停机操作

(1) 设备停放时距离不得过近,横向或纵向距离要在 2 m 以上。

(2) 要停下机器时,踩下制动踏板使机器停下来。在发动机转速或行驶速度很高时,应先踩下减速踏板降低发动机转速和行驶速度后,再踩下制动踏板。

(3) 将转向、换向和变速杆置于中位。

(4) 操作驻车杆锁止制动器。

(5) 操作推土铲和松土器操作杆,将推土铲和松土器平稳地放在地面,将推土铲和松土器操作杆放到保持位。

(6) 将推土铲操纵杆和松土器操纵杆的安全杆放在锁止位。

(7) 低怠速运转发动机约 5 min 后,关闭启动开关,发动机熄火。

四、岗位安全风险辨识

(1) 排土场排土工艺、排土顺序、排土场的阶段高度、总堆置高度、安全平台宽度、总边坡角、废石滚落可能的最大距离,及相邻阶段同时作业的超前堆置等参数,应符合设计要求。

(2) 排土场进行弃土作业时,应圈定危险区域,禁止无关人员进入危险区域内,任何人不得在排土场危险区域内从事捡矿石和其他活动。

(3) 排土场应有专人检查、管理和监测,发现危险或有危险征兆应采取有效措施,及时处理。

(4) 废石场的位置如果布置在山涧和峪谷中时,不得阻碍洪水排泄,否则须有专门的排泄洪沟。

(5) 汽车在排土场进行弃土作业,应遵守下列规定:

①汽车进入排土场,有专人指挥,非作业人员不得进入排土作业区,进入作业区的工作人员、车辆、工程机械,应服从指挥人员的指挥。

②排土场平台平整,排土线整体均衡推进,坡顶线呈直线或弧形,排土工作

面应有2%~5%的反坡,排土场平台边缘有固定的挡车设施,其高度不小于轮胎直径的1/2,车挡顶宽和底宽分别不小于轮胎直径的1/4和3/4。

③按规定顺序卸土,在同一地段进行卸土和推土作业时,设备之间应保持足够的安全距离。

④卸土时,汽车应垂直于排土工作线,汽车倒车速度应小于5 km/h,禁止高速倒车,以避免冲撞车挡。

⑤推土机不应沿平行坡线方向推土。

⑥排土车挡或反坡不符合规定、坡顶线内侧30 m范围内有大面积裂缝(0.1~0.25 m)或不正常下沉(0.1~0.2 m)时,汽车不应进入该区域作业。应查明原因,及时处理,方可恢复作业。

⑦排土场作业区域内有烟雾、粉尘、照明灯因素导致驾驶员视线小于30 m,或遇大雨、大风、大雪等恶劣天气时,应停止排土作业。

⑧汽车进入排土场内应限速行驶,距工作面50~200 m时速度应低于16 km/h,50 m内低于8 km/h,在排土作业区应设置限速牌等安全标志。

⑨排土场作业区内照明应保持完好,照明角度符合要求,夜间无照明禁止进行排土作业。

(6)排土场防洪应遵守下列规定:

①山坡排土场周围应修筑可靠的截洪和排水设施拦截山坡汇水。

②排土场平台内设置2%~5%的反坡,并在排土场平台上修筑排水沟,以拦截平台表面及坡面的汇水。

③当排土场范围内有积水时,应在排土之前采取措施将水疏出,排土场底层应排弃大块岩石,以便形成渗流通道。

④汛期前,疏浚排土场内外截洪沟,详细检查排洪系统的安全情况,备足抗洪抢险物资,落实应急救援预案。

⑤汛期及时了解和掌握水情和天气气象信息,并对排土场、下游泥石拦洪坝、通信、供电及照明线路进行检查,发现问题及时修复。

⑥洪水过后,应对坝体和排洪系统进行检查和清理。

五、岗位应急处置

本岗位员工应熟悉煤矿紧急避险设施和避灾路线,掌握本书第一章中的"应急处置"的内容。

参 考 文 献

[1] 法律出版社. 法规中心. 新编中华人民共和国法律法规全书（第 16 版·2023）[M]. 北京：法律出版社，2023.
[2] 尚勇，张勇. 中华人民共和国安全生产法释义 [M]. 北京：中国法治出版社，2021.
[3] 国家矿山安全监察局. 煤矿安全规程及细则 [M]. 北京：应急管理出版社，2022.
[4] 王成帅，王红贤. 煤炭行业应急救援员行动指南 [M]. 北京：应急管理出版社，2023.
[5] 申国义，王成帅. 煤矿安全规程班组学习指南（2022） [M]. 北京：应急管理出版社，2022.
[6] 王成帅，吉磊. 煤矿班组长安全生产知识和管理能力培训教材 [M]. 北京：应急管理出版社，2021.
[7] 山西省煤矿工会. 特聘煤矿安全群众监督员工作手册 [M]. 北京：中国工人出版社，2020.
[8] 李润宽，梁非. 煤矿企业主要负责人安全生产知识和管理能力考试指南 [M]. 北京：煤炭工业出版社，2019.